JN433819

Interesting Mathematical Thinking

즐거운 수학적 사고

이재진 지음

불법복사는 지적재산을 훔치는 범죄행위입니다.

저작권법 제136조(권리의 침해죄)에 따라 위반자는 5년 이하의 징역
또는 5천만원 이하의 벌금에 처하거나 이를 병과할 수 있습니다.

KM 경문사

들어가는 말

대부분 사람들이 고등학교까지 십여 년간 수학을 배워왔지만 수학이 어떤 학문인지 수학은 왜 배우는지 생각해본 적이 그리 많지 않다. 그런 이유 때문인지 많은 사람들이 수학을 수(數)에 관한 학문으로만 잘못 생각하고 있다.

수학을 뜻하는 영어 mathematics(매스매틱스)의 어원은 『배우는 모든 것』을 뜻하는 그리스어 mathema(마테마)에서 유래된 말로 배움, 지식과 같은 의미를 나타낸다. 또 한자 수학(數學)의 수(數, 셈 수)도 셈을 뜻하기 보다는 이치(理致)란 뜻으로 사용되어 『이치를 깨닫게 하는 학문』이라고 해석될 수 있다. 이처럼 수학은 원래 수에 국한된 것이 아니라 배우거나 생각함으로써 알게 되는 지식과 관계됨을 알 수 있다. 실제로 수학은 우주 로켓이나 미세 로봇의 개발, DNA 해독 등 물질적인 첨단과학의 발전에 크게 기여할 뿐만 아니라 가치, 상호작용, 갈등해소, 의사결정 등과 같은 인간의 행동양식의 연구에 기여하는 등 우리가 사는 세상 곳곳의 문제에 깊게 관련되어 있다.

수학에 대한 또 다른 오해는 수학은 계산이며 복잡한 계산은 수학자가 하는 것이고 일반 사람은 상업적인 거래 정도의 계산만 할 수 있으면 충분하다는 것이다. 고등학교까지의 수학이 너무 계산에 치우쳐 있어 그런 오해를 갖는 것도 일리가 있다. 중·고교 시절에 즐겨 읽었던 추리소설은 난해한 사건의 비밀이 그것에 포함되어 있는 증거나 정보를 바탕으로 논리적으로 서서히 풀려나가는 경로를 흥미롭게 묘사한다. 대부분의 문제를 해결할 때는 탐정이 겪는 비슷한 과정을 거치게 된다. 탐정처럼 문제가 무엇인지 정확하게 이해한 후 문제해결의 목표가 무엇인지 파악하여 그에 필요한 정확한 전략과 개념적 도구를 만들어가는 과정을 거친다. 이러한 과정은 수학적 사고 과정과 비슷하다. 수학적 사고는 주어진 상황을 단순히 이해하거나 관련된 분야의 지식을 보유하는 것보다 그 상황을 논리적으로 분석하고 비판하는 능력이 더 요구된다. 계산은 단지 수학적 사고에 의해 결정된 전략을 수행하기 위한 수단이므로 문제해결의 여러 단계의 하나일 뿐이며 그것도 앞으로는 상당 부분 컴퓨터가 수행할 것이다. 따라서 수학을 이용하여 문제를 해결할 때는 계산보다는 수학적 사고가 훨씬 더 중요하며 다음 표에서 알 수 있듯이 우리가 하는 대부분의 사고가 수학적 사고에 해당된다.

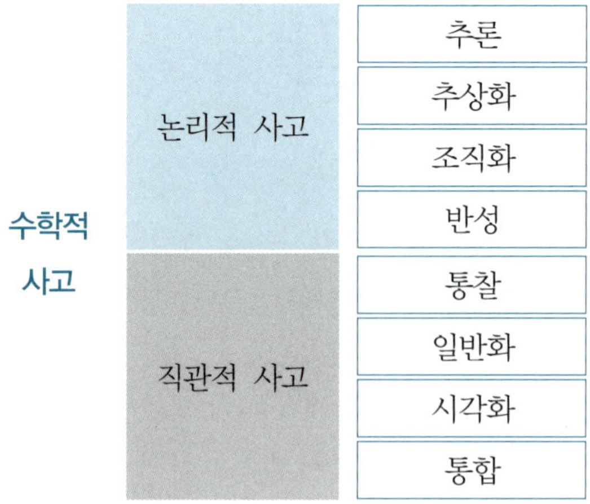

요즘 컴퓨터와 스마트폰의 영향으로 정보와 지식의 양은 넘쳐나지만 생각하는 힘, 특히 수학적 사고의 능력은 상대적으로 정체되어 있다. 그간 인간이 해왔던 많은 분야를 로봇이나 인공지능이 대체하는 4차 산업혁명 시대에는 인간만이 할 수 있는 사고가 그 어느 때보다도 중요한데 그런 능력은 짧은 기간에 길러지지 않기에 꾸준한 훈련이 필요하다.

수학을 활용한 퍼즐과 게임은 TV 예능 프로그램에서도 이용될 만큼 문제 자체가 흥미로울 뿐 아니라 수학적 사고를 길들이는 데 매우 유용하다. 또 대부분 실생활의 문제이기에 깊은 수학 지식 없이도 쉽게 이해할 수 있는 좋은 이점이 있다. 그럼에도 문제를 해결하기 위해서는 깊은 수학적 사고와 기발한 창의력이 요구된다. 아무쪼록 이 책을 통하여 수학적 사고가 실생활이나 전공, 취업 준비 등 여러 상황에서 큰 진전이 있기를 기대해본다.

끝으로 초고를 읽으며 많은 조언을 해주신 한림대 김상옥 교수님과 책의 발간에 아낌없는 도움을 주신 경문사 임직원에게 감사한 마음을 보낸다.

2019년 8월

저자

차례

Interesting Mathematical Thinking

즐거운 수학적 사고

0 맛보기

문제 0.1 ▮ 오남이는 집 앞에 있는 감나무에서 감을 땄다. 감나무에 오르면서 절반을 땄고 내려오면서 나머지의 절반을 따고나니 감나무에는 25개의 감이 남아 있었다. 원래 감나무의 감은 몇 개였을까?

문제 0.2 ▮ 어떤 벌레가 50cm 길이의 말뚝을 기어오르고 있다. 이 벌레는 땅에서부터 시작하여 낮에는 5cm 기어오르고 밤에는 3cm 아래로 미끄러진다. 이 벌레가 말뚝의 끝까지 오르려면 며칠 걸리는가?

문제 0.3 ▮ 그림 0.1과 같이 유리병에 물이 반 이상 차있다. 눈금이 있는 자를 이용하여 이 병의 부피를 구하여라.

그림 0.1

문제 0.4 ▮ 수나는 어떤 책에 필요하지 않은 부분이 있어 183쪽부터 연속해서 몇 쪽을 찢었다. 찢겨진 마지막 쪽 번호는 찢겨진 처음 쪽 번호와 순서만 다를 뿐 사용된 숫자는 같았다. 수나는 이 책에서 몇 장을 찢었을까?

문제 0.5 ▮ 그림 0.2의 왼쪽 그림과 같이 폭이 2m인 L-자 모양의 운하가 있다. 다음과 같은 길이가 1m 95cm인 널빤지 두 장을 이용하여 이 운하를 건널 수 있는 방법을 찾아라.

그림 0.2

문제 0.6 ▮ 태어난 지 n년이 지났으면 n살이라고 하자. 그저께는 20살이었다. 내년에 23살이 될 수 있을까?

문제 0.7 ▮ 어떤 수가 주어지면 그 수에서 1을 빼는 행위를 T라고 하고 그 수의 역수를 취하는 행위를 R이라고 하자. 즉,

$$\begin{aligned} \mathrm{T}&: x \to x-1 \\ \mathrm{R}&: x \to \frac{1}{x} \end{aligned}$$

이다. T와 R만을 이용하여 $\frac{3}{5}$을 0으로 바꾸어라.

문제 0.8 ▮ 그림 0.3처럼 120m 떨어진 두 지점에서 오남이는 하나를 향하여 초속 6m로, 하나는 오남이를 향하여 초속 4m로 전진한다. 오남이의 머리에 앉아 있던 파리는 초속 12m로 하나를 향해 날다가 하나를 만나면 뒤돌아 오남이를 향해 날고 다시 오남이를 만나면 또 하나를 향해 난다. 이런 방법으로 파리가 오남이와 하나가 만날 때까지 계속 난다면 파리가 이동한 총 거리는 얼마인가?

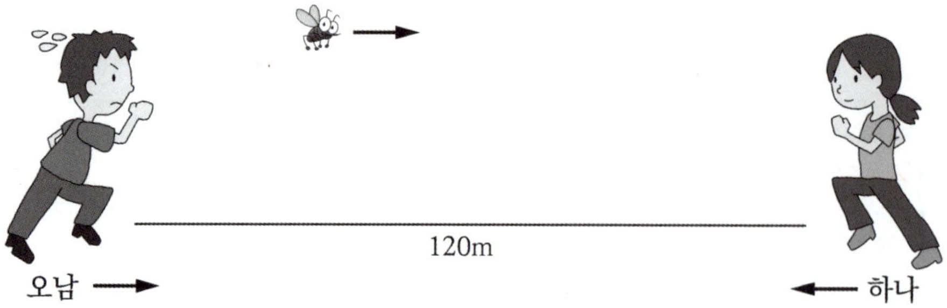

그림 0.3

문제 0.9 ▌ 한 변의 길이가 각각 3cm, 4cm인 두 정사각형을 적당히 오려 붙여서 한 변의 길이가 5cm인 정사각형을 만들어라.

그림 0.4

문제 0.10 ▌ A4 용지를 빨간색과 파란색으로 빈틈없이 마음대로 색칠하였다. 이렇게 색칠된 A4 용지에 세 꼭짓점이 같은 색깔인 직각삼각형을 항상 그릴 수 있는가?

1 오류 찾기

문제 해결 과정을 분석해보면 그 과정이 대부분 몇 개의 단계로 이루어져 있다. 이 과정에서 한 단계에서 다른 단계로 넘어갈 때 올바른 사고에 의하여 이루어졌는지를 면밀히 살펴보아야 한다. 그렇지 않을 경우 예기치 않은 오류가 생길 수 있기 때문이다. 여기서는 문제 해결 과정에서 오류가 생겼을 때 어떤 단계에서 잘못된 사고를 하였는지 그 오류의 원인을 찾아보자.

기본예제 1.1 그림 1.1의 왼쪽과 같은 한 변의 길이가 8cm인 정사각형을 네 조각으로 오려서 오른쪽과 같은 직사각형을 만들었다. 두 도형의 넓이가 다른 이유는 무엇인가?

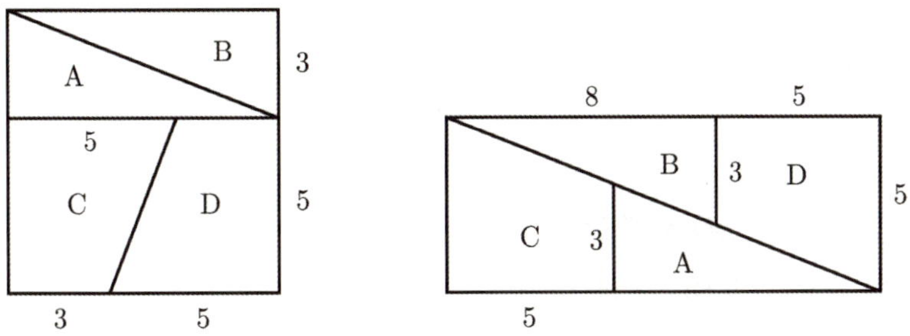

그림 1.1

풀이 주어진 정사각형을 실제로 오려 붙이면 그림 1.2와 같다. 따라서 직사각형에서 A, B, C, D 외에 다른 영역이 있으므로 직사각형의 넓이는 정사각형의 넓이보다 더 크다.

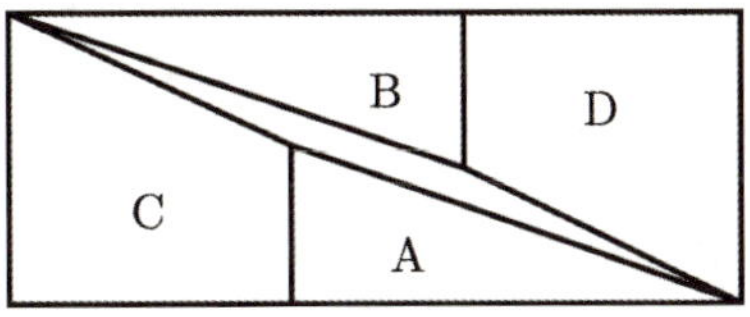

그림 1.2

사실 정사각형을 네 조각으로 오려 붙일 때 그림 1.3처럼 선분 $\overline{PS}$와 선분 $\overline{SQ}$가 같은 직선 위에 있다면 $\triangle PST$와 $\triangle PQR$은 닮은 삼각형이다.

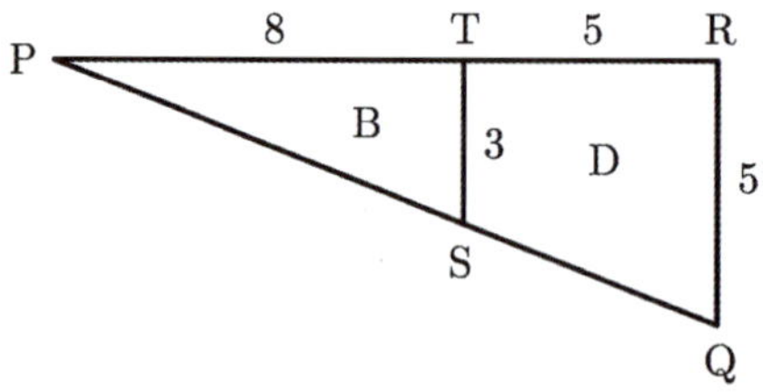

그림 1.3

따라서 닮음비는 같으므로 닮음비를 이용하여 $\overline{PT} : \overline{PR} = \overline{ST} : \overline{QR}$이지만 $8:13 \neq 3:5$이므로 모순이다. 따라서 $\overline{PS}$와 $\overline{SQ}$는 같은 직선 위에 있을 수 없다. ■

기본예제 1.2 하나와 두나가 그림 1.4에서 선분 $\overline{AD}$와 선분 $\overline{BC}$ 위의 점의 개수에 대하여 다음과 같이 말하고 있다. 누구 말이 옳은가?

그림 1.4

하나 그림 1.4에서 $\overline{AD}$는 $\overline{BC}$보다 $\overline{AB}$와 $\overline{CD}$의 점만큼 더 갖고 있으므로 당연히 $\overline{AD}$ 위의 점이 $\overline{BC}$ 위의 점보다 더 많다.

두나 그림 1.5처럼 $\overline{BC}$를 $\overline{AD}$와 간격을 두어 위에 놓고 직선 $\overleftrightarrow{AB}$와 직선 $\overleftrightarrow{CD}$가 만나는 점을 O라고 하자.

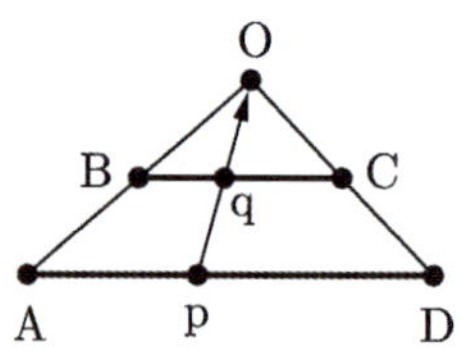

그림 1.5

그러면 $\overline{\mathrm{AD}}$ 위의 한 점 p는 그림과 같이 $\overline{\mathrm{BC}}$ 위의 점 q에 대응된다.
이처럼 $\overline{\mathrm{AD}}$ 위의 모든 점이 $\overline{\mathrm{BC}}$ 위의 점에 일대일로 대응되므로 $\overline{\mathrm{AD}}$ 위의 점이 $\overline{\mathrm{BC}}$ 위의 점보다 더 많다고 말할 수 없다.

풀이 『$Y \subseteq X$이고 $Y \neq X$일 때 Y의 원소의 개수는 X의 원소의 개수보다 항상 작다』라는 명제가 참인가를 묻는 문제이다.

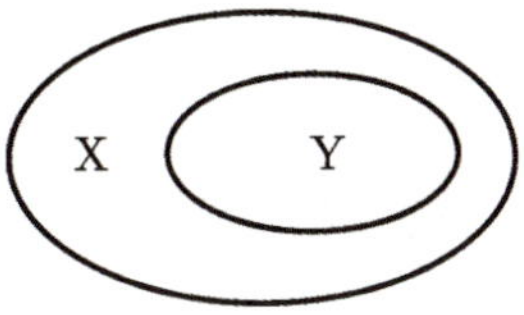

그림 1.6

$X = \{1,\ 2,\ 3,\ 4,\ 5,\ 6\}$, $Y = \{1,\ 3,\ 5\}$이면 $Y \subseteq X$이고 $Y \neq X$이다. 물론 Y의 개수 3은 X의 개수 6보다 작다. 이처럼 유한집합에서는 전체와 같지 않은 부분집합의 원소의 수는 전체집합의 원소의 수보다 항상 작다.

그러나 원소의 수가 무한이라면 반드시 그렇다고 말할 수 없다. 무한에서는 크고 작음의 개념이 유한일 때와 다르기 때문이다. 일반적으로 두 집합 X와 Y가 주어졌을 때 마치 남녀가 미팅하듯이 X의 모든 원소가 Y의 모든 원소와 일대일로 짝지을 수 있고 그 역도 가능하면 X의 원소의 수와 Y의 원소의 수는 같다고 한다. 문제에서 $\overline{\mathrm{AD}}$ 위의 모든 점 p는 일대일로 $\overline{\mathrm{BC}}$ 위의 점 q와 짝지을 수 있고 그 역도 가능하므로 $\overline{\mathrm{AD}}$ 위의 점의 개수와 $\overline{\mathrm{BC}}$ 위의 점의 개수는 같다. 따라서 두나의 말이 참이다. ■

1 연습문제

문제 1.1 하나, 두나, 세나가 각각 1000원짜리 한 장씩 내어 2500원짜리 떡볶이를 사서 함께 나누어 먹었다. 거스름돈 500원을 받아 세 사람에게 각각 100원씩 돌려주고 200원이 남았다. 세 사람이 원래 낸 돈의 합은 3000원인데 실제 각자 낸 돈 900원과 남은 돈 200원을 합하니 $900 \times 3 + 200 = 2900$원이다. 100원은 어떻게 되었을까?

문제 1.2 시장에서 사과를 파는 A와 B는 각각 60개의 사과를 팔려고 한다.

그림 1.7

(1) A는 2개에 1000원, B는 3개에 2000원을 받고 모두 팔았다. A와 B가 판 돈의 합은 얼마인가?

(2) A와 B의 사과를 합쳐서 5개에 3000원을 받고 모든 사과를 팔았을 때 A와 B가 판 돈의 합은 얼마인가?

(3) 위 (1)과 (2)의 금액이 일치하는가? 일치하지 않으면 일치하지 않는 이유를 말하여라.

문제 1.3 ▌ 그림 1.8 왼쪽과 같이 한 변의 길이가 5cm인 정사각형을 네 조각으로 오려서 오른쪽과 같은 직사각형을 만들었다. 두 도형의 넓이가 다른 이유는 무엇인가?

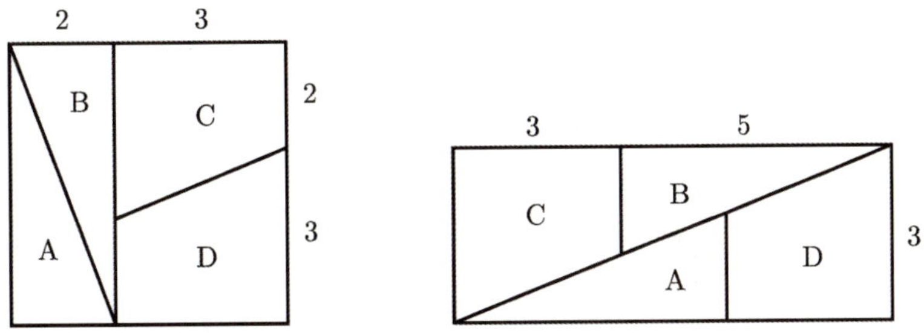

그림 1.8

문제 1.4 ▌ 다음 문제에서 오류를 찾아 올바르게 고쳐라.

(1) 수나는 주말에 할머니 댁을 갈 때는 시속 6km로, 올 때는 시속 4km의 속력으로 걸어서 다녀왔다. 갈 때와 올 때의 수나의 평균속력은 시속 $(6+4)/2=5$km이다.

(2) 재작년에 오남이가 산 주식은 작년에는 2배, 올해는 3배 올랐다. 오남이의 주식은 매년 $(2+3)/2=2.5$배씩 오른 셈이다.

문제 1.5 ▌ $a=b=1$이라고 하자. 다음 〈보기〉에서 올바르지 않게 생각한 단계를 찾아라.

〈보기〉

(1단계) 등식 $a=b$의 양변에 a를 곱하면 $a^2=ab$이다.

(2단계) 등식 $a^2=ab$의 양변에서 ab를 빼어 인수분해하면 $a^2-ab=a(a-b)=0$이다.

(3단계) 등식 $a(a-b)=0$의 양변에서 $b(a-b)$를 더하여 인수분해하면 $(a+b)(a-b)=b(a-b)$이다.

(4단계) 등식 $(a+b)(a-b)=b(a-b)$의 양변에서 $a-b$로 나누면 $a+b=b$이다.

(5단계) $a+b=b$에서 $a=b=1$이므로 $2=1$이다.

문제 1.6 ▌ 세나와 수나가 정수와 자연수의 개수에 대하여 다음과 같이 말하고 있다. 누구 말이 옳은가?

세나 그림 1.9에서 보듯이 정수의 집합이 자연수의 집합보다 더 크고 -2처럼 자연수가 아닌 정수가 있으므로 정수의 개수가 자연수의 개수보다 더 많다.

그림 1.9

수나 정수를 다음과 같이 나열해보자.

$$0,\ 1,\ -1,\ 2,\ -2,\ 3,\ -3, \cdots,\ n,\ -n, \cdots$$

그러면 100은 200번째이고 -500은 1001번째이다. 이처럼 모든 정수를 자연수로 셀 수 있으므로 자연수의 개수가 정수의 개수보다 작지 않다.

문제 1.7 ▌ 한 변의 길이가 각각 2cm, 4cm인 정육면체가 있다. 정육면체의 부피는 각각 $2^3 = 8$과 $4^3 = 64$이므로 두 정육면체의 부피의 평균은 $\frac{8+64}{2} = 36$이다. 한편 두 정육면체의 한 변의 평균은 $\frac{2+4}{2} = 3$이고 이것을 한 변으로 만들어진 정육면체의 부피는 $3^3 = 27$
이다. 두 정육면체의 부피의 평균과 변의 평균으로 만들어진 정육면체의 부피가 다른 이유는 무엇인가?

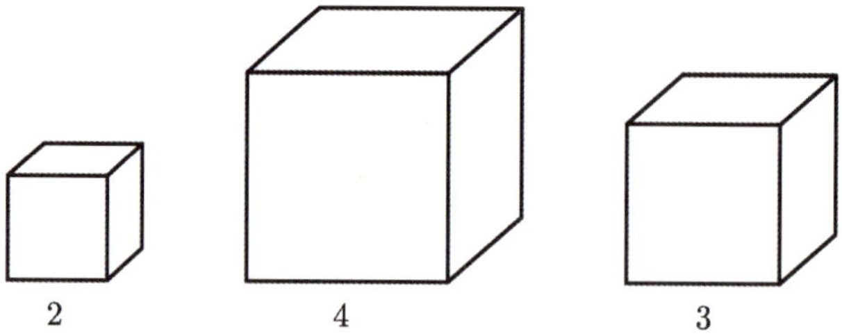

그림 1.10

문제 1.8 ▌ 그림 1.11의 모든 면을 10가지 색으로 색칠하려고 한다. 이웃한 면은 서로 다르게 색칠한다면 모두 몇 가지 방법이 있는가?

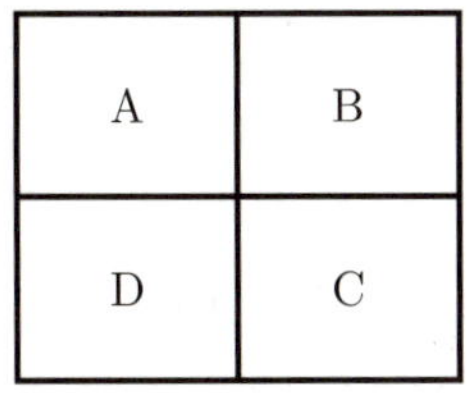

그림 1.11

위의 문제를 다음과 같이 다섯 단계로 나누어서 생각하였다. 다음 〈보기〉에서 올바르지 않게 생각한 단계를 찾아라.

〈보기〉

(1단계) A는 아무런 제약이 없으므로 A를 색칠할 수 있는 방법의 수는 10이다.
(2단계) B는 A의 색과 달라야 하므로 B를 색칠할 수 있는 방법의 수는 9이다.
(3단계) C는 B의 색과 달라야 하므로 C를 색칠할 수 있는 방법의 수는 9이다.
(4단계) D는 A나 C의 색과 달라야 하므로 D를 색칠할 수 있는 방법의 수는 8이다.
(5단계) 곱의 법칙에 의하여 구하는 방법의 수는 $10 \times 9 \times 9 \times 8 = 6480$이다.

문제 1.9 ▌ 다음은 『모든 삼각형은 이등변삼각형이다』를 증명한 것이다. 잘못된 곳을 찾아라.

〈증명〉

주어진 삼각형 △ABC에서 각 A를 이등분한 직선이 $\overline{BC}$와 만나는 점을 Y라고 하자.

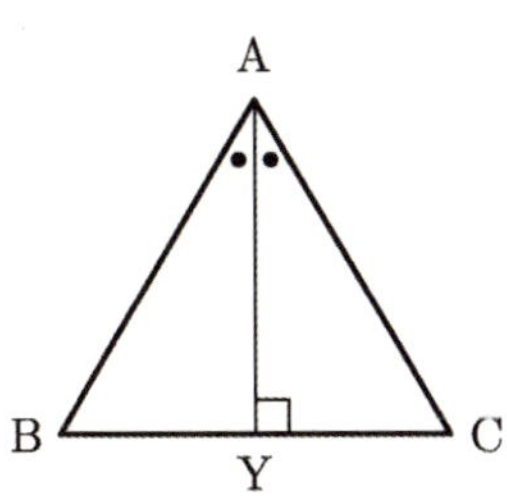

그림 1.12

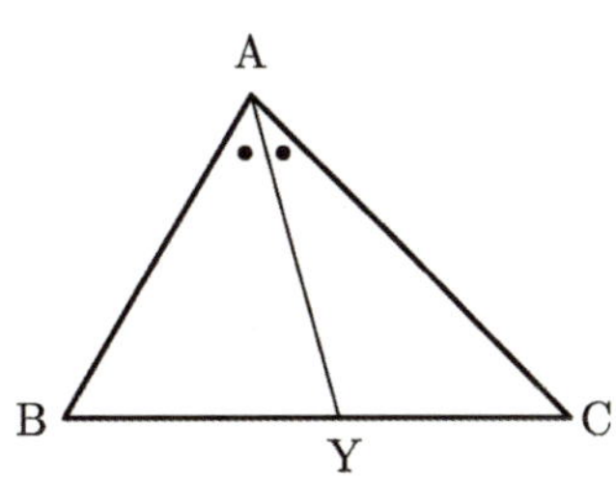

그림 1.13

① $\overline{AY}$와 $\overline{BC}$가 수직인 경우: 그림 1.12 참조

△ABY와 △ACY에서 ∠BAY=∠CAY, ∠AYB=∠AYC=직각이고 $\overline{AY}$는 공통이므로 두 삼각형 △ABY와 △ACY는 합동이다. 따라서 $\overline{AB}=\overline{AC}$이고 △ABC는 이등변삼각형이다.

② $\overline{AY}$와 $\overline{BC}$가 수직이 아닌 경우: 그림 1.13 참조

$\overline{BC}$의 이등분점을 D라 하고 $\overline{BC}$의 수직이등분선이 $\overline{AY}$와 만나는 점을 X라 하자. 또 X에서 $\overline{AC}$와 $\overline{AB}$에 내린 수선의 발을 각각 E와 F라 하자.

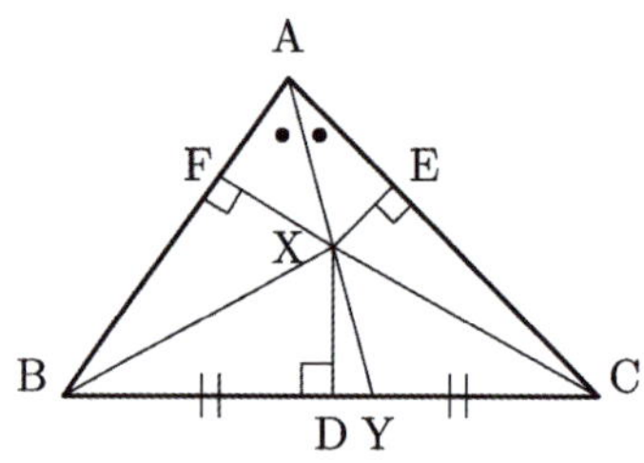

그림 1.14

△AXF와 △AXE에서 ∠XAF=∠XAE(가정), ∠AFX=∠AEX=직각이고 변 AX는 공통이므로 두 삼각형 △AXF와 △AXE는 합동이다. 따라서 $\overline{AF}=\overline{AE}$이다.

또 △BXF와 △CXE에서 $\overline{XD}$는 $\overline{BC}$의 수직이등분선이므로 $\overline{BX}=\overline{CX}$이고 위에서 △AXF와 △AXE는 합동이므로 $\overline{FX}=\overline{EX}$이다. ∠BFX=∠CEX=직각이므로 두 삼각형 △BXF와 △CXE는 합동이다. 따라서 $\overline{BF}=\overline{CE}$이다.

그러므로 $\overline{AB}=\overline{AF}+\overline{BF}=\overline{AE}+\overline{CE}=\overline{AC}$이므로 △ABC는 이등변삼각형이다.

위 ①과 ②의 어느 경우이든 △ABC는 이등변삼각형이다.

2 표 만들기

문제에는 많은 정보가 포함되어 있어 때로는 읽으면서도 제시된 정보가 무엇인지, 정보들 사이에 어떤 관계가 있는지 등 문제의 내용을 파악하기 어려울 때가 있다. 이럴 경우 문제의 내용을 표로 정리하면 그 내용을 쉽게 이해할 수 있다. 또한 문제의 내용을 표로 나타낸 각 정보들 사이에 어떤 관계가 있는지, 어떤 규칙이나 패턴이 있는지 살펴보기 위해 그림을 그리는 등 다른 전략과 병행하여 사용할 수도 있다.

기본예제 2.1 2002년 월드컵 아시아 조 예선에 A팀, B팀, C팀, D팀이 리그전을 하였다. 각 게임마다 승리한 팀에 2점, 비긴 팀에 1점을 준다. B팀이 5점으로 1위이고 C팀이 3점, A팀이 1점을 얻었다. 모두 9골이 터졌고 D팀은 한 골도 얻지 못했다. B팀은 4골을 얻어 가장 많은 골을 얻었고 C팀은 세 게임을 통해 3골을 잃었으며 A팀을 3 : 2로 이겼다.

그림 2.1

(1) 각 팀의 전적을 구하여라.

(2) 각 게임마다 스코어를 구하여라.

풀이 승리했을 때는 ○, 패배했을 때는 ×, 비겼을 때는 △으로 표시하여 주어진 사실을 표에 나타내면 다음과 같다. 모두 6경기가 이루어졌고 경기마다 두 팀이 얻은 점수의 합은 2점이므로 각 팀의 점수의 합은 12점이다.

	A	B	C	D	전적	점수	득점	실점
A			× 2 : 3			1		
B						5	4	
C	○ 3 : 2					3		3
D							0	
합						12	9	9

(i) 점수의 합이 12이므로 D의 점수는 3점이다.

(ii) 점수를 고려하여 각 팀의 전적을 구하면 A는 1무 2패, B는 2승 1무이다. C는 승리가 있으므로 1승 1무 1패이고 D는 득점이 0점이므로 승리가 없어 3무이고 실점도 0점이다.

	A	B	C	D	전적	점수	득점	실점
A		×	× 2 : 3	△ 0 : 0	1무 2패	1		
B	○		○	△ 0 : 0	2승 1무	5	4	
C	○ 3 : 2	×		△ 0 : 0	1승 1무 1패	3		3
D	△ 0 : 0	△ 0 : 0	△ 0 : 0		3무	3	0	0
합						12	9	9

(iii) C는 실점이 3점이므로 B와의 경기에서 1점을 실점했고, 그 경기에서 졌으므로 그때

스코어는 0 : 1이고 C의 득점도 3점이다.

(iv) 모든 팀의 득점의 합은 9점이므로 A의 득점은 2점이다.

(v) A와 B의 득점을 고려하면 B:A = 3 : 0

위의 사실을 종합하면 다음 표와 같다.

	A	B	C	D	전적	점수	득점	실점
A		× 0 : 3	× 2 : 3	△ 0 : 0	1무 2패	1	2	6
B	○ 3 : 0		○ 1 : 0	△ 0 : 0	2승 1무	5	4	0
C	○ 3 : 2	× 0 : 1		△ 0 : 0	1승 1무 1패	3	3	3
D	△ 0 : 0	△ 0 : 0	△ 0 : 0		3무	3	0	0
합						12	9	9

■

기본예제 2.2 다음은 어느 모임에서 서울, 수원, 춘천, 대전, 인천, 천안에 사는 A, B, C, D, E, F를 소개한 내용이다. 여섯 명 A, B, C, D, E, F의 직업과 사는 도시를 구하여라.

① A와 서울에서 온 남자는 의사이다.
② E와 수원에서 온 여자는 교사이다.
③ 천안에서 온 사람과 C는 설계사이다.
④ B와 F는 올림픽에 출전하였지만 천안에서 온 사람은 운동선수가 아니다.
⑤ 춘천에서 온 사람은 A보다 나이가 많다.
⑥ B와 서울에서 온 사람은 고향이 부산이다.
⑦ C와 춘천에서 온 사람은 고향이 광주이다.
⑧ 대전에서 온 사람은 C보다 나이가 많다.

풀이 주어진 번호의 사실에서 다음과 같은 사실을 알 수 있다.

① A는 서울에서 오지 않았고 서울에서 온 사람은 의사이다.
② E는 교사이므로 수원이나 서울에서 오지 않았고 A는 수원에서 오지 않았다.
③ C는 수원이나 서울이나 천안에서 오지 않았고 A와 E도 천안에서 오지 않았다.
④ B와 F는 천안에서 오지 않았다.
⑤ A는 춘천에서 오지 않았다.
⑥ B는 서울에서 오지 않았다.
⑦ C는 춘천에서 오지 않았다.
⑧ C는 대전에서 오지 않았다.

맞으면 ○, 틀리면 ×로 표시하여 위 사실을 표에 나타내면 다음과 같다.

	서울	수원	춘천	대전	인천	천안	직업
A	×	×	×			×	의사
B	×					×	
C	×	×	×	×		×	설계사
D							
E	×	×				×	교사
F						×	
직업	의사	교사				설계사	

(i) 위의 표에서 A, B, C, E, F는 천안에서 오지 않았으므로 D가 천안에서 왔다.
(ii) 다시 A, B, C, D, E는 서울에서 오지 않았으므로 F가 서울에서 왔다.
(iii) 다시 A, C, D, E, F는 수원에서 오지 않았으므로 B가 수원에서 왔다.
(iv) 다시 A, B, C, D, F는 춘천에서 오지 않았으므로 E가 춘천에서 왔다.
(v) 다시 B, C, D, E, F는 대전에서 오지 않았으므로 A가 대전에서 왔다.
(vi) 남은 사람 C는 남은 도시 인천에서 왔다.
(vii) 문제의 ①에서 서울에서 온 사람 F는 의사이다.
(viii) 문제의 ②에서 수원에서 온 사람 B는 교사이다.

(ix) 문제의 ③에서 천안에서 온 사람 D는 설계사이다.

위의 사실을 종합하면 다음과 같다.

	서울	수원	춘천	대전	인천	천안	직업
A	×	×	×	○	×	×	의사
B	×	○	×	×	×	×	교사
C	×	×	×	×	○	×	설계사
D	×	×	×	×	×	○	설계사
E	×	×	○	×	×	×	교사
F	○	×	×	×	×	×	의사
직업	의사	교사	교사	의사	설계사	설계사	

■

2 연습문제

문제 2.1 하나, 두나, 세나, 수나는 축구, 농구, 야구, 배구 중 어느 한 운동을 좋아한다. 하나를 제외한 3명 중 1명은 농구를 좋아하고, 두나는 배구를 좋아한다. 세나, 수나는 야구를 좋아하지 않는다. 수나는 축구를 좋아했으나 지금은 그렇지 않다. 네 사람이 각각 좋아하는 운동은 무엇인가?

문제 2.2 세 사람 화이트(White), 블랙(Black), 그린(Green)이 함께 점심을 먹고 있다. 그 중에 한 사람은 흰 넥타이를, 다른 한 사람은 검정 넥타이를, 또 다른 한 사람은 초록 넥타이를 매고 있다.

> 초록 넥타이를 맨 사람이 말했다.
>
> "우리가 매고 있는 넥타이 색깔은 우리 이름과 같군요. 하지만 이름과 넥타이 색깔이 똑같은 사람은 하나도 없네요."
>
> 화이트가 맞장구를 치며 말했다.
>
> "정말 그렇군요!"

세 사람이 매고 있는 넥타이는 각각 무슨 색깔일까?

문제 2.3 다음 표는 세 학교 A, B, C가 리그 방식으로 치른 농구경기 결과의 일부이다. A는 B를 1점 차로 이겼다.

학교	득점	실점
A	39	
B	35	38
C	42	49

(1) 학교 A의 실점을 구하여라.

(2) 모든 경기의 스코어를 구하여라.

문제 2.4 A, B, C, D 네 팀이 야구 경기를 치렀다.

그림 2.2

지금까지의 성적은 다음과 같으며 B는 C에게 졌다고 한다.

팀	전적	득점	실점
A	2승 1무	6	3
B		0	7
C	1승 2무	4	3
D		8	5

(1) B와 D의 전적을 구하여라.

(2) A와 D의 경기에서 스코어를 구하여라.

문제 2.5 ▌ 한국 시리즈 야구 대회에서 네 선수 하나, 두나, 세나, 수나의 수비 포지션은 1루수, 2루수, 3루수, 유격수이고 그들은 홈런왕, 타점왕, 도루왕, 타격왕의 상을 하나씩 받았다. 다음은 네 사람에 관한 사실이다.

1. 수나는 도루왕보다 타율이 높다.
2. 두나와 3루수는 타점왕과 가끔 싸웠다.
3. 하나와 유격수는 홈런왕의 친구이다.
4. 세나는 타점왕이 아니고 하나는 2루수가 아니다.
5. 세나와 홈런왕 두 사람 모두 2루수도 3루수도 아니다.
6. 3루수는 도루왕이 아니다.

네 사람의 수비 포지션과 그들이 받은 상을 말하여라.

문제 2.6 ▌ 다음은 '갑', '을', '병' 세 사람이 벌인 탁구 시합의 진행 방법과 결과이다. 을과 병 사이의 전적을 구하여라. (2009 LEET)

[진행 방법]

- 첫 시합을 할 두 선수는 제비뽑기로 정한다.
- 두 사람이 시합을 하고 나머지 한 사람은 대기한다.
- 시합에서 이긴 사람은 대기한 사람과 시합을 한다.
- 7번을 이긴 사람이 처음 나올 때까지 시합을 계속한다.
- 무승부는 없다.

[결과]

갑과 병이 첫 시합을 하였다. 모든 시합이 끝났을 때, 갑은 7번을, 을은 6번을, 병은 2번을 이겼다. 을과 병 두 사람 사이의 시합에서는 서로 이긴 횟수가 같았다.

3 그림 이용하기

중학교 때 삼각형이나 원과 같은 기하학에서는 대부분의 문제가 그림으로 적절하게 나타내기만 하면 의외로 쉽게 해결될 수 있었다. 이처럼 문제를 그림으로 나타내면 눈으로 직접 볼 수 있어 머릿속으로만 맴돌던 생각이 어느 정도 정리되고, 또 해답의 실마리도 찾을 수 있다. 따라서 문제를 파악하고 해결하는 데 적절한 그림을 그리는 것은 문제 해결에서 중요한 전략 중에 하나이다.

기본예제 3.1 어떤 초원의 풀을 영양은 사흘에 모두 먹고, 라마는 나흘이면 모두 먹으며, 염소는 6일에 모두 먹는다. 영양, 라마, 염소가 이 초원의 풀을 함께 먹는다면 이 초원의 풀을 모두 먹는 데 며칠 걸릴까?

그림 3.1

풀이 하루에 영양은 초원 전체의 $\frac{1}{3}$, 라마는 초원 전체의 $\frac{1}{4}$, 염소는 초원 전체의 $\frac{1}{6}$을 먹는다. 초원을 그림 3.2처럼 면적이 같게 12칸으로 나누어 보자.

그림 3.2

그러면 하루에 영양은 4칸, 라마는 3칸, 염소는 2칸을 먹으므로, 세 동물이 함께 먹으면 하루에 9칸을 먹는다. 이 초원을 영양, 라마, 염소가 함께 먹어서 x일 동안 먹을 수 있다면 $1:9 = x:12$이므로 $x = \frac{4}{3}$이다. ■

기본예제 3.2 하나, 두나, 세나, 수나, 오남이는 어느 고등학교 체조 선수이다. 체조 선수권 대회에 출전하기 위해서는 학교에서 실시하는 두 번의 자격 테스트를 통과해야 하는데, 1차 테스트를 통과한 사람만이 2차 테스트에 도전할 수 있다. 일어날 수 있는 경우는 모두 몇 가지인가? (단, 각 테스트를 통과한 선수가 한명도 없을 수 있다.)

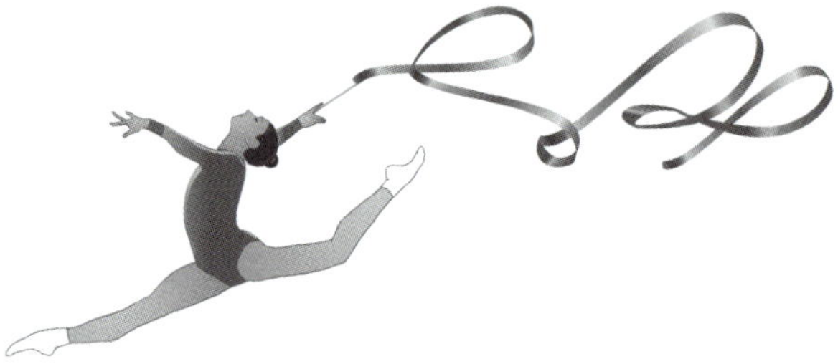

그림 3.3

풀이 이 학교 체조 선수의 집합을 X, 1차 테스트를 통과한 선수의 집합을 A, 2차 테스트를 통과한 선수의 집합을 B라고 하자. 그러면 $B \subseteq A \subseteq X$이다. 이 집합들을 벤다이어그램으로 나타내면 다음과 같이 세 영역으로 나누어진다.

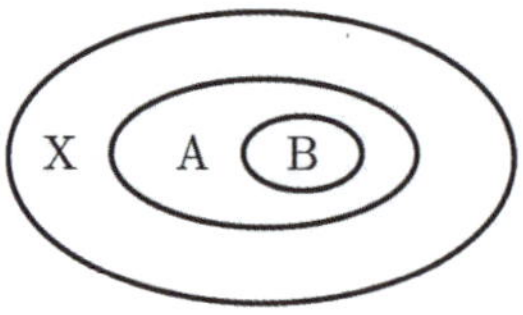

그림 3.4

각 체조 선수는 위 세 영역 중 한 곳에 속하므로 3가지 경우가 있다. 따라서 일어날 수 있는 모든 경우의 수는 곱의 법칙에 의하여 $3 \times 3 \times 3 \times 3 \times 3 = 243$이다. ■

3 연습문제

문제 3.1 ▌ 어떤 회사의 입사 시험에서 합격자는 지원자의 1/8보다 30명이 더 많았고, 불합격자는 지원자의 4/5보다 45명이 더 많았다. 지원자는 모두 몇 명인가?

문제 3.2 ▌ 40명이 재학하고 있는 어느 대학 심리학과에는 세 개의 과내 운동 동아리로 타이브레이크, 루트, 셔틀콕이 있다. 이 학과의 모든 학생은 적어도 하나의 동아리에는 속해 있으나 세 동아리 모두 속해 있는 학생은 없다. 일어날 수 있는 경우는 모두 몇 가지인가? (단, 각 동아리에 한 명도 없을 수 있다.)

그림 3.5

문제 3.3 ▌ 백화점 1층 에스컬레이터 출발점에 아버지와 아들이 서있다. 함께 에스컬레이터에 올라 일정한 속도로 같이 걸었는데 아버지가 세 계단을 오를 때 아들은 겨우 한 계단을 올랐다. 아버지가 60계단을 올랐을 때 2층에 도착하였는데 아들은 40계단을 오른 후에 2층에 도착하였다. 이 에스컬레이터의 한 층의 계단 수는 몇 개인가?

그림 3.6

문제 3.4 ▌ 길이와 두께가 다른 두 개의 양초가 있다. 짧은 양초는 11시간, 긴 양초는 7시간 동안 탈 수 있다. 동시에 두 양초에 불을 붙이고 3시간 후에 두 양초의 길이가 같아졌다고 한다. 두 양초의 원래의 길이의 비를 구하여라.

그림 3.7

문제 3.5 ▌ 어느 무도회에 네 쌍의 부부가 참석하였다. 춤을 추기 위하여 남녀 한 쌍씩 짝을 지을 때 어떤 사람도 자기 배우자와는 짝이 되지 않게 하는 방법의 수를 구하여라.

그림 3.8

문제 3.6 ▌ 10리터, 7리터, 4리터 용량의 세 양동이가 있다. 10리터 용량의 양동이엔 물이 가득 차 있고 7리터, 4리터 용량의 두 양동이는 비어 있다고 하자. 세 양동이를 이용하여 물을 채우고 비우는 작업을 여러 차례 반복하여 7리터나 4리터 용량의 양동이에 2리터의 물을 남겨라. (단, 물을 채우고 비울 때는 더 이상 채울 수 없거나 비울 수 없을 때까지 계속 채우거나 비우기로 한다.)

그림 3.9

문제 3.7 ▮ 성분이 99%가 물인 무게 500g의 참외가 있다. 이 참외를 건조실에 30분 놓아두었더니 성분의 98%가 물이었다. 현재 이 참외의 무게는 몇 g인가?

그림 3.10

문제 3.8 ▮ 어느 통신 회사가 A, B, C, D, E의 5개 아파트를 전화선으로 연결하려고 한다. 여기서 A와 B가 연결되고, B와 C가 연결되면 A와 C도 연결된 것으로 간주한다. 표는 두 아파트를 전화선으로 직접 연결하는 데 드는 비용을 나타낸 것이다.

(단위: 억 원)

	A	B	C	D	E
A	*	10	8	7	9
B	10	*	5	7	8
C	8	5	*	4	6
D	7	7	4	*	4
E	9	8	6	4	*

A, B, C, D, E를 모두 연결하는 데 드는 최소 비용을 구하여라.

4 식 세우기

수학을 배운다는 것은 우리 주위의 사물이나 현상을 수학적으로 관찰하고, 문제를 해결하기 위하여 필요한 정보를 수집하고 분석하여 합리적으로 판단하는 능력을 기르는 것이다. 이런 능력은 결국 식을 세우는 능력을 개발하는 것으로 집약될 수 있다. 식 세우기는 문제 속에 포함되어 있는 일상의 언어를 수학적 언어로 바꾸는 과정으로 올바른 식을 세우기 위해서는 문제에서 주어진 조건을 완전히 이해해야 하고 수학적 표현의 형태에 익숙해야 한다. 특히 $x+2=5$나 $x+y=10$과 같이 식에 포함된 미지수 x나 y의 값에 따라 참일 수도 있고 거짓일 수도 있는 등식을 방정식이라 하는데 주어진 문제를 방정식으로 나타내어 해결하는 방법은 뉴턴이 극찬했을 정도로 중요한 수학적 전략이다.

기본예제 4.1 3세기경 알렉산드리아의 수학자 디오판토스의 묘비에는 다음과 같이 새겨져 있다.

> 그는 생의 1/6을 소년으로, 1/12을 청년으로, 1/7을 미혼으로 살았다.
> 그의 아들은 결혼 후 5년 만에 태어났으며, 그보다 4년 먼저 죽었다.
> 아들의 생애는 그의 절반이었다.

위 묘비에 의하면 디오판토스는 몇 세까지 살았는가?

그림 4.1

풀이 디오판토스가 x살까지 살았다고 하자. 디오판토스의 생애를 다음과 같은 그림으로 나타낼 수 있다.

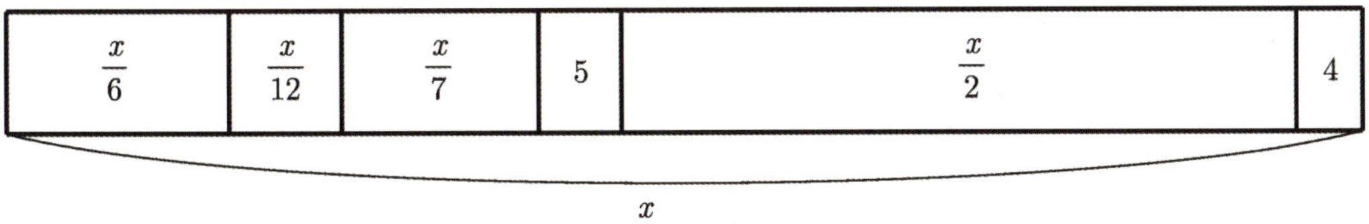

그림 4.2

따라서

$$\frac{x}{6}+\frac{x}{12}+\frac{x}{7}+5+\frac{x}{2}+4=x$$

이다. 이 일차방정식을 풀면 $x=84$이다.

[별해] x는 6, 12, 7, 2의 배수이므로 84의 배수이고 사람의 수명은 168일 수 없으므로 $x=84$이다. ■

기본예제 4.2 A, B, C 제품 3개를 제작하는데, 이 제품 3개의 무게는 각각 1kg, 2 kg, 3kg이다. 제작하는 개수는 무게가 무거울수록 적게 만들고, 세 제품의 무게의 합은 50 kg이다. 제작한 개수는 총 30개이고, 제품 B의 개수는 제품 C의 개수의 2배 이상이다. 세 제품의 개수가 모두 짝수일 때, 제품 B는 모두 몇 개 제작하였는가?

풀이 제품 A, B, C의 개수를 각각 a, b, c라 하고 주어진 조건을 식으로 나타내면 다음과 같다.

$$a+b+c=30$$
$$a+2b+3c=50$$
$$a>b>c,\quad b\geq 2c$$
$$a,\ b,\ c\text{는 짝수}$$

둘째 식에서 첫째 식을 빼면 $b+2c=20$이고, $b\geq 2c$이므로 $4c\leq 20$이다. c는 짝수이므로 $c=0,\ 2,\ 4$이고 그 때의 a, b는 다음과 같다.

c	0	2	4
b	20	16	12
a	10	12	14

$a > b > c$이므로 $a = 14$, $b = 12$, $c = 4$이다. ■

기본예제 4.3 하나와 오남이가 둘레가 400m인 운동장을 하나는 4m/초, 오남이는 6m/초의 속도로 돌고 있다.

그림 4.3

(1) 하나와 오남이가 같은 지점에서 출발하여 서로 반대 방향으로 걸을 때, 첫 번째로 만나는 지점은 하나가 출발한 지점에서 얼마만큼 떨어진 지점인가?
(2) 하나와 오남이가 같은 지점에서 출발하여 같은 방향으로 걸을 때, 첫 번째로 만나는 지점은 오남이가 출발한 지점에서 얼마만큼 떨어진 지점인가?
(단, 거리는 트랙을 따라 측정한다.)

풀이 (i) 두 사람이 반대 방향으로 걸을 경우에는 두 사람은 10m/초의 속도로 멀어지고 두 사람이 걸은 거리의 합이 400m일 때 서로 만난다. 따라서 40초 후에 서로 만나게 되며 하나가 걸은 거리는 160m이고 이는 하나의 출발점에서 160m 떨어진 지점이다.
(ii) 두 사람이 같은 방향으로 걸은 경우에는 두 사람은 2m/초의 속도로 멀어지고 두 사람이 걸은 거리의 차가 400m일 때 만난다. 따라서 200초 후에 처음으로 만나며 오남이가 걸은 거리는 1200m이고 이는 오남이가 출발점인 지점이다. ■

4 연습문제

문제 4.1 우리 가족 아빠, 엄마, 동생, 나의 나이의 합은 83이다. 또 아빠 나이의 6배는 엄마 나이의 7배와 같고, 엄마 나이는 내 나이의 3배이다. 모든 가족의 나이를 구하여라.

문제 4.2 정삼각형의 각 꼭짓점 위에 숫자가 하나씩 할당되고 삼각형의 세 변에는 양 꼭짓점에 있는 두 수를 더한 값이 적혀 있다. 꼭짓점에 있는 숫자를 알아낼 수 있는 방법을 찾아라.

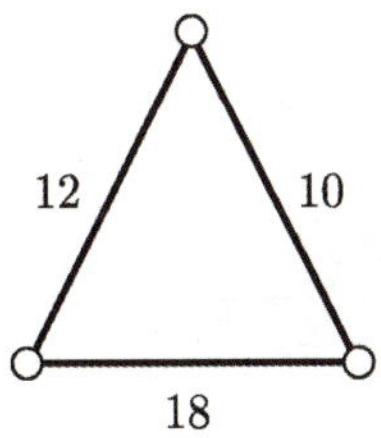

그림 4.4

문제 4.3 병과 컵의 무게의 합이 주전자의 무게와 같고, 컵과 접시의 무게의 합은 병의 무게와 같으며, 두 개의 주전자의 무게가 세 개의 접시의 무게와 같다. 병 한 개의 무게는 컵 몇 개의 무게와 같은가?

그림 4.5

문제 4.4 ▌ 오남이는 취미로 도마뱀, 딱정벌레, 지렁이를 기르고 있다. 이 세 동물의 머릿수를 합하면 12이고 다리의 개수를 합하면 26이다. 또 지렁이는 도마뱀과 딱정벌레를 합한 것 보다 더 많다. 오남이가 기르는 도마뱀은 몇 마리인가?

그림 4.6

문제 4.5 ▌ 문구사를 운영하시는 수미 아버지는 샤프펜슬 72개를 구입하고 판매자로부터 영수증을 받았는데 제대로 간수하지 않아 그림 4.7처럼 금액을 표시한 숫자의 첫째 자리와 마지막 자리는 읽을 수가 없고 가운데 세 자리 679만 읽을 수 있었다.

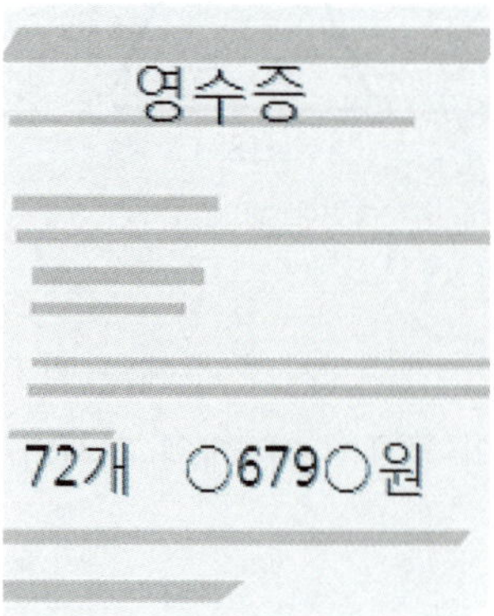

그림 4.7

샤프펜슬 한 자루의 구입가격은 얼마일까?

문제 4.6 ▌ 수남씨는 50대였던 4년 전에 고향길을 걸으면서 살아온 생애의 $\frac{1}{4}$을 보험업에 종사하고 있음을 알았었다. 지금 보험업에 지겨움을 느끼고 있기에 앞으로 생애의 $\frac{1}{3}$까지만 그 직종을 계속하기로 했다. 수남씨는 앞으로 몇 년 더 보험업에 종사해야 하는가?

문제 4.7 ▌ 부모님과 자녀들로 이루어진 몇몇 가족이 모여 파티를 하고 있다. 다음은 이 파티에 모인 사람들에 관한 사실이다.

> ① 어른이 남자 아이들보다 더 많다.
> ② 남자 아이들이 여자 아이들보다 더 많다.
> ③ 여자 아이들의 수는 가족 수보다 더 크다.
> ④ 모든 가족이 세 자녀 이상을 두고 있다.

이 파티에 참석한 가족은 최소 몇 가족인가?

문제 4.8 ▌ 다음 물음에 답하여라.

(1) 17마리 낙타를 가지고 있던 어느 상인은 다음과 같은 유언을 남겼다.

> 장남은 전체 낙타의 $\frac{1}{2}$을 가지고, 차남은 $\frac{1}{3}$을 가지며, 막내는 $\frac{1}{9}$을 가지되 낙타를 절대로 죽여서는 안 된다.

수학자는 자기의 낙타를 한 마리 가져와 모두 18마리로 만들어 위 유언대로 세 아들에게 나누어 주었다. 수학자는 낙타 한 마리를 손해 보았는가?

(2) 이번에는 11마리의 낙타를 갖고 있는 다른 상인이 다음과 같은 유언을 남겼다.

> 장남은 전체 낙타의 $\frac{1}{2}$을 가지고, 차남은 $\frac{1}{3}$을 가지며, 막내는 $\frac{1}{6}$을 가지되 낙타를 절대로 죽여서는 안 된다.

이번에도 수학자가 자기의 낙타를 한 마리 가져와 유언대로 나누어 주었다면 수학자는 낙타 한 마리를 손해 보았는가?

(3) 위 (1)과 (2)의 문제의 차이점은 무엇인가?

5 단순화하기

『1부터 100000까지 수를 모두 인쇄할 때 숫자 5는 모두 몇 개 필요할까?』라는 문제를 생각해보자. 적지 않은 학생들이 문제의 뜻은 쉽게 이해하나 막상 어떻게 시작할지 막막할 것이다. 실제로 복잡하고 어려운 문제들은 처음 접할 때는 어떻게 해결해야 할지 엄두가 나지 않는 것이 대부분이다. 이럴 때는 주어진 조건을 완화하거나 문제에서 제시된 숫자를 줄여 생각해야할 경우의 수를 줄이는 단순화 과정이 필요하다. 위 문제에서 100000이 아닌 10이나 100이였다면 그리 큰 어려움은 느끼지 않았을 것이다. 10, 100, 1000, … 일 때 필요한 5의 개수를 구하면서 어떤 규칙이 있는지, 일반적으로 적용할 수 있는 방법이 있는지 실마리를 찾아 이를 원래의 문제에 적용하여 문제를 해결한다. 이처럼 주어진 문제를 단순화하여 아이디어를 얻고 이를 원래의 문제에 적용하여 해결할 수 있는 대표적인 문제를 살펴보자.

기본예제 5.1 다음 그림과 같은 직사각형의 종이 위에 두 경기자가 오백원짜리 동전을 번갈아 놓는다. 이렇게 동전을 계속 놓아 가면 결국 어떤 경기자는 동전을 더 이상 종이 위에 놓을 수 없게 되고 그 경기자가 이 게임에 지게 된다. 이 게임에서 이기려면 동전을 먼저 놓아야 하는가 아니면 나중에 놓아야 하는가? (단, 이미 놓인 동전을 움직여서는 아니되고 동전을 겹쳐 쌓을 수도 없다.)

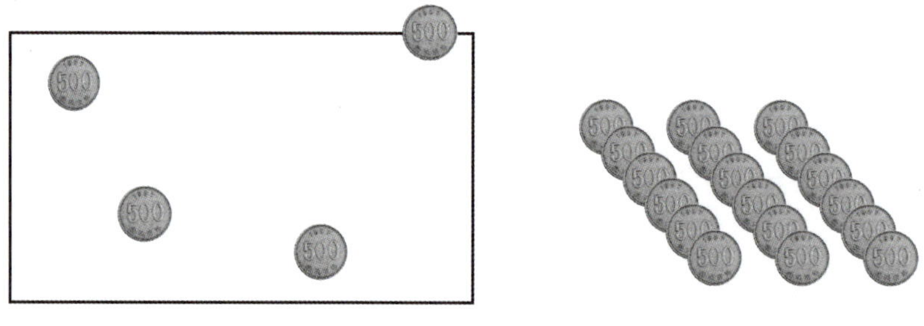

그림 5.1

풀이 이런 종류의 문제가 주어질 때 직사각형의 종이의 규격이나 오백원짜리 동전의 반지름을 묻곤 한다. 조금만 생각해보면 종이의 규격이나 동전의 반지름을 아는 것이 이 문제의 해결에 어떠한 도움도 되지 않음을 알 수 있다.

좀처럼 마땅한 방법이 없을 경우 문제를 아주 단순하게 변형시켜서 문제해결의 실마리를 찾는 방법이 자주 쓰인다. 여기서 다음과 같이 두 과정으로 나누어보자.

① **단순화:** 아래 그림 5.2처럼 주어진 종이가 동전보다 작다고 하자.

그림 5.2

분명히 먼저 놓는 사람이 승리한다. 이렇게 단순화하여 얻은 아이디어를 일반적인 경우에 적용해보자.

② **일반화:** 이제 직사각형 모양의 종이가 주어지면 대칭의 중심을 찾아 A가 그곳에 동전을 놓는다.

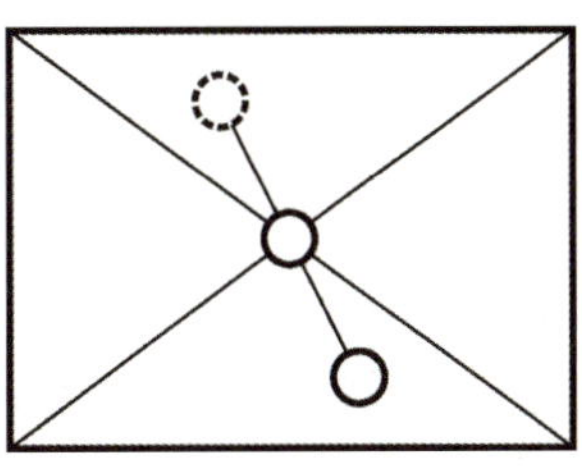

그림 5.3

그 다음 차례에 B가 동전을 어떤 곳에 놓으면 A는 B가 놓은 동전의 점대칭 점을 찾아 그곳에 동전을 놓는다. 따라서 B가 종이 위에 동전을 놓으면 A는 항상 놓을 수 있으므로 먼저 놓는 A가 승리하게 된다. ■

기본예제 5.2 그림 5.4와 같이 가로와 세로가 각각 8칸인 체스 판을 생각해보자.

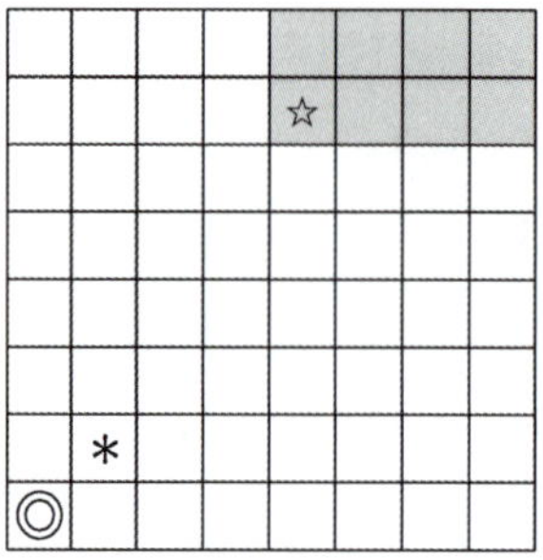

그림 5.4

두 경기자 A, B가 번갈아 하는 게임으로서 각 경기자는 자기 차례가 되면 위의 그림 중 어느 한 칸을 선택할 수 있고 어느 한 칸이 선택되면 선택된 칸과 그 칸의 오른쪽과 위쪽에 있는 모든 칸을 제거한다. 예를 들어 위에서 한 경기자가 ☆로 표시된 칸을 선택했다면 회색으로 표시된 모든 칸을 제거한다. 이런 방식으로 A부터 위의 그림에 있는 칸을 제거하게 될 때 어떤 경기자는 왼쪽 맨 아래에 있는 칸(◎로 표시된 칸)을 제거하게 되며 그 경기자가 이 게임에서 지게 된다. A와 B가 최선의 전략으로 게임을 한다면 누가 승자인가?

풀이 ① **단순화:** 그림 5.5처럼 2×2 모양이면 누가 승리하는가?

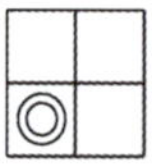

그림 5.5

그림 5.6과 같은 과정으로 처음 행하는 A가 승리하게 된다.

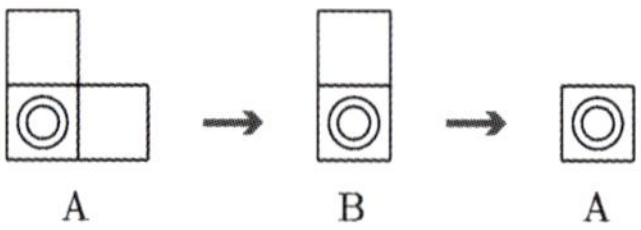

그림 5.6

② **일반화:** A가 그림 5.4의 $*$를 선택하여 그림 5.7 맨 왼쪽처럼 만들고 B가 ◎의 위나 오른쪽에서 c 칸을 가져가면 A는 다른 쪽에서 c 칸을 가져간다. 이런 과정을 반복하면

결국 단순화에서 살펴보았던 그림 5.6의 상황으로 귀결되어 A가 승리한다.

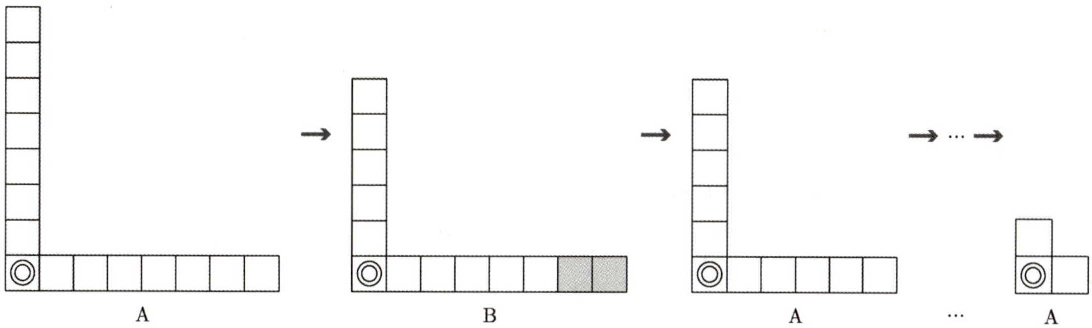

그림 5.7

5 연습문제

문제 5.1 ▌ 기본예제 5.2와 같은 게임을 생각해보자.

(1) 다음 그림 5.8에서 A와 B가 최선의 전략으로 게임을 한다면 누가 승자인가?

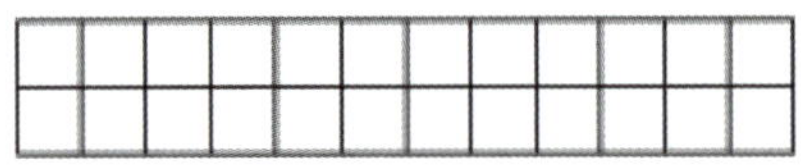

그림 5.8

(2) 다음 그림 5.9에서 A와 B가 최선의 전략으로 게임을 한다면 누가 승자인가? (칸이 오른쪽으로 무한히 많이 있음)

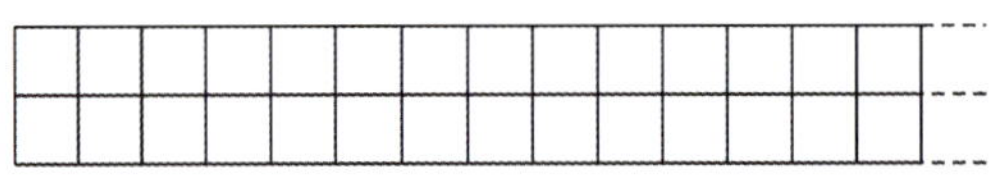

그림 5.9

문제 5.2 ▌ 100명이 참가한 테니스 단식대회가 있다. 토너먼트 방식으로 경기를 치를 때 우승자가 나올 때까지 총 경기 수를 구하여라.

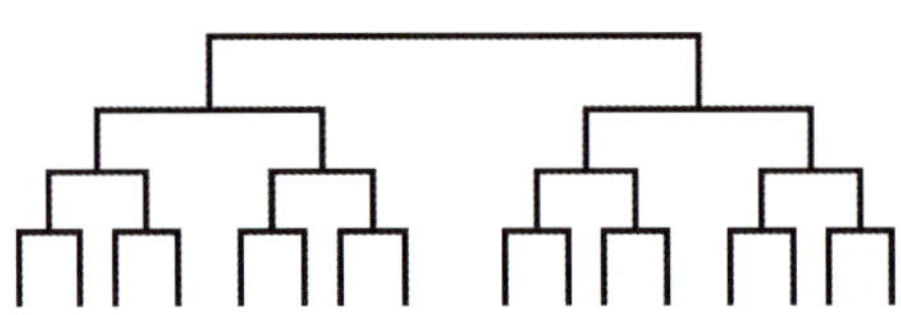

그림 5.10

문제 5.3 ▌ 그림 5.11과 같은 도로망에서 A_1에서 B_7 까지 가는 방법은 모두 몇 가지인가? (단, 어떤 길도 두 번 이상 지날 수 없다.)

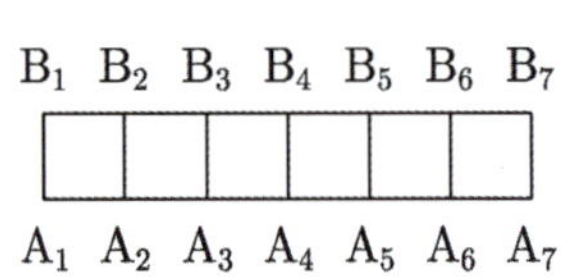

그림 5.11

문제 5.4 ▌ 1부터 100000까지 수를 모두 인쇄할 때 숫자 5는 몇 개 필요할까?

1, 2, 3, 4, 5, 6, 7, 8, ⋯ , 99999, 100000

문제 5.5 ▌ 각 자리 수의 합이 짝수인 여섯 자리 자연수는 모두 몇 개인가?

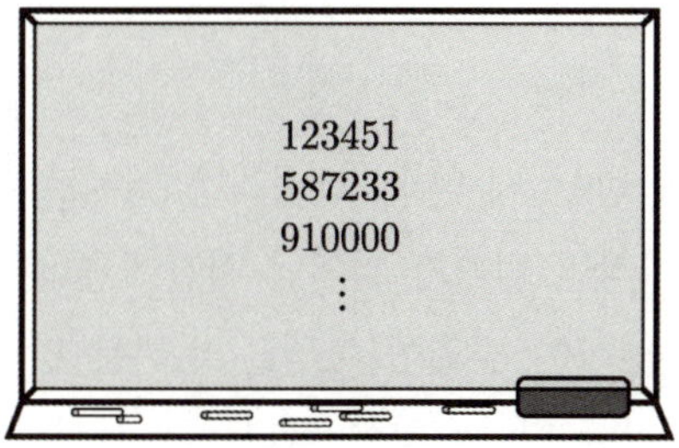

그림 5.12

문제 5.6 ▌ 오남이가 집에서 학교를 가기 위해서는 다음과 같은 도로망을 이용한다. 집에서 학교까지 오른쪽과 위, 아래로만 이동하여 등교하는 모든 경우의 수는 얼마인가? (단, 한 번 지나간 도로는 다시 지나지 않는다.)

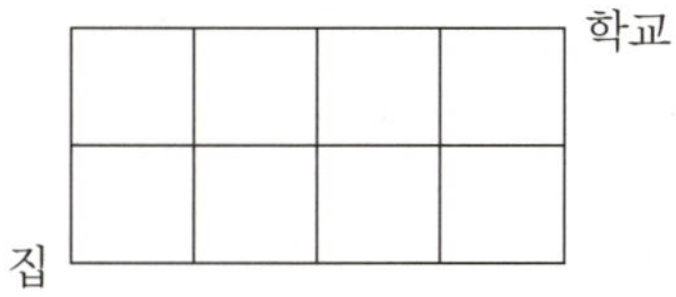

그림 5.13

6 모순 이끌어 내기(귀류법)

범죄를 저질렀다는 의심을 받는 사람이 그 범죄를 저지르지 않았음을 입증하는 방법에 알리바이란 것이 있다. 범인이라면 범죄가 일어난 시간에 범죄 현장에 있어야 하는데 그 시간에 다른 곳에 있었음을 증명하여 범인이 아님을 밝히는 방법이다. 알리바이처럼 귀류법은 어떤 사실이 참임을 보이려고 할 때 참이 아니라고 가정하고 거기서 생기는 모순을 찾는 방법으로 주어진 조건으로부터 직접 결론을 이끌어내는 방법이 여의치 않을 때 자주 사용하는 간접증명법이다. 이 절에서는 귀류법을 이용하여 효과적으로 해결할 수 있는 문제들을 살펴보자.

기본예제 6.1 어떤 나라는 100개의 도시로 이루어져 있고 각 도시는 적어도 50개의 도로가 서로 다른 도시와 연결되어 있다. 이런 도로를 이용하여 이 나라의 한 도시에서 다른 모든 도시로 여행이 가능한가?

그림 6.1

풀이 어떤 도시 A에서 다른 도시 B로 여행이 불가능하다고 하자. 그러면 이 나라에 있는 100개의 도시는 A에서 여행이 가능한 도시의 집합 X와 그렇지 않은 도시의 집합 Y로 나누어진다.

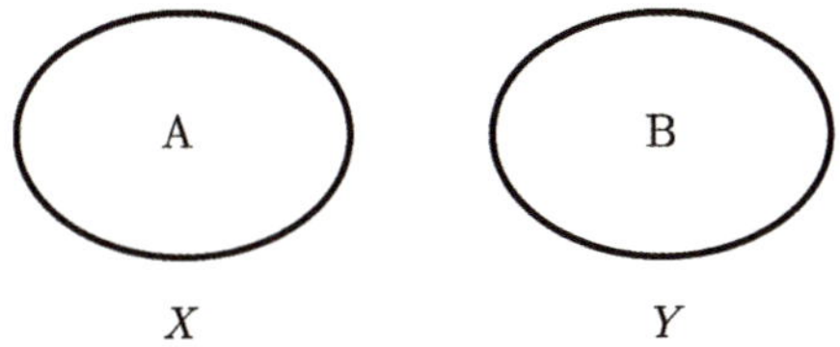

그림 6.2

A에서 적어도 50개 이상의 다른 도시와 연결되어 있으므로 집합 X에는 A를 포함하여 적어도 51개의 도시가 있다. 마찬가지로 집합 Y에도 B를 포함하여 적어도 51개의 도시가 있다. 그러므로 X와 Y에는 적어도 102개의 도시가 있고, 이것은 이 나라에 100개의 도시가 있다는 사실에 모순이다. 따라서 주어진 도로를 이용하여 이 나라의 한 도시에서 다른 어떤 도시로도 여행이 가능하다. ■

기본예제 6.2 두 개의 약수를 갖는 자연수를 소수라고 한다. 소수는 무한히 많은가?

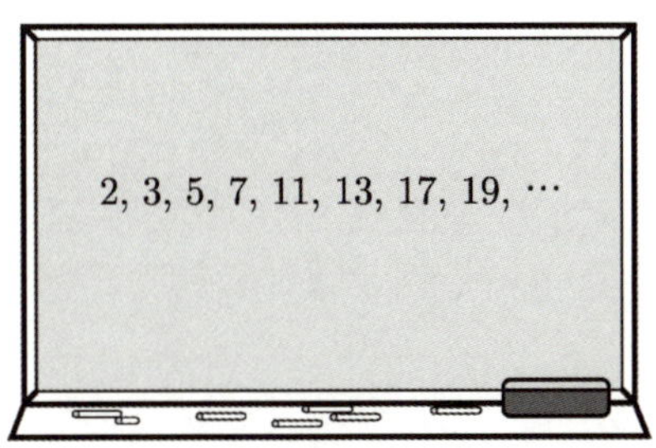

그림 6.3

풀이 소수가 무한히 많지 않다고 하자. 그러면 소수는 유한개 존재하고

$$a,\ b,\ c,\ \cdots,\ z$$

를 모든 소수라고 하자. 이제 자연수 $N = a \times b \times c \times \cdots \times z + 1$을 생각해보자.

⊙ N을 a로 나눌 때 나머지가 1이므로 N은 a로 나누어지지 않는다.
⊙ N을 b로 나눌 때 나머지가 1이므로 N은 b로 나누어지지 않는다.
⊙ N을 c로 나눌 때 나머지가 1이므로 N은 c로 나누어지지 않는다.
⋮
⊙ N을 z로 나눌 때 나머지가 1이므로 N은 z로 나누어지지 않는다.

N은 어떤 소수로도 나누어지지 않으므로 N의 약수는 1과 N 뿐이고, 따라서 N은 소수이다. N은 a, b, c, $\cdots$, z 같지 않은 소수이므로 가정에 모순이다. 그러므로 소수는 무한히 많다. ■

6 연습문제

문제 6.1 자연수는 무수히 많음을 보여라.

$$1,\ 2,\ 3,\ 4,\ 5,\ \cdots,\ 100,\ \cdots$$

문제 6.2 부산 해운대 백사장의 모래는 셀 수 있는가?

그림 6.4

문제 6.3 10L, 8L, 6L 용량의 세 양동이가 있다. 10L 용량의 양동이엔 물이 가득 차 있고 8L, 6L 용량의 두 양동이는 비어 있다고 하자. 세 양동이를 이용하여 물을 채우고 비우는 작업을 여러 차례 반복하여 한 양동이에 3L의 물을 남길 수 있을까 ? (단, 물을 채우고 비울 때는 더 이상 채울 수 없거나 비울 수 없을 때까지 계속 채우거나 비우도록 한다.)

10L 8L 6L

그림 6.5

문제 6.4 ▌ 그림 6.6과 같이 원을 6등분한 점에 사람이 한 명씩 있다. 이제 6000원을 원 위에 있는 6명에게 분배하려 한다.

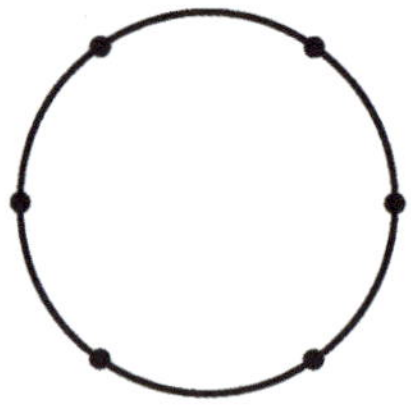

그림 6.6

각 사람은 그와 이웃한 두 사람의 평균만큼 분배받는다고 하면 모든 사람은 1,000원씩 똑같이 분배받음을 보여라.

문제 6.5 ▌ a_1, a_2, a_3, a_4, a_5, a_6는 모두 1 또는 -1이다.

$$a_1a_2a_3a_4 + a_2a_3a_4a_5 + a_3a_4a_5a_6 + a_4a_5a_6a_1 + a_5a_6a_1a_2 + a_6a_1a_2a_3 = 0$$

이 되도록 a_1, a_2, a_3, a_4, a_5, a_6을 선택할 수 있는가?

문제 6.6 ▌ 어느 소극장 앞 두 줄은 좌석에 1, 2, 3, 4, 5, 6, 7, 8, 9, 10의 번호가 붙어 있다. 가슴에 1, 2, 3, 4, 5, 6, 7, 8, 9, 10의 번호표를 붙인 열 사람이 좌석 번호를 확인하지 않고 임의로 좌석에 앉았다. 사람이 앉은 좌석 번호와 그 사람의 번호를 합한 수 중에는 끝자리가 같은 두 수가 있음을 보여라.

그림 6.7

문제 6.7 ▌ 여덟 숫자 1, 1, 2, 2, 3, 3, 4, 4를 일렬로 나열할 때

$$1,\ 1,\ 3,\ 4,\ 2,\ 3,\ 2,\ 4$$

처럼 나열하면 두 1 사이에는 0개의 수가, 두 2 사이에는 1개의 수가, 두 3 사이에는 2개의 수가, 두 4 사이에는 3개의 수가 있다.

이제 열두 숫자 1, 1, 2, 2, 3, 3, 4, 4, 5, 5, 6, 6을 일렬로 나열할 때 위처럼 모든 i에 대하여 두 i 사이에 $i-1$개의 수 있도록 나열할 수 있는가?

문제 6.8 ▌ 볼록 오각형 모양의 종이를 가위로 오려서 몇 조각으로 나누려고 한다. 나누어진 모양이 모두 평행사변형이 되도록 나눌 수 있는가?

문제 6.9 ▌ $31+5+204=240$는 0, 1, 2, 3, 4, 5를 모두 한 번씩만 사용하여 몇 개의 자연수를 만들고 그 수를 합한 것이다. 같은 방법으로 0, 1, 2, 3, 4, 5를 모두 한 번씩만 사용하여 만든 자연수의 합이 50이 될 수 있을까?

7 논리 문제 1

논리의 부정, 논리합, 논리곱, 조건문 등을 포함하는 논리 문제는 다음 장에서 자세히 살펴볼 것이다. 여기서는 다음 장에서 배울 복잡한 논리법칙을 사용하지 않고도 주어진 상황에서 논리적으로 추론하는 방법을 연습해본다. 논리적으로 추론하는 것은 가능성 있는 해결 방법을 하나씩 점검하면서 불합리하거나 불가능한 방법은 배제하고 보다 합리적인 방법을 탐색하는 전략이다.

기본예제 7.1 다음은 어느 TV 방송의 오락 프로그램 『Let's make a deal』에서 이뤄지는 게임이다.

그림 7.1

① 똑같이 생긴 세 개의 닫힌 문 중에 어느 하나 뒤에 스포츠카를 놓는다.
② 참가자는 스포츠카가 있다고 생각되는 하나의 문을 선택한다.
③ 사회자는 문을 모두 열어 참가자가 선택한 문 뒤에 스포츠카가 있으면 참가자에게 그 스포츠카를 준다.

위와 같은 게임에서 스포츠카가 어느 문 뒤에 있다는 사실을 아는 사회자는 참가자가 선택한 문 이외에 스포츠카가 없는 하나의 문을 열어주며 참가자에게 처음의 선택을 그대로 고수하든지 아니면 바꿀 것인지를 선택하게 한다. 어느 선택이 참가자에게 더 유리한지 판단하여라.

풀이 세 개의 문을 A, B, C라 하고, 참가자가 문 A를 선택했다고 하자. 스포츠카가 있는 문에는 ○, 없는 문에는 ×로 표시하여 모든 경우를 나열하면 다음과 같다.

	A	B	C
경우 1	○	×	×
경우 2	×	○	×
경우 3	×	×	○

참가자가 처음의 선택을 고수하면 스포츠카를 획득할 확률은 $\frac{1}{3}$이다. 이제 사회자가 B와 C 중에서 스포츠카가 없는 문 하나를 열었다고 하면 위의 세 경우는 다음과 같이 바뀌게 된다.

	A	B(또는 C)
경우 1	○	×
경우 2	×	○
경우 3	×	○

따라서 참가자가 A가 아닌 다른 문으로 바꾸면 스포츠카를 획득할 확률은 $\frac{2}{3}$가 되어 원래의 선택을 고수하는 것보다 더 유리하다. ■

기본예제 7.2 고객 세 사람의 우편 주문을 처리하던 직원이 소포 세 개 모두에 주소 스티커를 잘못 붙였다는 것을 알았다. A는 빨간 수정공 2개, B는 파란 수정공 2개, C는 빨간 수정공 1개와 파란 수정공 1개를 각각 주문하였다. 수정공은 하나씩 개별 상자에 포장되었고 그런 두 상자를 큰 소포 상자에 넣어 포장하였다. 잘못 붙여진 주소 스티커를 바로 잡으려면 이 직원은 소포 포장과 개별 상자를 각각 몇 개를 뜯어야 할까?

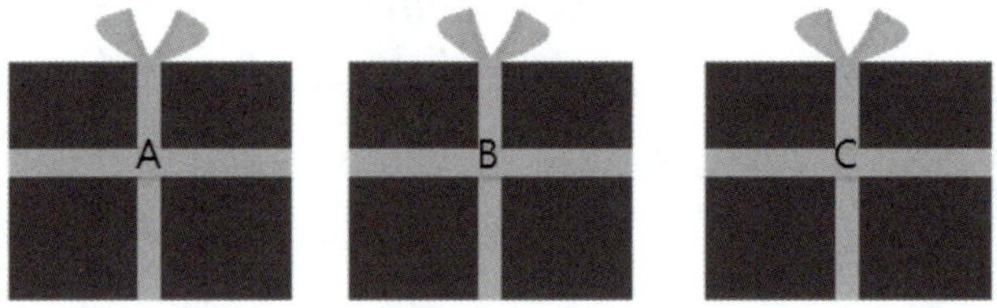

그림 7.2

풀이 잘못 붙여진 스티커의 상자에는 어떤 내용물이 있는지 살펴보자. 모든 상자의 스티커가 잘못되었으므로 다음과 같은 두 경우 밖에 없다.

스티커		A	B	C
내용물	경우 ①	B	C	A
	경우 ②	C	A	B

따라서 스티커 C로 붙여진 소포 포장을 뜯고 그 안에 들어있는 개별 상자 하나를 뜯어 그것이 빨간 수정공이면 경우 ①이고, 파란 수정공이면 경우 ②이다. 따라서 스티커 C로 붙여진 소포와 그 안에 들어 있는 개별 포장 하나를 뜯으면 모든 주소를 바로 잡을 수 있으므로 2번만 포장을 뜯으면 가능하다. ■

7 연습문제

문제 7.1 다음은 언론 등에서 자주 언급되는 내용이다. 그 주장의 타당성을 생각해보아라.

(1) 1898년에 일어났던 미국과 스페인 간의 전쟁에서 이 전쟁에 참여한 병사는 1000명당 9명이 전사하였다. 이 때 뉴욕의 사망률을 조사해보니 1000명당 16명이 죽었다. 이 사실에서 『뉴욕에 사는 것보다 스페인 전쟁에 참여하는 것이 더 생존할 가능성이 크다』는 것을 알 수 있다.

(2) 다음 표는 서울에 위치하고 있는 두 고등학교 A, B의 문과와 이과의 대학 합격률을 나타낸 것이다.

문과	A의 합격률	60%
	B의 합격률	50%
이과	A의 합격률	80%
	B의 합격률	70%

『문과와 이과 모두 A의 합격률이 B의 합격률보다 높으므로 A의 전체 합격률이 B의 전체 합격률보다 높다.』

(3) 교통사고가 일어난 위치를 통계 낸 자료에 따르면 교통사고의 대부분이 운전자의 집 10km 안에서 일어났다. 그에 비해 고속도로에서 일어나는 사고는 전체 사고에서 차지하는 비율이 상대적으로 적었다. 따라서 『집 근처보다는 고속도로에서 운전이 더 안전하다.』

(4) 1970년대 초에는 과체중인 사람이 전체의 절반에 못 미쳤지만, 1990년대 초에는 그 비율이 60%까지 높아졌고 2008년에는 우리나라 인구의 75%가 과체중이 되었다. 따라서 『2048년에는 우리나라 모든 사람이 과체중일 것이다.』

(5) 『베트남 전쟁에서 400만 명의 베트남인들이 사망했는데 이는 미국으로 따지면 2700만

명에 달하는 엄청난 숫자이다.』

문제 7.2 ▮ 기본예제 7.1에서 네 개의 문이 있고 사회자는 참가자가 선택한 문 이외에 스포츠카가 없는 다른 두 문을 열어주며 참가자에게 처음의 선택을 그대로 고수하든지 아니면 바꿀 것인지를 선택하게 할 때, 어느 선택이 참가자에게 더 유리한지 판단하여라.

문제 7.3 ▮ 다음은 어느 TV 방송의 오락 프로그램에서 이뤄지는 게임이다.

그림 7.3

① 똑같은 모양의 봉투 2개가 있다.
② 한 봉투에는 다른 봉투에 있는 돈의 세 배가 들어있다.
③ 참가자는 두 봉투 중에 하나를 선택하여 봉투 안에 들어 있는 돈을 가질 수 있다.

위와 같은 게임에서 한 경기자가 봉투를 선택하여 뜯어보니 15,000원이었다. 두 봉투에 얼마가 들어있는지 아는 사회자가 참가자에게 처음의 선택을 그대로 고수하든지 아니면 바꿀 것인지를 선택하게 한다. 어느 선택이 참가자에게 더 유리한지 판단하여라.

문제 7.4 ▮ 흰색 모자 3개와 빨간색 모자 2개가 들어 있는 상자가 있다. A, B, C 세 명이 눈을 감고 상자에서 한 개의 모자를 쓰도록 하였다. 어느 누구도 자기가 쓴 모자는 볼 수 없다. 다만 C는 A, B가 쓴 모자를 볼 수 있고, B는 A가 쓴 모자를 볼 수 있으며, A는 아무것도 볼 수 없다. 선생님이 먼저 C에게 자신의 모자의 색깔을 물으니 모른다고 대답했고, 그 다음에 B에게 자신의 모자의 색깔을 물으니 역시 모른다고 대답했다. A가 쓴 모자의 색깔은 무엇인가?

그림 7.4

문제 7.5 ▌ 두나는 오랫동안 만나지 못한 친구 오남이의 집을 방문하는 중이다. 두나는 오남이에게 두 아이가 있다는 사실만 알 뿐 그 아이의 성별은 알 지 못한다. 두나가 오남이네 초인종을 누르니 딸 아이가 문을 열었다. 이때 오남이의 다른 아이가 남자일 확률을 구하여라.

그림 7.5

문제 7.6 ▌ 종이에 다음과 같이 50개의 문장이 쓰여 있다.

1. 이 종이에 쓰인 문장 중에서 꼭 1개가 거짓이다.
2. 이 종이에 쓰인 문장 중에서 꼭 2개가 거짓이다.
3. 이 종이에 쓰인 문장 중에서 꼭 3개가 거짓이다.
4. 이 종이에 쓰인 문장 중에서 꼭 4개가 거짓이다.

⋮

49. 이 종이에 쓰인 문장 중에서 꼭 49개가 거짓이다.
50. 이 종이에 쓰인 문장 중에서 꼭 50개가 거짓이다.

위 50개의 문장 중에서 어느 것이 참인가?

문제 7.7 다음 두 수 중에서 어떤 수가 더 클까?

(1) 1234567×1234569와 1234568^2

(2) 2^{300}와 3^{200}

(3) 31^{11}와 17^{14}

(4) $2^{100}+3^{100}$와 4^{100}

문제 7.8 그림 7.6과 같이 강의 왼쪽에 집 A가 있고 건너편에 집 B가 위치해 있다. 두 집이 서로 자유롭게 왕래할 수 있도록 강에 수직으로 다리를 건설하려고 한다. A에서 B로 갈 때 이동거리를 가장 짧게 하려면 다리를 어느 위치에 건설해야 하는가?

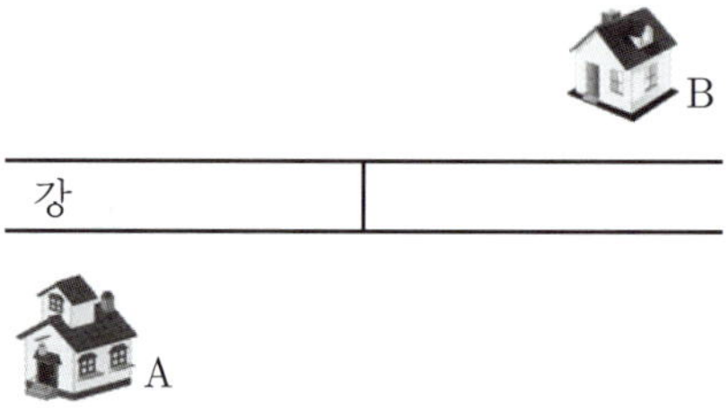

그림 7.6

문제 7.9 등산을 좋아하는 오남이는 매주 토요일 서울역에서 지하철 상행선을 타고 북한산에 가거나 하행선을 타고 관악산에 간다. 오남이가 서울역에 도착하여 상행선과 하행선 중 먼저 오는 지하철을 타고 산에 간다고 하면 오남이는 북한산과 관악산을 같은 비율로 등산하게 될까? 단, 상행선과 하행선의 운행 간격은 모두 10분이다.

그림 7.7

8 논리 문제 2*

추리소설의 탐정처럼 주어진 정보나 사실로부터 새로운 정보나 사실을 이끌어내는 사고 과정을 추리 또는 추론(inference)이라고 한다. 추리에서는 주어진 상황을 단순히 이해하거나 그것과 관련된 분야의 지식을 보유하는 것보다 그 상황을 논리적으로 분석하고 비판하는 능력이 더 요구된다. 여기서는 일상어로 된 내용의 추리 문제를 명제와 논리에 대한 규칙을 이용하여 해결하는 방법을 살펴본다.

기본예제 8.1 다음 제시된 명제가 참일 때 보기 중 참인 명제는?

- **명제** 수나가 오남이를 좋아하면 칠복이는 수나를 좋아한다.

① 칠복이가 오남이를 좋아하면 칠복이는 수나를 좋아한다.
② 칠복이가 수나를 좋아하면 수나는 오남이를 좋아한다.
③ 칠복이가 수나를 좋아하지 않으면 수나는 오남이를 좋아한다.
④ 수나가 오남이를 좋아하지 않으면 칠복이는 수나를 좋아하지 않는다.
⑤ 칠복이가 수나를 좋아하지 않으면 수나는 오남이를 좋아하지 않는다.

정답 ⑤

풀이 명제 p와 q를 다음과 같이 정의하자.

p: 수나는 오남이를 좋아한다.
q: 칠복이는 수나를 좋아한다.

---

* 부록 명제와 논리 참조

그러면 주어진 명제는 $p \to q$이다. $p \to q$는 대우명제 $\sim q \to \sim p$와 동치이므로 주어진 명제는 『칠복이가 수나를 좋아하지 않으면 수나는 오남이를 좋아하지 않는다』와 동치이다. ■

기본예제 8.2 다음 주어진 두 명제의 결론으로 알맞은 문장은?

- 수나는 중국어를 유창하게 말한다.
- 중국어를 유창하게 말하는 사람은 영어도 유창하게 말한다.

① 중국어를 유창하게 말하는 사람은 영어를 배운다.
② 영어를 유창하게 하는 사람은 중국어를 유창하게 말한다.
③ 수나는 영어를 유창하게 말한다.
④ 수나는 독일어를 유창하게 말한다.
⑤ 중국어를 유창하게 말하려면 영어도 유창하게 말해야 한다.

정답 ③

풀이 명제 p, q, r을 다음과 같이 정의하자.

- p: 그 사람은 수나다
- q: 중국어를 유창하게 말한다.
- r: 영어를 유창하게 말한다.

그러면 주어진 제시문은 $p \to q$이고 $q \to r$이다. 따라서 추이법칙을 적용하면

$$(p \to q) \wedge (q \to r) \Rightarrow (p \to r)$$

이므로 결론으로 적합한 명제는 $p \to r$, 즉 『수나는 영어를 유창하게 말한다』이다. ■

기본예제 8.3 다음 진술과 논리적으로 동등한 것은? (2009 LEET)

- 슬픔을 나눌 수 있는 가족이 있거나 즐거움을 나눌 수 있는 친구가 있다면 행복한 사람이다.

① 슬픔을 나눌 수 있는 가족도 없고 즐거움을 나눌 수 있는 친구도 없다면 행복한 사람이 아니다.

② 행복하지 않은 사람은 슬픔을 나눌 수 있는 가족이 없거나 즐거움을 나눌 수 있는 친구가 없다.

③ 슬픔을 나눌 수 있는 가족이 없거나 즐거움을 나눌 수 있는 친구가 없다면 행복한 사람이 아니다.

④ 슬픔을 나눌 수 있는 가족이 없으면 즐거움을 나눌 수 있는 친구가 있어도 행복한 사람이 아니다.

⑤ 슬픔을 나눌 수 있는 가족이 있으면 행복한 사람이고 즐거움을 나눌 수 있는 친구가 있어도 행복한 사람이다.

정답 ⑤

풀이 명제 p, q, r을 다음과 같이 정의하자.

- p: 슬픔을 나눌 수 있는 가족이 있다.
- q: 즐거움을 나눌 수 있는 친구가 있다.
- r: 행복한 사람이다.

그러면 주어진 제시문은 $(p \vee q) \rightarrow r$이고, 그것은 $(p \rightarrow r) \wedge (q \rightarrow r)$와 동치이므로 주어진 제시문은 명제 『슬픔을 나눌 수 있는 가족이 있으면 행복한 사람이고 즐거움을 나눌 수 있는 친구가 있어도 행복한 사람이다』와 동치이다. ■

기본예제 8.4 다음 두 전제로 얻을 수 있는 결론으로 적합한 것은?

- **전제1**: 신용평가가 좋은 사람은 은행을 이용한다.
- **전제2**: 사채를 받은 사람은 신용평가가 좋지 않다.

① 사채를 받은 사람은 은행을 이용하지 못한다.
② 신용평가가 좋은 사람은 사채를 받지 않는다.
③ 은행을 이용하는 사람은 사채를 받지 않는다.
④ 은행을 이용하지 않는 사람 중에서 어떤 사람은 사채를 받는다.
⑤ 신용평가가 좋지 않은 사람은 사채를 받는다.

정답 ④

풀이 집합 P, Q, R을 다음과 같이 정의하자.

- P: 신용평가가 좋은 사람의 집합
- Q: 은행을 이용하는 사람의 집합
- R: 사채를 받은 사람의 집합

전제1과 전제2를 집합으로 나타내면 각각 $P \subseteq Q$이고 $R \subseteq P^C$이다. $R \subseteq P^C$는 $R \cap P = \varnothing$을 뜻하므로 벤다이어그램으로 나타내면 다음과 같이 세 경우로 나눠진다.

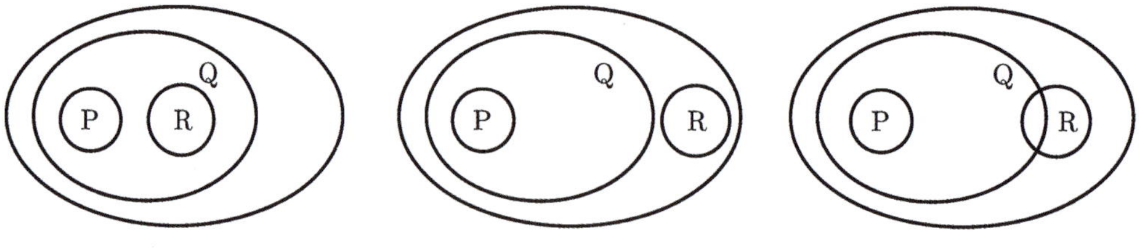

그림 8.1

위의 둘째와 셋째 벤다이어그램에서 알 수 있듯이 은행을 이용하지 않는 사람 중에서 어떤 사람은 사채를 받는다. ■

기본예제 8.5 다음 진술들이 참일 때, 반드시 참인 것은? (2011 행정고시)

- 범인의 머리카락이 갈색이거나 키가 크다.
- 만약 범인의 머리카락이 갈색이라면, 그는 안경을 쓴다.
- 범인은 안경을 쓰거나 왼손잡이다.
- 만약 범인의 머리카락이 갈색이라면, 그는 안경을 쓰지 않는다.
- 만약 범인이 안경을 쓰지 않는다면, 그는 키가 크지 않다.

① 범인은 왼손잡이고 키가 크다.
② 범인은 키가 크고 안경을 쓴다.
③ 범인은 안경을 쓰고 왼손잡이다.
④ 범인의 머리카락이 갈색인지는 확실히 알 수 없지만 키는 크다
⑤ 범인이 왼손잡이인지도 확실히 알 수 없고 키가 큰지도 확실히 알 수 없다.

정답 ②

풀이 명제 b, d, g, ℓ을 다음과 같이 정의하자.

- b: 범인의 머리카락이 갈색이다.
- d: 범인은 키가 크다.
- g: 범인은 안경을 쓴다.
- ℓ: 범인은 왼손잡이다.

주어진 진술을 위 명제와 논리기호로 나타내면 다음과 같다.

$$\text{(i)}\ b \vee d \quad \text{(ii)}\ b \rightarrow g \quad \text{(iii)}\ g \vee \ell \quad \text{(iv)}\ b \rightarrow \sim g \quad \text{(v)}\ \sim g \rightarrow \sim d$$

(a) 만약 b이면 위 (ii)와 (iv)에 의하여 g와 $\sim g$이므로 모순이다. 그러므로 $\sim b$이다.
(b) 위 (a)와 (i)에서 $(b \vee d) \wedge \sim b \Rightarrow d$이다.
(c) $\sim g \rightarrow \sim d$와 $d \rightarrow g$는 동치이므로 (v)와 (b)에 의해 g이다.

위 (b)와 (c)에 의하여 $d \wedge g$이다. 즉 범인은 키가 크고 안경을 쓴다. ■

기본예제 8.6 다음 글로부터 추리한 것으로 옳은 것은? (2010 LEET)

> 어떤 회사의 사원 평가 결과 모든 사원이 최우수, 우수, 보통 중 한 등급으로 분류되었다. '최우수'에 속한 사원은 모두 45세 이상이었다. 그리고 35세 이상의 사원은 '우수'에 속하거나 자녀를 두고 있지 않았다. '우수'에 속한 사원은 아무도 이직 경력이 없다. '보통'에 속한 사원은 모두 대출을 받고 있으며, 무주택자인 사원 중에는 대출을 받고 있는 사람이 없다. 이 회사의 직원 A는 자녀를 두고 있으며 이직 경력이 있는 사원이다.

① A는 35세 미만이고 무주택자이다.
② A는 35세 이상이고 무주택자이다.
③ A는 35세 미만이고 주택을 소유하고 있다.
④ A는 45세 미만이고 무주택자이다.
⑤ A는 45세 이상이고 주택을 소유하고 있다.

정답 ③

풀이 제시문의 내용을 논리기호를 이용하여 나타내면 다음과 같다.

(i) 최우수 → 45세 이상	(ii) 35세 이상 → 우수 ∨ ~자녀
(iii) 우수 → ~이직	(iv) 보통 → 대출
(v) ~주택 → ~대출	A: 자녀 ∧ 이직

(a) 위 (ii)와 (iii)은 각각 ~우수 ∧ 자녀 → 35세 미만, 이직 → ~우수와 동치이다.
(b) A는 이직을 하였으므로 (iii)에 의하여 ~우수이다.
(c) A는 ~우수 ∧ 자녀이므로 (ii)에 의하여 35세 미만이다.
(d) A는 35세 미만이므로 (i)에 의해 ~최우수이다.
(e) A는 ~우수이고 ~최우수이므로 '보통'이다.
(f) (iv)과 (v)에서 보통 → 대출 → 주택이므로 A는 주택을 소유하고 있다.

이를 종합하면 A는 35세 미만이고 주택을 소유하고 있다. ■

기본예제 8.7 5명의 친구 A ~ E가 모여 '수호천사' 놀이를 하기로 했다. 갑이 을에게 선물을 주었을 때 '갑은 을의 수호천사이다'라고 하기로 약속했고, 다음 〈관계〉처럼 '수호천사' 관계가 성립되었다. 이후 이들은 〈규칙〉에 따라 추가로 '수호천사' 관계를 맺었다. 이들 외에 다른 사람은 이 놀이에 참여하지 않는다고 할 때, 옳지 않은 것은? (2010 LEET)

관계
- A는 B의 수호천사이다.
- B는 C의 수호천사이다.
- C는 D의 수호천사이다.
- D는 B와 E의 수호천사이다.

규칙
- 갑이 을의 수호천사이고 을이 병의 수호천사이면, 갑은 병의 수호천사이다.
- 갑이 을의 수호천사일 때, 을이 자기 자신의 수호천사인 경우에는 을이 갑의 수호천사가 될 수 있고, 그렇지 않은 경우에는 을이 갑의 수호천사가 될 수 없다.

① A는 B, C, D, E의 수호천사이다.
② B는 A의 수호천사가 될 수 있다.
③ C는 자기 자신의 수호천사이다.
④ D의 수호천사와 C의 수호천사는 동일하다.
⑤ E는 A의 수호천사가 될 수 있다.

정답 ⑤

풀이 X가 Y의 수호천사일 때 X↪Y로 나타내기로 하자. 이 기호를 이용하여 〈관계〉와 〈규칙〉을 나타내면 다음과 같다.

관계

(i) A↪B (ii) B↪C
(iii) C↪D (iv) D↪B
(v) D↪E

규칙

(a) $(X \hookrightarrow Y) \wedge (Y \hookrightarrow Z) \Rightarrow X \hookrightarrow Z$(추이법칙)

(b) $(X \hookrightarrow Y) \wedge (Y \hookrightarrow Y) \Rightarrow Y \hookrightarrow X$

(c) $(X \hookrightarrow Y) \wedge \sim (Y \hookrightarrow Y) \Rightarrow \sim (Y \hookrightarrow X)$

위 관계를 종합하면

$$A \hookrightarrow B \hookrightarrow C \hookrightarrow D \hookrightarrow B$$
$$A \hookrightarrow B \hookrightarrow C \hookrightarrow D \hookrightarrow E$$

이다.

① 추이법칙을 이용하면 $A \hookrightarrow B$, $A \hookrightarrow C$, $A \hookrightarrow D$, $A \hookrightarrow E$이다.

② 추이법칙을 이용하면 $B \hookrightarrow B$이고 $A \hookrightarrow B$이므로 $B \hookrightarrow A$이다.

③ $C \hookrightarrow D \hookrightarrow B \hookrightarrow C$에 추이법칙을 적용하면 $C \hookrightarrow C$이다.

④ D의 수호천사는 A, B, C, D이다. 한편 $A \hookrightarrow B \hookrightarrow C$와 $C \hookrightarrow D \hookrightarrow B \hookrightarrow C$에서 C의 수호천사는 A, B, C, D이다. 따라서 D의 수호천사와 C의 수호천사는 동일하다.

⑤ $E \hookrightarrow E$인지 아닌지 알 수 없으므로 E는 A의 수호천사라고 말할 수 없다. ■

기본예제 8.8 어느 과학자는 자신이 세운 가설을 입증하기 위해서 다음과 같은 논리적 관계가 성립하는 여섯 명제 A, B, C, D, E, F의 진위를 확인해야 한다는 것을 발견하였다. 그러나 그는 이들 중 F가 거짓이라는 것과 다른 한 명제가 참이라는 것을 이미 알고 있었기 때문에, 나머지 명제의 진위를 확인할 필요가 없었다. 이 과학자가 이미 알고 있었던 참인 명제는? (2009 LEET)

- B가 거짓이거나 C가 참이면, A는 거짓이다.
- C가 참이거나 D가 참이면, B가 거짓이고 F는 참이다.
- C가 참이거나 E가 거짓이면, B가 거짓이거나 F가 참이다.

① A ② B ③ C
④ D ⑤ E

정답 ①

풀이 X가 참이면 X, X가 거짓이면 $\sim X$로 나타내면 주어진 관계는 다음과 같다.

(i) $\sim F$ (ii) $(\sim B \vee C) \rightarrow \sim A$
(iii) $(C \vee D) \rightarrow (\sim B \wedge F)$ (iv) $(C \vee \sim E) \rightarrow (\sim B \vee F)$

(a) 위의 (ii)와 $A \rightarrow (B \wedge \sim C)$와 동치이고 (iii)은 $(B \vee \sim F) \rightarrow (\sim C \wedge \sim D)$와 동치이다.
(b)

$$\sim F \rightarrow (B \vee \sim F) \rightarrow (\sim C \wedge \sim D) \rightarrow \sim C$$
$$\sim F \rightarrow (B \vee \sim F) \rightarrow (\sim C \wedge \sim D) \rightarrow \sim D$$

이므로 C와 D는 항상 모두 거짓이다.
(c) 만약 A가 참이라면 (ii)에 의하여 $B \wedge \sim C$이 되어 B는 참이다.
(d) 위 (iv)는 $(B \wedge \sim F) \rightarrow (\sim C \wedge E)$와 동치이고 B는 참, F는 거짓이므로 E는 참이다.

따라서 A가 참이면 B, C, D, E의 참이나 거짓을 알 수 있다. ■

8 연습문제

문제 8.1 제시된 명제가 참일 때 다음 중 참인 명제는?

- **명제** 우리 교수님은 안경을 썼다.

① 안경 쓴 사람은 우리 교수님이다.
② 우리 교수님이 아니면 안경을 쓰지 않는다.
③ 안경을 쓰지 않았다면 우리 교수님이 아니다.
④ 우리 교수님은 안경을 쓰지 않는다.
⑤ 안경을 쓰지 않았으면 우리 교수님이다.

문제 8.2 다음 결론이 참이 되게 하는 전제2는?

- **전제1**: 성공한 모든 사람은 거짓말을 하지 않는다.
- **전제2**:
- **결론**: 영리한 어떤 사람은 성공한 사람이 아니다.

① 거짓말을 하는 어떤 사람은 영리하다.
② 거짓말을 하는 사람은 영리한 사람이 아니다.
③ 성공한 사람은 영리한 사람이다.
④ 영리한 사람은 성공한 사람이다.
⑤ 영리한 어떤 사람은 거짓말을 하지 않는다.

문제 8.3 ▌ 다음을 참이라고 가정할 때, 반드시 참인 것은? (2005 견습직원선발)

- 모든 금속은 전기가 통한다.
- 광택이 난다고 해서 반드시 금속은 아니다.
- 전기가 통하지 않고 광택이 나는 물질이 존재한다.
- 광택이 나지 않으면서 전기가 통하는 물질이 존재한다.
- 어떤 금속은 광택이 난다.

① 금속이 아닌 물질은 모두 전기가 통하지 않는다.
② 전기도 통하고 광택도 나는 물질이 존재한다.
③ 광택을 내지 않고 금속인 물질이 존재한다.
④ 전기가 통하는 물질은 모두 광택이 난다.
⑤ 광택을 내지 않는 금속은 없다.

문제 8.4 ▌ 실험실에서 광자, 전자, 양성자, 중성자, K 입자를 발생시켰다. 만들어진 입자들의 종류를 구별하기 위하여 입자 검출장치 A, B, C를 차례로 지나가게 하였다. 〈보기〉의 진술 모두 참이라고 할 때, 반드시 참이라고 볼 수 없는 것은? (2005 견습직원선발)

〈보기〉

가. 같은 종류의 입자는 동일한 질량을 갖는다.
나. 가벼운 입자란 광자와 전자만을 말한다. 중성자와 양성자는 무거운 입자에 속한다.
다. 중성자와 광자의 전하는 0이고 양성자와 전자의 전하는 0이 아니다.
라. K 입자 중에는 전하가 0인 것과 0이 아닌 것이 있다.
마. A는 전하가 0이 아닌 입자만을 휘게 한다.
바. B는 가벼운 입자만을 멈추게 한다.
사. C는 무거운 입자와 K 입자만을 멈추게 한다.

① 양성자는 A에서 휘고 C에서 멈춘다.
② 광자는 A에서 휘지 않고 B에서 멈춘다.
③ A에서 휘고 B에서 멈추었다면, 그것은 전자이다.
④ A에서 휘지 않고 C에서 멈추었다면, 그것은 중성자이다.
⑤ 위의 사실만으로는 K 입자와 그 밖의 무거운 입자들을 구별할 수 없다.

문제 8.5 ▌ 다음의 논증이 타당하기 위해서 보충되어야 할 전제는? (2009 예비 LEET)

> 참을 깨달은 자는 배움이 있는 자이다. 책임의 소중함을 느끼는 자가 아니라면 겨레를 위해 희생을 각오한 자가 아니다. 진정한 지도자는 겨레를 위해 희생을 각오한 자이다. 그러므로 진정한 지도자는 배움이 있는 자이다.

① 참을 깨달은 자는 책임의 소중함을 느끼는 자이다.
② 책임의 소중함을 느끼는 자는 참을 깨달은 자이다.
③ 배움이 있는 자는 책임의 소중함을 느끼는 자이다.
④ 참을 깨달은 자는 겨레를 위해 희생을 각오한 자이다.
⑤ 참을 깨달은 자는 책임의 소중함을 느끼는 자가 아니다.

문제 8.6 ▌ 다음 정의에 따를 때, 서로 모순되는 주장의 쌍으로 묶인 것은? (2008 행정고시)

> 『서로 모순되는 주장들』은 하나의 주장이 참이라면 다른 하나의 주장은 거짓이고, 또한 하나의 주장이 거짓이라면 다른 하나의 주장은 참이 된다.

① 정치가 중 정직한 사람은 없다.
정직한 사람들은 정치가이다.
② 핵전쟁이 일어나면 아무도 살아남지 못한다.
핵전쟁이 일어나도 하늘이 돕는 사람은 살아남는다.
③ 완벽한 정부는 없다.
모든 국민의 지지를 받으면, 완벽한 정부이다.
④ 그 문제는 아무도 풀 수 없거나 잘못된 문제이다.
그 문제는 잘못되지 않았고 누군가는 그 문제를 풀 수 있다.
⑤ 경제가 발전하면 노사관계가 안정된다.
노사관계가 안정되었지만 경제가 발전하지 않았다.

문제 8.7 『결정적 정보』에 해당하는 것은? (2014 LEET)

A∼E의 증언에 대해서 다음과 같은 〈관계〉가 성립한다는 것이 알려졌다.

관계

- A, B, C 가운데 적어도 한 사람의 증언은 참이다.
- D와 E 가운데 적어도 한 사람의 증언은 참이다.
- A의 증언이 참이면, C의 증언도 참이고 D의 증언도 참이다.
- B의 증언이 참이면, E의 증언은 참이 아니다.

〈관계〉만으로는 5명의 증언이 각각 참인지 아닌지가 결정되지 않지만, 어떤 정보가 추가된다면 이들의 증언이 각각 참인지 아닌지가 완전히 결정될 수 있다. 5명의 증언이 각각 참인지 아닌지를 완전히 결정하게 만드는 추가 정보를 『결정적 정보』라고 하자.

① A의 증언은 참이다.
② B의 증언은 참이다.
③ C의 증언은 참이다.
④ D의 증언은 참이 아니다.
⑤ E의 증언은 참이 아니다.

문제 8.8 다음에서 추론한 것으로 옳은 것만을 〈보기〉에서 있는 대로 고른 것은?

(2016 LEET)

어떤 국가는 A, B, C, D, E, F의 6개 주(州)로 구성되어 있다. 각 주는 하나의 덩어리 형태이며 다음과 같이 접경을 이루고 있다.

- A는 C 이외의 모든 주와 접경을 이루고 있다.
- B는 A, C, D, F와만 접경을 이루고 있다.
- C는 B, D와만 접경을 이루고 있다.
- D, E, F는 서로 접경을 이루지 않는다.

이제 빨강, 주황, 초록, 파랑, 보라의 5개 색을 사용하여 6개 주를 색칠하려고 한다. 각 주는 하나의 색만을 사용하여 색칠되어야 한다. 또한 다음과 같은 조건들이 주어진다.

조건1: A는 초록색으로 칠한다.
조건2: C와 F는 보라색으로 칠한다.
조건3: 접경을 이룬 주끼리 같은 색을 사용해서는 안 된다.
조건4: 파란색과 보라색은 접경을 이룬 주끼리 사용될 수 없다.
조건5: 5개의 색이 모두 사용되어야 한다.

〈보기〉

ㄱ. E는 파란색이다.
ㄴ. B가 주황색이면 D는 빨간색이다.
ㄷ. 위의 조건들 중 조건5를 없애면 최소 3개의 색으로 6개의 주를 모두 색칠할 수 있다.

① ㄱ　　② ㄷ　　③ ㄱ, ㄴ
④ ㄴ, ㄷ　　⑤ ㄱ, ㄴ, ㄷ

문제 8.9 ▌ 다음으로부터 바르게 추론한 것만을 〈보기〉에서 있는 대로 고른 것은?

(2013 LEET)

신입사원 선발에서 어학능력, 적성시험, 학점, 전공적합성을 각각 상, 중, 하로 평가하여 총점이 높은 사람부터 선발하기로 하였다. 합격선에 있는 동점자는 모두 선발하기로 하고, 상은 3점, 중은 2점, 하는 1점을 부여하였다. 지원자 A, C, D의 평가 결과는 다음과 같았다.

	어학능력	적성시험	학점	전공적합성
A	중	상	중	상
C	상	중	상	상
D	하	하	상	상

문서 전달의 실수로 인사 담당자에게 B의 평가 결과가 알려지지 않았다. 그 대신에 다음 사실이 알려졌다.

- B가 선발되지 않고 C가 선발된다면, A는 선발된다.
- D가 선발되지 않을 경우, 나머지 세 명의 지원자는 선발된다.

〈보기〉

ㄱ. A와 C는 반드시 선발된다.

ㄴ. 두 명을 선발하는 경우가 있다.

ㄷ. B는 상, 중, 하로 평가 받은 영역이 최소한 하나씩은 있다.

① ㄱ　② ㄴ　③ ㄱ, ㄷ

④ ㄴ, ㄷ　⑤ ㄱ, ㄴ, ㄷ

문제 8.10 ▌ 다음으로부터 바르게 추론한 것만을 〈보기〉에서 있는 대로 고른 것은?

(2013 LEET)

4개의 부서 A, B, C, D의 업무 역량을 평가하기 위해서 두 부서끼리 빠짐없이 한 번씩 서로 비교하려 한다. 이 업무 역량평가는 매 평가마다 서로 다른 요인을 평가하기 때문에 평가 결과끼리는 서로 영향을 주지 않는다. 예를 들어, A가 B보다 우월하고 B가 C보다 우월하더라도 A가 C보다 반드시 우월하다고 할 수 없다. 두 부서의 업무 역량에 우열이 드러나면 업무 역량이 더 나은 부서에 5점, 상대 부서에 0점을 부여한다. 두 부서의 업무 역량이 서로 동등하다고 평가되면 두 부서 모두에 2점씩 부여한다. 평가 결과는 다음과 같았다.

- A : 7점
- B : 7점
- C : 4점
- D : 10점

〈보기〉

ㄱ. A와 C의 비교에서 두 부서는 동등하다고 평가되었다.

ㄴ. B와 D의 비교에서 B가 더 나은 평가를 받았다.

ㄷ. A와 B의 비교에서 A가 더 나은 평가를 받았다는 정보를 추가하면 우열 관계에 대한 나머지 모든 결과를 알 수 있다.

① ㄱ　② ㄴ　③ ㄱ, ㄷ　④ ㄴ, ㄷ　⑤ ㄱ, ㄴ, ㄷ

9 논리 게임*

논리 게임은 주어진 정보의 이해와 그 연관 관계, 그런 정보로부터 얻을 수 있는 이성적 추론 등의 능력을 평가하기 위한 문제로서 배열하기, 그룹 만들기, 순서 정하기 등과 같이 그 유형이 정형화되어 있다. 이를 시간의 낭비 없이 효과적으로 해결하기 위해서는 문제의 조건을 적용하기 쉽게 단순화하고 도식화하는 과정이 매우 중요하다. 여기서는 논리 게임에서 자주 나타나는 조건들을 도식화하는 방법을 알아보고 이를 활용하여 논리 게임의 대표적인 문제들을 살펴보도록 한다.

기본예제 9.1 **(배열하기)** 1일부터 6일까지 6일 동안 6개의 공장 F, G, H, J, Q, R이 검사를 받는다. 이 기간 동안 각 공장은 정확히 하루에 한 번 검사를 받는다. 검사 일정은 다음 조건을 따라야 한다. (1996 LSAT)

- F는 1일이나 6일에 검사를 받는다.
- J는 Q보다 먼저 검사를 받는다.
- Q는 R이 검사받기 바로 전날 검사를 받는다.
- G가 3일에 검사를 받으면, Q는 5일에 검사를 받는다.

다음 보기에서 옳은 것을 모두 고르면?

〈보기〉

ㄱ. F, G, H, J, Q, R은 1일에서 6일까지의 공장 검사 일정으로 가능하다.
ㄴ. R은 2일에 검사를 받는다.
ㄷ. J는 5일에 검사를 받을 수 없다.

* 부록 논리 게임에서의 도식화 참조.

① ㄱ　　② ㄴ　　③ ㄱ, ㄷ
④ ㄴ, ㄷ　　⑤ ㄱ, ㄴ, ㄷ

정답 ③

풀이 주어진 조건을 도식화하면 다음과 같다.

$$\begin{array}{l} \text{F, G, H, J, Q, R} \rightarrow \ 1 \ \ 2 \ \ 3 \ \ 4 \ \ 5 \ \ 6 \\ \qquad\qquad\qquad\qquad\ \ \text{F/} \qquad\qquad\quad \text{/F} \end{array}$$

$$J < \boxed{QR}$$

$$G_3 \rightarrow Q_5$$

ㄱ. G, H, J, Q, R, F는 위의 모든 조건을 만족한다. 따라서 1일에서 6일까지의 공장 검사 일정으로 가능하다.

ㄴ. 주어진 조건에 의하여 J와 Q가 R 전에 검사를 받아야 하므로 R은 2일에 검사를 받을 수 없다.

ㄷ. 주어진 조건에 의하여 Q와 R이 J 후에 검사를 받아야 하므로 J는 5일에 검사를 받을 수 없다. ■

기본예제 9.2 **(원형 배열하기)** 원형 모양의 책상에 여섯 개의 의자가 같은 간격으로 놓여있다. 의자에는 1번부터 6번까지 차례로 번호가 매겨져 있으며 1번 의자는 6번 의자 옆에 있다. 여섯 나라의 무역 대표 K, L, M, N, O, P가 이렇게 배치된 의자에 앉아 협상을 하려고 한다. 각 의자에는 한 명의 대표가 앉으며 자리 배정은 다음의 조건을 따른다. (1991 LSAT)

- P는 N 옆에 앉는다.
- L은 M 또는 N 또는 둘 다의 옆에 앉는다.
- K는 M 옆에 앉지 않는다.
- 만약 O가 P 옆에 앉는다면, O는 M 옆에 앉지 않는다.

다음 보기에서 옳은 것을 모두 고르면?

〈보기〉

ㄱ. K, L, M, P, N, O로 배치할 수 있다.

ㄴ. L이 P의 옆에 앉는다면 K와 O는 서로 옆에 앉는다.

ㄷ. K가 L과 P 사이에 앉는다면 M은 L과 O 사이에 앉는다.

① ㄱ ② ㄴ ③ ㄱ, ㄷ

④ ㄴ, ㄷ ⑤ ㄱ, ㄴ, ㄷ

정답 ⑤

풀이 주어진 조건을 도식화하면 다음과 같다.

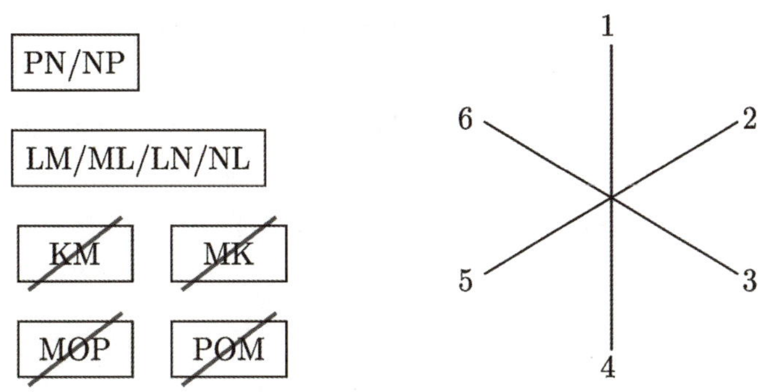

ㄱ. 1번부터 차례로 K, L, M, P, N, O로 배치하면 주어진 조건을 모두 만족한다.

ㄴ. L이 P의 옆에 앉는다면 LP 또는 PL이고 N이 P에 옆에 앉으므로 LPN 또는 NPL이다. 어떤 경우에도 L은 N의 옆에 앉을 수 없으므로 조건에 의해 M의 옆에 앉아야 한다. 따라서 MLPN 또는 NPLM이고 K와 O는 서로 옆에 앉는다.

ㄷ. K가 L과 P 사이에 앉으면 LKP 또는 PKL이다. N은 항상 P 옆에 앉아야 하므로 LKPN 또는 NPKL이다. 이럴 경우 L은 N의 옆에 앉을 수 없으므로 M의 옆에 앉아야 하고, 따라서 MLKPN 또는 NPKLM이다. 나머지 한 자리에 O를 배치하면 어떤 경우에도 M은 L과 O 사이에 앉는다. ■

기본예제 9.3 **(그룹 만들기)** 대학 도서관 예산 위원회는 다음의 조건에 따라 여덟 개의 영역 G, L, M, N, P, R, S, W에서 정확히 다섯 개의 예산을 줄여야 한다.(1996 LSAT)

- 만약 G와 S가 줄면, W도 준다.
- 만약 N이 줄면, R과 S는 둘 다 줄지 않는다.
- 만약 P가 줄면, L은 줄지 않는다.
- 세 개의 영역 L, M, R 중에서 정확히 두 개가 준다.

다음 보기에서 옳은 것을 모두 고르면?

〈보기〉

ㄱ. G, L, M, P, W는 예산이 줄 수 있다.
ㄴ. W가 줄어들 때 같이 줄어들 수 있는 영역은 M, P, R, S이다.
ㄷ. P의 예산이 줄 때 M과 R도 함께 예산이 준다.

① ㄱ　　② ㄴ　　③ ㄱ, ㄷ
④ ㄴ, ㄷ　　⑤ ㄱ, ㄴ, ㄷ

정답 ④

풀이 주어진 조건을 도식화하면 다음과 같다.

G, L, M, N, P, R, S, W $\longrightarrow$ ___ ___ ___ ___ ___

$G \wedge S \longrightarrow W$　　$N \not\leftrightarrow R$　　$N \not\leftrightarrow S$　　$P \not\leftrightarrow L$

2 of [L M R]　　3 of [G N/S P W]

ㄱ. G, L, M, P, W의 예산이 모두 준다면 P와 L이 함께 줄어 모순이다.

ㄴ. W, M, P, R, S는 주어진 조건을 모두 만족하므로 W가 줄어들 때 같이 줄어들 수 있는 영역은 M, P, R, S이다.

ㄷ. P의 예산이 준다고 하자. 그러면 L의 예산은 줄일 수 없다. L, M, R 중에서 두 영역이 줄고 L이 줄지 않으므로 P의 예산이 줄 때 M과 R도 함께 예산이 준다. ■

기본예제 9.4 **(패턴 게임)** 다섯 시장후보 Q, R, S, T, U는 집회1, 집회2, 집회3에서 한 번씩 연설하며 같은 집회에서 두 명이 동시에 연설하지 않는다. 집회에서 후보들의 연설은 다음 조건을 따른다. (1997 LSAT)

- 각 후보는 반드시 집회에서 최소한 한 번은 첫 번째나 두 번째로 연설해야 한다.
- 어떤 집회에서 다섯 번째로 연설하는 후보는 반드시 다른 집회에서 최소한 한 번은 첫 번째로 연설해야 한다.
- 누구도 네 번째로 연설하는 것은 한 번을 넘을 수 없다.

다음 중 후보자들이 연설을 하는 순서로 가능한 것은?

① 집회1: Q, U, R, T, S 집회2: S, T, R, U, Q 집회3: T, U, Q, R, S

② 집회1: R, S, Q, T, U 집회2: U, T, S, R, Q 집회3: Q, R, T, U, S

③ 집회1: S, Q, U, T, R 집회2: U, T, Q, R, S 집회3: R, Q, S, T, U

④ 집회1: T, R, S, U, Q 집회2: Q, R, S, T, U 집회3: U, S, R, Q, T

⑤ 집회1: U, T, R, S, Q 집회2: Q, R, S, T, U 집회3: S, T, U, Q, R

정답 ④

풀이 주어진 조건을 도식화하면 다음과 같다.

Q R S T U →

	1	2	3	4	5
집회1:	____	____	____	____	____
집회2:	____	____	____	____	____
집회3:	____	____	____	____	____

Q, R, S, T, U → 1/2 5 → 1 4: 많아야 한 번

① 집회1: Q, U, R, T, S 집회2: S, T, R, U, Q 집회3: T, U, Q, R, S

R은 어느 집회에서도 첫 번째나 두 번째에 연설하지 않으므로 주어진 조건을 만족하지 않는다.

② 집회1: R, S, Q, T, U　집회2: U, T, S, R, Q　집회3: Q, R, T, U, S

S는 집회3에서 다섯 번째로 연설했으나 나머지 집회에서 첫 번째로 연설하지 않았으므로 주어진 조건을 만족하지 않는다.

③ 집회1: S, Q, U, T, R　집회2: U, T, Q, R, S　집회3: R, Q, S, T, U

T는 집회1과 집회3에서 모두 네 번째로 연설했으므로 조건을 만족하지 않는다.

④ 집회1: T, R, S, U, Q　집회2: Q, R, S, T, U　집회3: U, S, R, Q, T

주어진 조건을 모두 만족하므로 후보자들의 연설 순서로 가능하다.

⑤ 집회1: U, T, R, S, Q　집회2: Q, R, S, T, U　집회3: S, T, U, Q, R

R은 집회3에서 다섯 번째로 연설했으나 나머지 집회에서 첫 번째로 연설하지 않았으므로 주어진 조건을 만족하지 않는다. ■

기본예제 9.5 **(순서 정하기)** TV에서 일곱 프로그램 H, J, L, P, Q, S, V가 방영되고 있다. 시청률 조사를 통해 가장 인기가 많은 프로그램부터 인기 순위를 정하려고 한다. 프로그램의 인기 또는 순위에 관한 사실은 다음과 같다. (2000 LSAT)

- J와 L은 각각 H보다 인기가 적다.
- J는 Q보다 인기가 많다.
- S와 V는 각각 L보다 인기가 적다.
- P와 S는 각각 Q보다 인기가 적다.
- S는 7위가 아니다.

다음 중 가장 인기 있는 프로그램부터 순위를 정할 때 가능한 것은?

① J, H, L, Q, V, S, P　② H, L, Q, J, S, P, V
③ H, J, Q, L, S, V, P　④ H, J, V, L, Q, S, P
⑤ H, L, V, J, Q, P, S

정답 ③

풀이 주어진 조건을 도식화하면 다음과 같다.

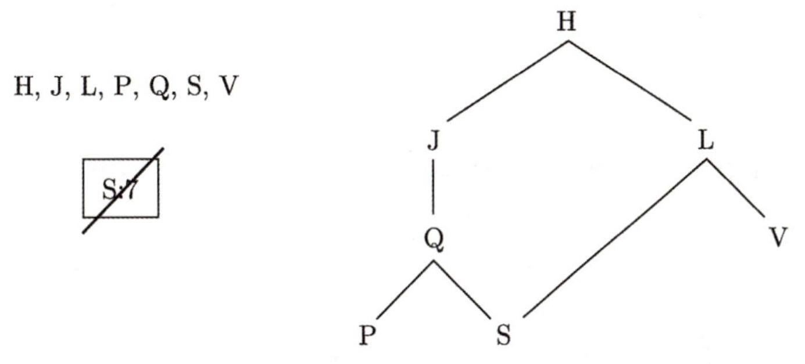

① H가 J보다 인기가 많으므로 J, H, L, Q, V, S, P는 인기 순위가 아니다.

② J가 Q보다 인기가 많으므로 H, L, Q, J, S, P, V는 인기 순위가 아니다.

③ H, J, Q, L, S, V, P는 주어진 조건을 모두 만족하므로 인기 순위일 수 있다.

④ L이 V보다 인기가 많으므로 H, J, V, L, Q, S, P는 인기 순위가 아니다.

⑤ S는 7위가 아니므로 H, L, V, J, Q, P, S는 주어진 조건을 만족하지 않는다. ■

기본예제 9.6 **(유한 해집합 게임)** 월요일부터 금요일까지 5일 동안 회사의 세 부서 영업부(O), 생산부(P), 판매부(S)를 감사한다. 하루에 한 부서씩 감사하며 감사는 다음 조건을 따라야 한다. (2000 LSAT)

- 각 부서는 최소 한 번 감사를 받는다.
- 영업부는 월요일에 감사를 받지 않는다.
- 생산부는 수요일에 감사를 받지 않는다.
- 판매부는 이틀 연속으로 감사를 받고, 다른 날에는 감사를 받지 않는다.
- 만약 영업부가 목요일에 감사를 받는다면, 생산부는 금요일에 감사를 받는다.

다음 중에서 참이 아닌 것은?

① 월요일에 감사를 받는 부서는 화요일에도 받을 수 있다.

② 월요일에 감사를 받는 부서는 금요일에도 받을 수 있다.

③ 화요일에 감사를 받는 부서는 목요일에도 받을 수 있다.

④ 수요일에 감사를 받는 부서는 금요일에도 받을 수 있다.

⑤ 목요일에 감사를 받는 부서는 금요일에도 받을 수 있다.

정답 ③

풀이 주어진 조건을 도식화하면 다음과 같다.

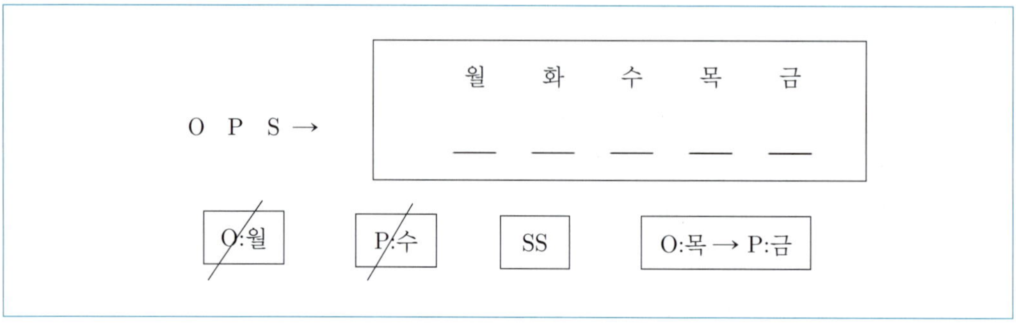

① S S O P P는 주어진 조건을 만족하므로 월요일에 감사를 받은 부서는 화요일에도 받을 수 있다.

② P S S O P는 주어진 조건을 만족하므로 월요일에 감사를 받는 부서는 금요일에도 받을 수 있다.

③ S는 연속으로 두 번 감사를 받아야 하므로 반드시 화요일이나 목요일 중 하루는 감사를 받아야 한다. 따라서 화요일에 감사를 받는 부서는 목요일에는 받을 수 없다.

④ S S O P O는 주어진 조건을 만족하므로 수요일에 감사를 받는 부서는 금요일에도 받을 수 있다.

⑤ P O O S S는 주어진 조건을 만족하므로 목요일에 감사를 받는 부서는 금요일에도 받을 수 있다. ■

9 연습문제

문제 9.1 ▌ 어느 대학에서 같은 강의를 듣는 8명의 학생들이 두 팀을 구성하여 주어진 과제를 수행하기로 하였다. 8명 구성원의 학과와 학년이 〈보기〉와 같을 경우, 다음의 규칙에 따라 편성 가능한 팀에 대해서 반드시 옳은 진술은? (2008 입법고시)

〈보기〉

- 화학과: A(2학년), B(2학년), C(1학년)
- 생물학과: 갑(1학년), 을(2학년)
- 물리학과: 가(2학년), 나(1학년), 다(1학년)

〈규칙〉

- 동일 학과의 학생들이 어느 한 팀에만 속하지는 않도록 한다.
- 1학년과 2학년의 비율은 한 팀 안에서 50 : 50이 되도록 한다.
- 동일 학과, 동일 학년의 사람들은 같은 팀에 속하지 않도록 한다.

① B와 을은 서로 다른 팀에 속해 있다.
② 가와 B는 서로 다른 팀에 속해 있다.
③ A와 을은 서로 같은 팀에 속해 있다.
④ 가와 갑은 서로 같은 팀에 속해 있다.
⑤ B와 갑은 서로 다른 팀에 속해 있다.

문제 9.2 A는 잊어버린 네 자리 숫자의 비밀번호를 기억해 내려고 한다. 비밀번호에 대해서 가지고 있는 단서가 다음의 〈조건〉과 같을 때 사실이 아닌 것은? (2007 입법고시)

〈조건〉

- 비밀번호를 구성하고 있는 어떤 숫자도 소수가 아니다.
- 6과 8 중에 단 하나만 비밀번호에 들어가는 숫자다.
- 비밀번호는 짝수로 시작한다. 골라낸 네 개의 숫자를 큰 수부터 차례로 나열해서 비밀번호를 만들었다.
- 같은 숫자는 두 번 이상 들어가지 않는다.

① 비밀번호는 짝수이다.
② 비밀번호의 앞에서 두 번째 숫자는 4이다.
③ 위의 〈조건〉을 모두 만족시키는 번호는 모두 세 개가 있다.
④ 비밀번호는 1을 포함하지만 9는 포함하지 않는다.
⑤ 위의 〈조건〉을 모두 만족시키는 번호 중 가장 작은 수는 6410이다.

문제 9.3 10개 팀으로 이루어진 K 조기축구연합회에서는 산하 회원 팀에게 1에서 10까지의 번호를 추첨하도록 하여 "봄맞이 친선대회"를 시행하였다. 경기는 추첨된 번호표에 따라 제1번 팀과 제2번 팀이 먼저 하고, 여기서 이긴 팀이 제3번 팀과, 여기서 이긴 팀이 제4번 팀과 겨루는 방식으로 총 9차례 이루어졌다. 이 대회에 대해 알려진 사실은 〈보기〉에 나타난 것뿐이다. 다음 중 반드시 참인 것은? (2008 행정고시)

〈보기〉

ㄱ. 10개의 팀 중 7개 팀은 단 한 경기도 이기지 못하였다.
ㄴ. 제5번 팀과 제6번 팀은 시합을 가졌다.
ㄷ. 제7번 팀과 제9번 팀은 시합을 가졌다.
ㄹ. 제2번 팀과 제4번 팀은 시합을 가지지 않았다.

① 최종 승리 팀은 제9번 팀이다.
② 제1번 팀은 2번의 경기를 이겼다.
③ 제4번 팀은 한 번의 경기를 이겼다.
④ 제7번 팀은 4번의 경기를 이겼다.
⑤ 한 경기 이상 이긴 팀은 제1번 팀, 제3번 팀, 제7번 팀이다.

문제 9.4 ▌ 콩쥐, 팥쥐, 향단, 춘향 네 사람은 함께 마을 잔치에 참석하기로 했다. 족두리, 치마, 고무신을 빨간색, 파란색, 노란 색, 검은색 색깔별로 총 12개의 물품을 공동으로 구입하여, 각 사람은 각각 다른 색의 족두리, 치마, 고무신을 하나씩 빠짐없이 착용하기로 했다. 예를 들어 어떤 사람이 빨간 족두리, 파란 치마를 착용한다면, 고무신은 노란색 또는 검은색으로 착용해야 한다. 〈보기〉에 따른다면, 반드시 참이 되는 것은? (2008 행정고시)

〈보기〉

ㄱ. 선호하는 것을 배정받고, 싫어하는 것은 배정받지 않는다.
ㄴ. 콩쥐는 빨간색 치마를 선호하고, 파란색 고무신을 싫어한다.
ㄷ. 팥쥐는 노란색 치마를 싫어하고, 검은색 고무신을 선호한다.
ㄹ. 향단은 검은색 치마를 싫어한다.
ㅁ. 춘향은 빨간색을 싫어한다.

① 콩쥐는 검은 족두리를 배정받는다.
② 팥쥐는 노란 족두리를 배정받는다.
③ 향단이는 파란 고무신을 배정받는다.
④ 춘향이는 검은 치마를 배정받는다.
⑤ 빨간 고무신을 배정받은 사람은 파란 족두리를 배정받는다.

문제 9.5 ▌ 서로 성이 다른 3명의 야구선수(김씨, 박씨, 서씨)의 이름은 정덕, 선호, 대은이고, 이들이 맡은 야구팀의 포지션은 1루수, 2루수, 3루수이다. 그리고 이들의 나이는 18세, 21세, 24세이고, 다음과 같은 사실이 알려져 있다. 다음 중 성씨 이름 포지션 나이가 제대로 짝지어진 것은? (2006 입법고시)

ㄱ. 2루수는 대은이보다 타율이 높고 대은은 김씨 성의 선수보다 타율이 높다.
ㄴ. 1루수는 박씨 성의 선수보다 어리나 대은이보다는 나이가 많다.
ㄷ. 선호와 김씨 성의 선수는 어제 경기가 끝나고 같이 영화를 보러갔다.

① 김-정덕－1루수－18세
② 박-선호－3루수－24세
③ 서-대은－3루수－18세
④ 박-정덕－2루수－24세
⑤ 서-선호－1루수－21세

문제 9.6 다음 〈표〉는 세계 야구선수권대회 1조(A~D 4개국)의 예선 경기 결과이다. 본선 진출국은 2개국이며 승리 경기수가 많은 순서대로 결정된다. 승리 경기수가 같은 경우에는 〈본선 진출국 결정 규칙〉 중 한 가지가 적용된다. 이때 본선 진출 국가가 다르게 정해지는 규칙은? (2007 행정고시)

표 1조의 예선 경기 결과

	A	B	C	D
A		7:3	2:1	2:1
B			4:3	1:2
C				7:2
D				

※ 각 경기 결과는 행(行) 국가의 '득점 실점'을 의미함.

본선 진출국 결정 규칙

- **규칙1**: 총득실차가 가장 큰 국가
- **규칙2**: 총득점이 가장 많은 국가
- **규칙3**: 총실점이 가장 적은 국가
- **규칙4**: 승리 경기 수가 같은 국가 간 경기 결과만을 대상으로 계산된 총득실차가 가장 큰 국가
- **규칙5**: 승리 경기 수가 같은 국가 간 경기 결과만을 대상으로 계산된 총실점이 가장 적은 국가

※ 득실차 = 득점 - 실점

① 규칙1 ② 규칙2 ③ 규칙3
④ 규칙4 ⑤ 규칙5

문제 9.7 ▮ 원형테이블에 번호 순서대로 앉아 있는 다섯 명의 여자 1, 2, 3, 4, 5 사이에 다섯 명의 남자 A, B, C, D, E가 한 명씩 앉아야 한다. 다음 〈조건〉을 따르면서 자리를 배치할 때 적절하지 않은 것은? (2007 행정고시)

〈조건〉

- A는 짝수 번호의 여자 옆에 앉아야 하고 5의 옆에는 앉을 수 없다.
- B는 짝수 번호의 여자 옆에 앉을 수 없다.
- C가 3 옆에 앉으면 D는 1 옆에 앉는다.
- E는 3 옆에 앉을 수 없다.

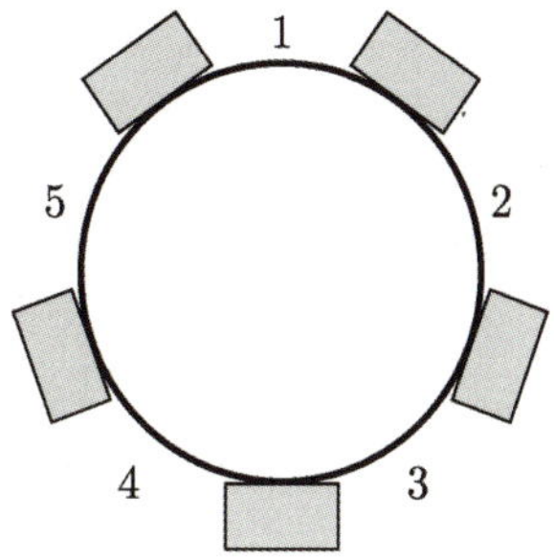

① A는 1과 2 사이에 앉을 수 없다.

② D는 4와 5 사이에 앉을 수 없다.

③ C가 2와 3 사이에 앉으면 A는 반드시 3과 4 사이에 앉는다.

④ E가 1과 2 사이에 앉으면 C는 반드시 4와 5 사이에 앉는다.

⑤ E가 4와 5 사이에 앉으면 A는 반드시 2와 3 사이에 앉는다.

문제 9.8 ▌ 다음으로부터 바르게 추론한 것은? (2013 LEET)

> 이번 학기에 4개의 강좌 〈수학사〉, 〈정수론〉, 〈위상수학〉, 〈조합수학〉이 새로 개설된다. 수학과장은 강의 지원자 A, B, C, D, E 중 4명에게 각 한 강좌씩 맡기려 한다. 배정 결과를 궁금해 하는 A~E는 다음과 같이 예측했다.
>
> A: "B가 〈수학사〉 강좌를 담당하고 C는 강좌를 맡지 않을 것이다."
> B: "C가 〈정수론〉 강좌를 담당하고 D의 말은 참일 것이다."
> C: "D는 〈조합수학〉이 아닌 다른 강좌를 담당할 것이다."
> D: "E가 〈조합수학〉 강좌를 담당할 것이다."
> E: "B의 말은 거짓일 것이다."
>
> 배정 결과를 보니 이 중 한 명의 진술만 거짓이고, 나머지는 참임이 드러났다.

① A는 〈수학사〉를 담당한다. ② B는 〈위상수학〉을 담당한다.
③ C는 강좌를 맡지 않는다. ④ D는 〈조합수학〉을 담당한다.
⑤ E는 〈정수론〉을 담당한다.

문제 9.9 ▌ 갑, 을, 병, 정의 네 나라에 대한 다음의 조건으로부터 추론할 수 있는 것은? (2009 예비 LEET)

> • 이들 나라는 시대순으로 연이어 존재했다.
> • 네 나라의 수도는 각각 달랐는데 관주, 금주, 평주, 한주 중 어느 하나였다.
> • 한주가 수도인 나라는 평주가 수도인 나라의 바로 전 시기에 있었다.
> • 금주가 수도인 나라는 관주가 수도인 나라의 바로 다음 시기에 있었으나, 정보다는 이전 시기에 있었다.
> • 병은 가장 먼저 있었던 나라는 아니지만, 갑보다는 이전 시기에 있었다.
> • 병과 정은 시대순으로 볼 때 연이어 존재하지 않았다.

① 금주는 갑의 수도이다. ② 관주는 병의 수도이다.
③ 평주는 정의 수도이다. ④ 을은 갑의 다음 시기에 존재하였다.
⑤ 한주가 수도인 나라가 가장 오래되었다.

문제 9.10 ▌ 다음으로부터 추론한 것으로 옳지 않은 것은? (2017 LEET)

아래 배치도에 나와 있는 10개의 방을 A, B, C, D, E, F, G 7명에게 하나씩 배정하고, 3개의 방은 비워두었다. 다음 〈정보〉가 알려져 있다.

1호		6호
2호		7호
3호		8호
4호		9호
5호		10호

정보

- 빈 방은 마주 보고 있지 않다.
- 5호와 10호는 비어 있지 않다.
- A의 방 양옆에는 B와 C의 방이 있다.
- B와 마주 보는 방은 비어 있다.
- C의 옆방 가운데 하나는 비어 있다.
- D의 방은 E의 방과 마주 보고 있다.
- G의 방은 6호이고 그 옆방은 비어 있다.

① 1호는 비어 있다.
② A의 방은 F의 방과 마주 보고 있다.
③ B의 방은 4호이다.
④ C와 마주 보는 방은 비어 있다.
⑤ D의 방은 10호이다.

10 여러 경우로 나누어 생각하기

다음과 같은 문제를 생각해보자.

n이 자연수일 때 n^3-n은 3의 배수임을 보여라.

물론 n^3-n이 연속된 세 수의 곱임을 이용하여 3의 배수임을 보일 수 있다. n^3-n이 연속된 세 수의 곱이라는 사실을 미처 인식하지 못했다면 어떡할까?

이럴 때 주요한 방법이 주어진 조건을 여러 경우로 나누어 생각하는 것이다. 위 문제에서는 자연수를 3으로 나눌 때 나머지를 생각하여 n을 $3k$, $3k+1$, $3k+2$꼴의 세 경우로 나누고 다음과 같이 각 경우에 주어진 명제가 참임을 보인다.

① $n=3k$일 때

$$n^3-n=(3k)^3-3k=27k^3-3k=3(9k^3-k)$$

② $n=3k+1$일 때

$$n^3-n=(3k+1)^3-(3k+1)=27k^3+27k^2+6k=3(9k^3+9k^2+2k)$$

③ $n=3k+2$일 때

$$n^3-n=(3k+2)^3-(3k+2)=27k^3+54k^2+33k+6=3(9k^3+18k^2+11k+2)$$

문제가 복잡하거나 적절한 아이디어가 떠오르지 않아 주어진 조건을 그대로 이용하여 해결할 수 없는 경우에는 이렇게 조건을 세분화하여 여러 경우로 나누고 각 경우에서 문제를 해결하여 그 결과를 결합하는 방법을 생각해보자.

기본예제 10.1 세 배심원으로 구성된 어느 법정에서 모든 판단은 과반수로 결정된다고 한다. 세 배심원 중에서 신중하다고 소문난 두 배심원은 서로 독립적으로 판단하며 사안마다 그 판단이 옳을 확률은 둘 다 $\frac{2}{3}$이고, 나머지 한 명의 경솔한 배심원은 항상 동전을 던져 판단한다. 이 법정에서 어떤 사안이 옳게 판정될 확률을 구하여라.

그림 10.1

풀이 신중한 두 배심원을 각각 A, B라 하고 경솔한 배심원을 C라고 하자. C는 동전을 던져 결정하므로 C가 옳게 판단할 확률은 $\frac{1}{2}$이다. 어떤 사안이 옳게 판정되려면 적어도 두 명이 옳게 판정해야 하므로, 옳게 판정되는 경우와 그 때의 확률을 나타내면 다음과 같다.

	A	B	C	확률
경우1	○	○	○	$\frac{2}{3}\times\frac{2}{3}\times\frac{1}{2}=\frac{2}{9}$
경우2	○	○	×	$\frac{2}{3}\times\frac{2}{3}\times\frac{1}{2}=\frac{2}{9}$
경우3	○	×	○	$\frac{2}{3}\times\frac{1}{3}\times\frac{1}{2}=\frac{1}{9}$
경우4	×	○	○	$\frac{1}{3}\times\frac{2}{3}\times\frac{1}{2}=\frac{1}{9}$

따라서 이 법정에서 어떤 사안이 옳게 판정될 확률은

$$\frac{2}{9}+\frac{2}{9}+\frac{1}{9}+\frac{1}{9}=\frac{6}{9}=\frac{2}{3}$$

으로 신중한 두 배심원이 옳게 판단할 확률과 같다. ■

기본예제 10.2 수미의 부모님은 주말에 두 쌍의 부부를 집으로 초대하였다. 수미의 부모님을 포함한 여섯 명은 자기 배우자를 제외한 사람들과 악수를 하였는데 수미의 어머님이 다른 다섯 사람에게 각각 악수한 횟수를 물어 보니 그 대답이 모두 달랐다고 한다. 수미 아버님과 어머님은 각각 몇 번 악수를 했을까?

그림 10.2

풀이 수미의 아버님과 어머님을 각각 A와 a라 하고 초대받은 한 쌍의 부부를 B와 b, 다른 한 쌍의 부부를 C와 c라고 하자. 배우자를 제외한 사람과 악수를 하였고 a를 제외한 사람들이 모두 다른 대답을 했으므로 A, B, b, C, c는 0, 1, 2, 3, 4 중에 한 숫자만큼 악수했고 그 숫자도 모두 달라야 한다.

① 4번 악수한 사람을 X라고 하자. 그러면 X는 자기 배우자를 제외한 모든 사람과 악수했으므로 X의 배우자 x는 0번 악수하게 된다.
② 3번 악수한 사람을 Y라고 하자. Y는 x와 자기 배우자를 제외한 모든 사람과 악수했으므로 Y의 배우자 y는 1번 악수하게 된다.
③ 2번 악수한 사람을 Z라고 하자. Z는 x, y와 자기 배우자를 제외한 모든 사람과 악수했으므로 Z의 배우자 z는 2번 악수하게 된다.

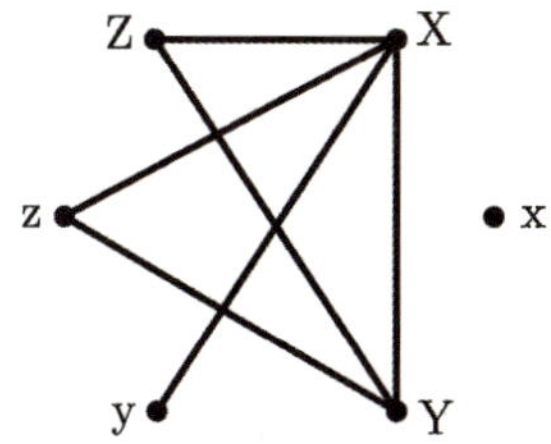

그림 10.3

여기서 Z가 B, b, C, c 중 한 사람이라면 Z는 그의 배우자 z와 같은 수만큼 악수하게 되어 모순이다. 따라서 Z는 A, z는 a이다. 그러므로 수미의 아버님과 어머님은 각각 2번씩 악수했다. ■

10 연습문제

문제 10.1 ▌ 기본예제 10.2에서 세 쌍의 부부를 집으로 초대하였다면 수미 아버님과 어머님은 각각 몇 번 악수를 했을까?

문제 10.2 ▌ 선생님은 항상 참말을 하고, 정치가는 항상 거짓말을 하며, 상인은 때에 따라 참말과 거짓말을 한다고 하자. 선생님, 정치가, 상인이 서로 다른 사람의 직업에 대하여 다음과 같이 말했다.

> A: C는 정치가가 아니다.
> B: A는 선생님이 아니다.
> C: B는 선생님이다.

세 사람 A, B, C의 직업은 각각 무엇인가?

문제 10.3 ▌ 어떤 범죄의 용의자 A, B, C, D에게 범인이 누구냐고 물었더니 다음과 같이 대답하였다.

> A: B가 범인이다.
> B: 나는 범인이 아니다.
> C: 나는 범인이 아니다.
> D: A가 범인이다.

범인은 한 명이며 네 용의자 A, B, C, D 중에서 오직 한 명만 진실을 말한다고 하면 범인은 누구일까?

문제 10.4 ▮ 그림 10.4와 같은 네 섬에 세 개의 다리를 놓아 서로 연결하려고 한다. 모두 몇 가지 방법이 있는가?

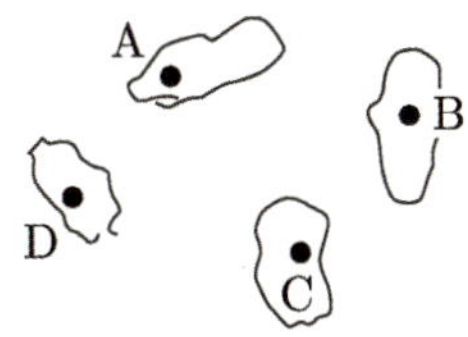

그림 10.4

문제 10.5 ▮ H, S, C, D, J가 써진 다섯 장의 카드가 문자가 보이지 않게 책상 위에 놓여 있다. 하나, 두나, 세나, 수나가 '카드에 써진 문자 알아맞히기'를 하여 다음과 같이 예측하였다.

	첫째 카드	둘째 카드	셋째 카드	넷째 카드	다섯째 카드
하나	C	J	H	D	C
두나	D	J	H	C	S
세나	H	C	S	D	J
수나	D	J	C	C	S

그들의 결과를 확인해보니 다음과 같았다.

① 모든 카드는 적어도 한 사람에 의해 맞게 선택되었다.
② 어느 두 사람도 맞힌 수가 같지 않았다.
③ 모두 맞히거나 모두 틀린 사람도 아무도 없었다.

다섯 장의 카드에 써진 문자는 무엇인가?

문제 10.6 ▮ 참가자가 A, B, C인 어느 TV 프로그램에서 사회자가 녹색 우표 4장과 빨간색 우표 4장을 가지고 와서 각각 세 사람 A, B, C의 이마에 두 장씩 붙이고 나머지 두 장은 자신의 주머니에 넣었다. 참가자는 다른 참가자 이마의 우표는 볼 수 있으나 자신의 이마와 사회자 주머니에 있는 우표는 볼 수 없다. 이제 사회자가 참가자에게 A, B, C 순서대로 돌아가며 자신의 이마에 붙은 우표의 색에 대하여 물었더니 다음과 같이 말했다.

A: 내 이마의 우표 색깔을 전혀 모르겠습니다.
B: 저도 모르겠습니다.
C: 저도 모르겠습니다.
A: 아직도 모르겠습니다.
B: 앞의 대답을 분석하니 이제 알 수 있겠네요.

B의 이마에 붙은 우표의 색깔은 무엇일까?

문제 10.7 ▌ 다음으로부터 추론한 것으로 옳은 것만을 〈보기〉에서 있는 대로 고른 것은?

(2015 LEET)

심사단 100명이 가수 A, B, C, D의 경연을 보고 이 중 제일 잘했다고 생각하는 한 명에게 투표한다. 각 심사자는 1표를 행사하며 기권은 없다. 이런 경연을 2번 실시한 뒤 2번의 투표 결과를 합산하여 최종 순위가 결정되고, 최하위자는 탈락한다. 1차와 2차 경연에 대해 다음 사실이 알려져 있다.

- 1차 경연 결과 순위는 A, B, C, D의 순이고, A는 30표, C는 25표를 얻었다.
- 2차 경연 결과 1등은 C이고 2등은 B이며, B는 30표, 4등은 15표를 얻었다.
- 각 경연에서 동점자는 없었다.

〈보기〉

ㄱ. 탈락자는 D이다.
ㄴ. A의 최종 순위는 3등이다.
ㄷ. 2차 경연에서 C가 얻은 표는 35표를 넘을 수 없다.

① ㄱ　② ㄷ　③ ㄱ, ㄴ
④ ㄴ, ㄷ　⑤ ㄱ, ㄴ, ㄷ

11 패턴이나 규칙 찾기(일반화)

수학에서 가장 흥미로운 점 중에 하나는 규칙이나 패턴이 풍부하게 발견된다는 점이다. 문제에 내포되어 있는 규칙이나 패턴을 발견하기 위해서는 통찰력이 필요하며 그런 통찰력을 얻기 위해서는 많은 기초 작업이 요구되기도 한다. 수학적 사고 과정에 쏟는 시간이 많을수록 그만큼 규칙도 빨리 찾아낼 수 있고 패턴을 인식하는 것도 점차 수월해지므로 수학적 사고를 필요로 하는 여러 종류의 문제를 풀어볼 필요가 있다. 여기서는 여러 상황에서 패턴이나 규칙을 찾는 전략을 연습해보자.

기본예제 11.1 복도를 따라 길게 한 줄로 놓인 100개의 사물함이 모두 닫혀 있다.

그림 11.1

100명의 학생이 사물함을 따라 일렬로 통과하면서, 다음의 지시대로 사물함의 문을 열거나 닫는다.

① 첫 번째 학생은 모든 사물함의 문을 연다.
② 두 번째 학생은 2의 배수가 되는 사물함의 문을 닫는다.
③ 세 번째 학생은 3의 배수가 되는 사물함의 문을 반대로 한다.
즉, 닫혀 있으면 열고, 열려 있으면 닫는다.
④ 위의 ③과 같은 방법으로 100번째 학생까지 계속한다.

100명의 학생이 사물함을 따라 모두 통과했을 때 열려 있는 사물함은 모두 몇 개인가?

풀이 여섯 번째 사물함을 열고 닫는 사람에 대하여 생각해보자.

- 첫 번째 학생이 이 사물함을 연다.
- 두 번째 학생이 이 사물함을 닫는다.
- 세 번째 학생이 이 사물함을 연다.
- 여섯 번째 학생이 이 사물함을 닫는다.

위에 나타난 숫자 첫 번째, 두 번째, 세 번째, 여섯 번째는 6의 약수라는 사실에서 a번째 사물함은 a의 약수에 해당하는 번호의 학생에 의하여 열리거나 닫히게 된다. a번째 사물함이 열리려면 홀수 번 열리고 닫혀야하기 때문에 a의 약수의 개수도 홀수이다. 한편 약수의 개수가 홀수인 정수는 $1^2 = 1$, $2^2 = 4$, $3^2 = 9$, $4^2 = 16$, $\cdots$같은 완전제곱수뿐이므로 $1 \sim 100$에서의 완전제곱수 1, 4, 9, 16, 25, 36, 49, 64, 81, 100번째 사물함의 문이 열려 있다. ■

기본예제 11.2 그림 11.2는 직선이 각각 1, 2, 3개일 때 평면에 생기는 영역을 나타낸 것이다. 이처럼 평면 위에 서로 만나는 8개의 직선이 만드는 영역의 수를 구하여라. (단, 어느 세 직선도 동시에 한 점에서 만나지 않는다.)

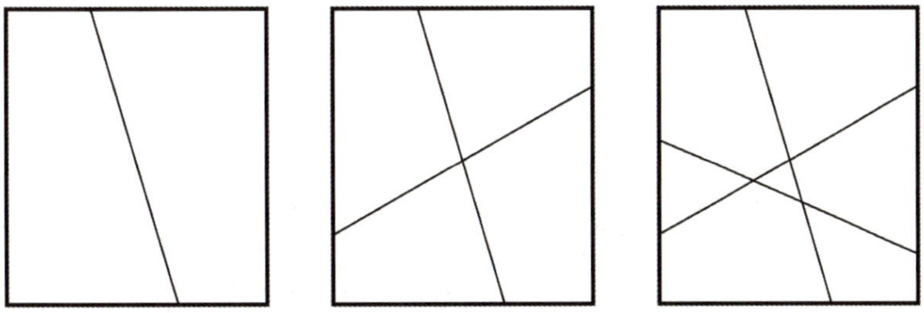

그림 11.2

풀이 n개의 직선에 의해 만들어지는 영역의 수를 살펴보자.

(i) 그림에서 보듯이 $n=1, 2, 3$일 때는 각각 2, 4, 7개의 영역이 있다.

(ii) $n=4$: 3개의 직선이 그어져 있는 평면에 네 번째 직선 ℓ을 추가해보자. ℓ이 다른 직선과 만날 때마다 하나의 새로운 영역이 생기며 마지막 직선을 지나면 추가로 하나가 더 생긴다. 그러므로 4개의 직선이 만드는 영역은 3개의 직선이 만드는 영역보다 4개가 더 생기므로 $7+4=11$개가 있다.

(iii) $n=5$: 위와 같은 방법으로 5개의 직선이 만드는 영역의 수는 $11+5=16$이다.

(iv) 위의 방법을 $n=8$까지 적용하면 다음 표와 같다.

직선의 수	영역의 수
1	2
2	$2+2=4$
3	$4+3=7$
4	$7+4=11$
5	$11+5=16$
6	$16+6=22$
7	$22+7=29$
8	$29+8=37$

■

11 연습문제

문제 11.1 ▌ 777^{777}의 마지막 자릿수는 무엇인가?

문제 11.2 ▌ 다음 계산을 생각해보자.

$$2 \times 3 \times 4 + 4 \times 10 = 64 = 4^3$$
$$5 \times 6 \times 7 + 7 \times 19 = 343 = 7^3$$

위의 계산에서 얻을 수 있는 규칙을 찾아보고 그것이 참임을 보여라.

문제 11.3 ▌ 그림 11.3을 보고 다음 값을 구하여라.

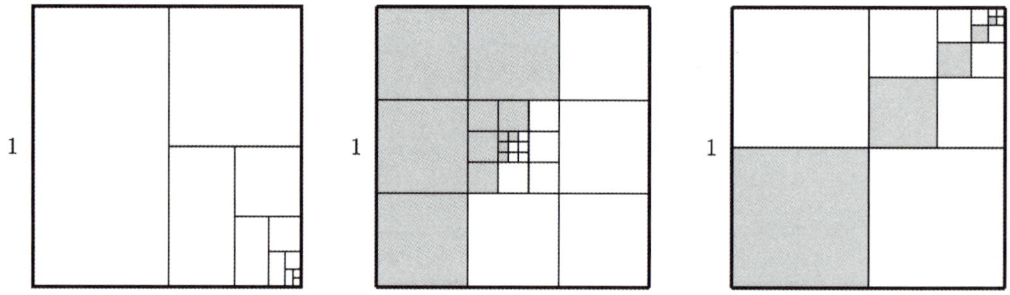

그림 11.3

(1) $\frac{1}{2}+\frac{1}{4}+\frac{1}{8}+\frac{1}{16}+\frac{1}{32}+\frac{1}{64}+\cdots$

(2) $\frac{1}{3}+\frac{1}{9}+\frac{1}{27}+\frac{1}{81}+\frac{1}{243}+\cdots$

(3) $\frac{1}{4}+\frac{1}{16}+\frac{1}{64}+\frac{1}{256}+\frac{1}{1024}+\cdots$

문제 11.4 ▌ 칠판에 1, 2, 3, 4, 5, 6, 7, 8, 9, 10이 쓰여 있다. 이제 임의의 두 수 a와 b를 지우고 대신 $a+b-1$을 새로 쓴다. 이런 과정을 계속 반복하면 마지막에 칠판에 쓰여 있는 수는 무엇인가?

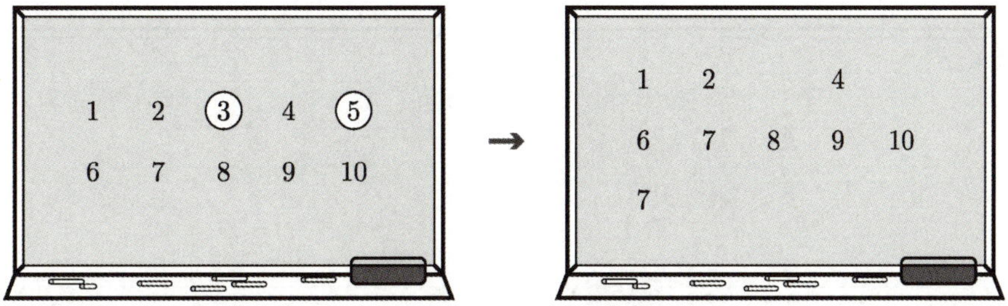

그림 11.4

문제 11.5 ▌ 왼쪽에서 오른쪽으로 얇고 긴 종이가 있다. 이제 양손으로 종이의 양끝을 잡고 종이의 오른쪽 끝이 왼쪽 끝에 놓이도록 접는다. 이런 방법으로 반복하여 10번 접으면 종이에 몇 개의 금이 생기는가? 또 접을 때 만든 금으로 종이는 몇 개의 영역으로 나뉘는가?

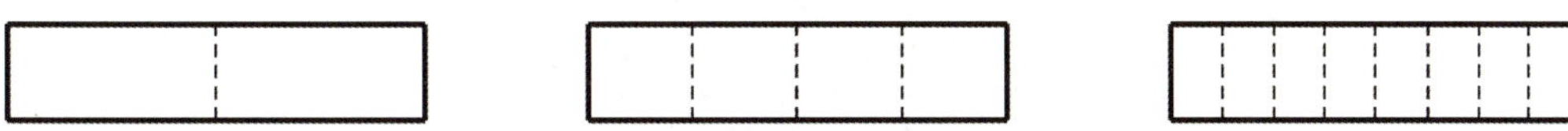

$n=1$ $n=2$ $n=3$

그림 11.5

문제 11.6 ▌ 그림 11.6과 같이 가로 줄과 세로 줄에 각각 n개의 점이 있다. 이 그림을 보고 다음 물음에 답하여라.

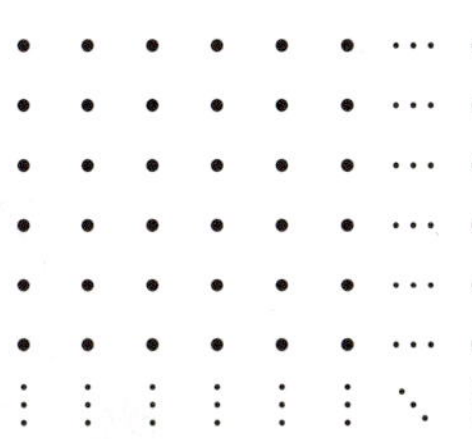

그림 11.6

(1) $n+n+n+n+n+n+\cdots+n=n^2$을 보여라.

(2) $1+3+5+7+9+11+\cdots+(2n-1)=n^2$임을 보여라.

(3) $1+2+3+\cdots+(n-1)$은 얼마인가?

문제 11.7 ▌ 칠판에 1, 2, 3, 4, 5, 6, 7, 8, 9, 10이 쓰여 있다. 이제 임의의 두 수 a와 b를 지우고 대신 $ab+a+b$을 새로 쓴다. 이런 과정을 계속 반복하면 마지막에 칠판에 쓰여 있는 수는 무엇인가?

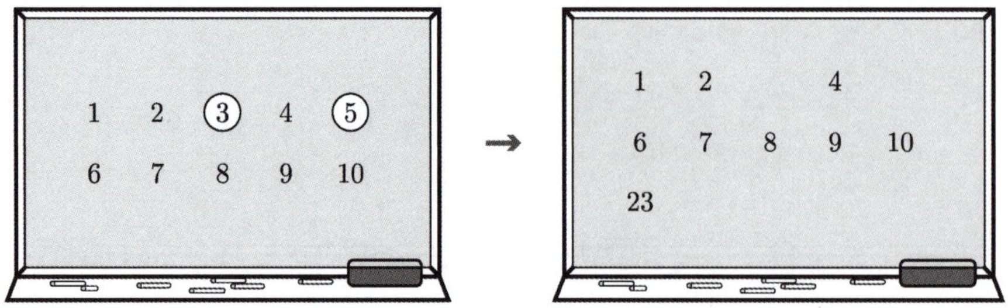

그림 11.7

문제 11.8 ▌ 그림 11.8을 참조하여 $1^3+2^3+3^3+4^3+\cdots+n^3$의 값을 구하여라.

$$\begin{array}{ccccccc} 1 & 2 & 3 & 4 & 5 & \cdots & n \\ 2 & 4 & 6 & 8 & 10 & \cdots & 2n \\ 3 & 6 & 9 & 12 & 15 & \cdots & 3n \\ 4 & 8 & 12 & 16 & 20 & \cdots & 4n \\ 5 & 10 & 15 & 20 & 25 & \cdots & 5n \\ \vdots & \vdots & \vdots & \vdots & \vdots & \ddots & \vdots \\ n & 2n & 3n & 4n & 5n & \cdots & n^2 \end{array}$$

그림 11.8

문제 11.9 ▌ 한 변에 3개와 4개의 공이 있는 정삼각형을 상하가 바뀐 정삼각형으로 만들기 위해서는 그림 11.9와 같이 각각 최소 두 개와 세 개의 공의 이동이 필요하다.

그림 11.9

한 변에 10개의 공이 있는 정삼각형을 상하가 바뀐 정삼각형으로 만들려면 최소 몇 개의 공의 이동이 필요한가?

문제 11.10 ▮ 다음 물음에 답하여라.

(1) 그림 11.10은 가로 8칸, 세로 5칸인 모눈종이다. 이 전체 모눈종이를 직사각형으로 생각할 때 대각선이 지나는 모눈은 모두 몇 개인가?

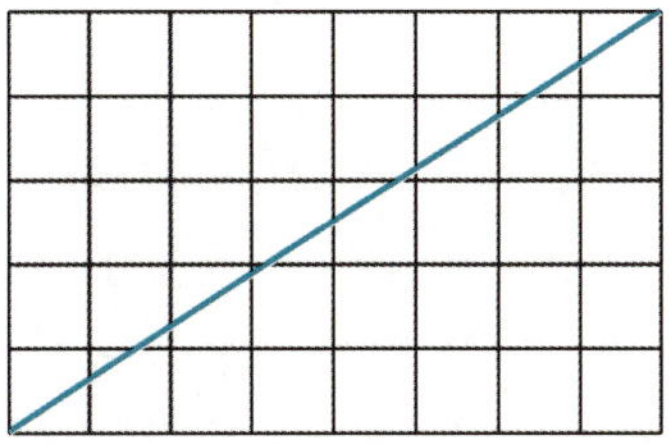

그림 11.10

(2) 가로 16칸, 세로 12칸인 모눈종이에서 대각선이 지나는 모눈은 모두 몇 개인가?

(3) 가로 m칸, 세로 n칸인 모눈종이에서 대각선이 지나는 모눈은 모두 몇 개인가?

문제 11.11 ▮ 두 원은 서로 다른 두 점에서 만나는 n개의 원이 평면 위에 있다. 이 8개의 원이 만드는 영역의 수를 구하여라. (단, 어느 세 원도 동시에 한 점에서 만나지 않는다.)

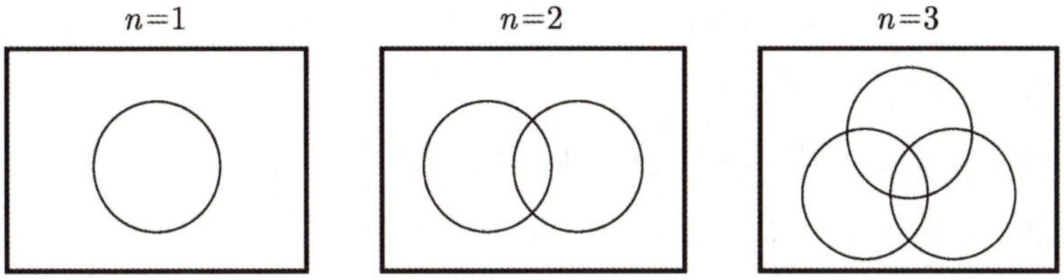

그림 11.11

12 홀수와 짝수 이용하기

몇 개의 정수의 합이 100이라고 하자. 합해지는 정수 중에 적절한 것을 선택하여 그 부호를 바꾸어 합하면 99가 될 수 있을까? 즉, a_1, a_2, a_3, $\cdots$, a_n이 정수이고 등식

$$a_1 + a_2 + a_3 + \cdots + a_n = 100 \qquad (*)$$

에서 a_1, a_2, a_3, $\cdots$, a_n 중에 얼마를 양수에서 음수로, 음수에서 양수로 부호를 바꾸면 그 합이 99가 될 수 있을까?

$(*)$에서 a_1을 $-a_1$로 대체하는 것은 $(*)$의 왼쪽에서 $2a_1$을 뺀 것이므로 $(*)$의 오른쪽은 $100-2a_1$이고 100과 $2a_1$이 모두 짝수이므로 $100-2a_1$도 짝수이다. 즉 $(*)$의 왼쪽 변에서 어떤 수의 부호를 바꾸더라도 등식의 오른쪽 항은 짝수가 되며, 이 과정을 거듭하더라도 오른쪽 항의 값은 항상 짝수이다. 따라서 왼쪽 항의 부호를 바꾸는 것만으로는 그 합을 99와 같은 홀수로 만들 수는 없다.

위에서 살펴보았던 것처럼 주어진 조건에 어떤 과정을 취할 때 그 구체적인 값은 알 수 없어도 그 값이 항상 홀수이거나 항상 짝수로 변치 않는 경우가 있다. 여기서는 항상 홀수 또는 짝수로 결정되는 성질을 이용하여 해결할 수 있는 문제를 살펴보자.

기본예제 12.1 그림 12.1과 같이 두 양동이는 똑바로 놓여 있고 하나의 양동이는 거꾸로 놓여 있다.

그림 12.1

이제 위의 세 양동이 중 둘을 선택하여 똑바로 놓인 양동이는 거꾸로 놓고 거꾸로 놓인 양동이는 똑바로 놓는다. 이런 방법을 계속하여 위의 세 양동이를 그림 12.2와 같이 모두 똑바로 놓을 수 있는가?

그림 12.2

풀이 똑바로 놓인 양동이를 0, 거꾸로 놓인 양동이를 1로 표시하고 첫째, 둘째, 셋째 양동이를 각각 x, y, z라고 하면 $(x,\ y,\ z)$로 나타내자. 예를 들어 그림 12.1은 $(0,\ 1,\ 0)$으로 나타낸다.

이제 $(x,\ y,\ z)$에서 세 좌표의 합 $x+y+z$을 I라고 하자. 예를 들어 그림 12.1에서 $\mathrm{I}=1$이다. 주어진 방법으로 양동이를 거꾸로 놓거나 똑바로 놓을 때 I는 어떻게 변하는지 살펴보자.

① **둘 다 0인 양동이를 선택**: 둘 다 1이 되어 I는 2만큼 늘어난다.
② **둘 다 1인 양동이를 선택**: 둘 다 0이 되어 I는 2만큼 줄어난다.
③ **하나는 0, 다른 하나는 1인 양동이를 선택**: 하나는 1, 다른 하나는 0이 되어 I는 변하지 않는다.

위에서 알 수 있듯이 어떤 두 양동이를 선택하더라도 I는 변치 않거나 2만큼 줄거나 늘어나서 I의 홀짝은 변하지 않는다. 따라서 I는 처음 상태인 1과 홀짝이 같은 홀수이다. 만약 세 양동이를 모두 똑바로 놓을 수 있다면 $(0,\ 0,\ 0)$으로 표시되고, 그때의 I는 $\mathrm{I}=0$이 되어 모순이다. 그러므로 이런 방법으로 세 양동이를 모두 똑바로 놓을 수는 없다. ■

기본예제 12.2 어떤 메뚜기는 직선 위를 처음엔 1cm, 두 번째에는 2cm, 세 번째에는 3cm, ⋯, n 번째에는 $n$cm를 왼쪽이나 오른쪽으로 뛴다. 이 메뚜기가 6번 뛰어서 처음의 위치로 돌아올 수 있는가?

그림 12.3

풀이 수직선에서 처음 메뚜기의 위치를 0이라고 하자. 메뚜기가 왼쪽으로 뛰면 음의 방향으로, 오른쪽으로 뛰면 양의 방향이므로 주어진 문제는『식 $\pm1\pm2\pm3\pm4\pm5\pm6$에 나타난 각 $\pm$ 중에서 $+$나 $-$의 하나를 선택하여 0을 만들 수 있을까?』와 같다.

이제 식 $\pm1\pm2\pm3\pm4\pm5\pm6$에 나타난 각 $\pm$ 중에서 $+$나 $-$의 하나를 선택하여 0을 만들었다고 하자. 식에 나타난 $-$를 $+$로 바꾸더라도 계산한 값의 홀짝은 바뀌지 않는다. 모든 $-$를 $+$로 바꾸면 그 값은 $1+2+3+4+5+6=21$이 되어 홀수이지만 원래 값은 짝수인 0이므로 모순이다. 따라서 이런 방법으로 메뚜기는 6번 뛰어서 처음의 위치로 돌아올 수는 없다. ■

12 연습문제

문제 12.1 ▌ 그림 12.4와 같이 가로와 세로가 각각 6칸의 작은 정사각형으로 되어 있는 판에 한 정사각형만 검은색, 다른 모든 정사각형은 흰색으로 색칠하였다. 그림에서 가로나 세로의 한 줄을 선택하여 검은색은 흰색으로, 흰색은 검은색으로 바꾸어 색칠한다. 이런 일을 반복하여 그림의 정사각형의 색을 모두 흰색으로 만들 수 있는가?

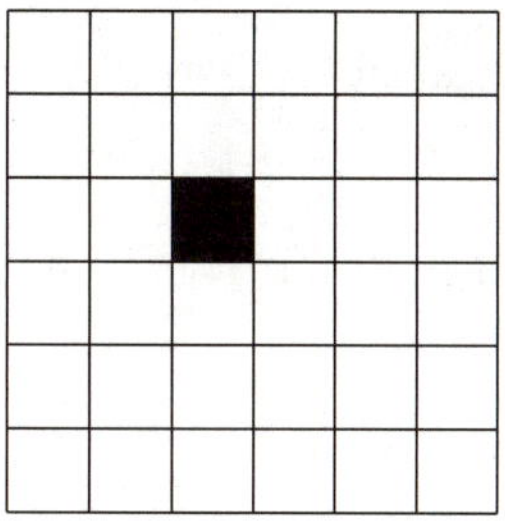

그림 12.4

문제 12.2 ▌ 그림 12.5와 같이 가로와 세로가 각각 3칸의 작은 정사각형으로 되어 있는 판에 맨 위 왼쪽 모서리에 위치한 한 정사각형만 검은색, 다른 모든 정사각형은 흰색으로 색칠하였다. 그림에서 가로나 세로의 한 줄을 선택하여 검은색은 흰색으로, 흰색은 검은색으로 바꾸어 색칠한다. 이런 일을 반복하여 그림의 모든 정사각형의 색을 흰색으로 만들 수 있는가?

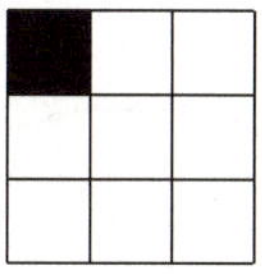

그림 12.5

문제 12.3 ▌ 칠판에 1, 2, 3, 4, 5, 6, 7, 8, 9, 10이 쓰여 있다. 이제 임의의 두 수 a와 b를 지우고 대신 a와 b의 차이를 새로 쓴다. 이런 과정을 계속 반복하면 마지막에 칠판에 남는 수가 0이 될 수 있는가?

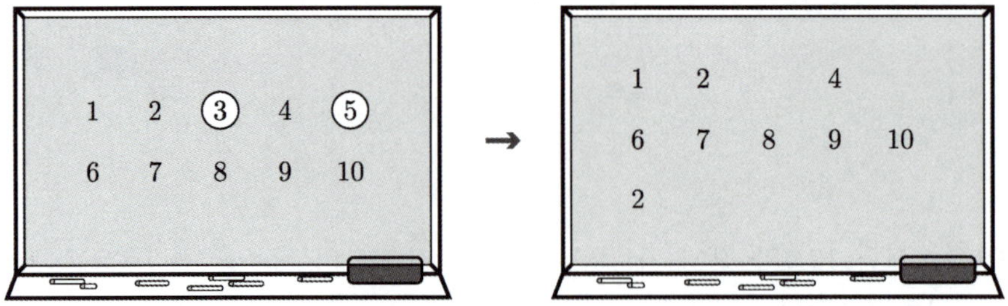

그림 12.6

문제 12.4 ▌ 어떤 10개의 정수의 곱은 1이다. 그런 정수의 합은 0이 될 수 있는가?

$$a_1 \times a_2 \times a_3 \times \cdots \times a_{10} = 1 \ \rightarrow \ a_1 + a_2 + a_3 + \cdots + a_{10} = 0 \ ?$$

문제 12.5 ▌ 1부터 10까지 나열하고 그 사이에 +나 −를 끼워서 계산한 결과가 0이 될 수 있는가?

$$1 + 2 + 3 + 4 + 5 + 6 + 7 + 8 + 9 + 10 = 55$$
$$1 - 2 + 3 + 4 + 5 + 6 - 7 + 8 + 9 - 10 = 1$$
$$-1 - 2 + 3 - 4 + 5 + 6 - 7 + 8 - 9 - 10 = -11$$
$$\bigcirc 1 \ \bigcirc 2 \ \bigcirc 3 \ \bigcirc 4 \ \bigcirc 5 \ \bigcirc 6 \ \bigcirc 7 \ \bigcirc 8 \ \bigcirc 9 \ \bigcirc 10 = 0?$$

그림 12.7

문제 12.6 ▌ 1, 2, 3, 4, 5, 6를 일렬로 나열할 때 1과 2, 2와 3, 3과 4, 4와 5, 5와 6 사이에 모두 홀수개의 숫자가 들어있도록 나열할 수 있는가?

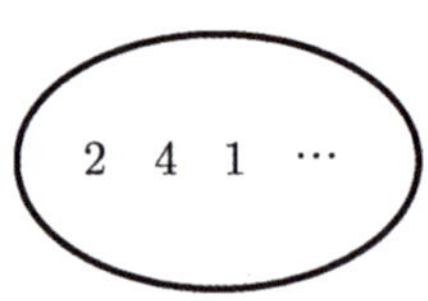

그림 12.8

문제 12.7 ▌ 21개의 금화 중에 10개의 위조품이 있으며 이 위조품은 진품과 1g 차이가 있다. 양팔에 각각 물체를 올려놓으면 양팔에 있는 물체의 무게의 차이를 알려 주는 양팔저울이 있다. 금화 1개를 선택했을 때 이 양팔저울을 한 번만 이용하여 선택한 금화가 진품인지 위조품인지 확인할 수 있는 방법을 찾아라.

그림 12.9

문제 12.8 ▌ 그림 12.10과 같이 사각형과 원이 그려져 있다. A부터 시작하여 A, B가 번갈아 임의의 두 도형을 선택하여 같은 모양이면 두 개를 하나의 사각형으로, 다른 모양이면 두 개를 하나의 원으로 바꾼다. 하나의 모양이 남을 때까지 이런 과정을 반복하여 사각형이 남으면 A가 이기고 원이 남으면 B가 이긴다고 하면, 누가 승리하는가?

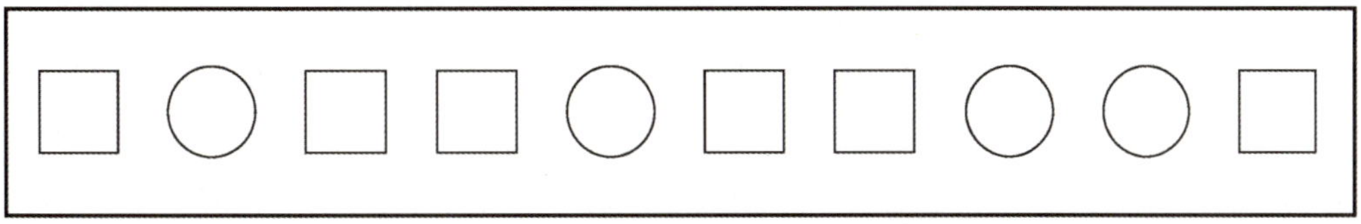

그림 12.10

13 색칠 이용하기

그림 13.1 왼쪽과 같은 모양의 벽면을 오른쪽과 같은 도미노로 빠짐없이 붙일 수 있을까?

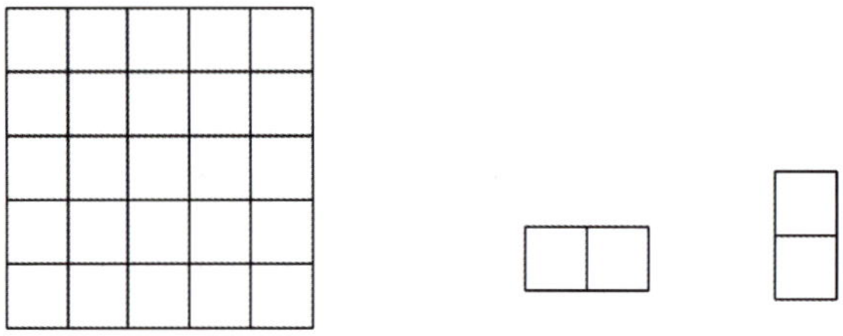

그림 13.1

직접 시도하지 않아도 위 그림의 벽면을 도미노로 붙일 수 없음을 쉽게 알 수 있다. 두 칸으로 되어 있는 도미노로 붙일 수 있다면 벽면의 칸 수는 짝수여야 하는데 주어진 벽면의 칸 수는 25로 홀수이기 때문이다. 그렇다면 벽면의 칸 수가 짝수이면 항상 도미노로 붙일 수 있을까? 그림 13.2와 같은 벽면을 생각하면 그것도 참이 아님을 알 수 있다.

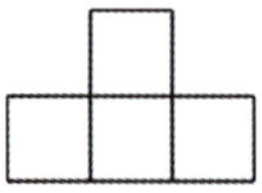

그림 13.2

칸의 수가 짝수인 그림 13.3 모양의 벽면은 어떨까?

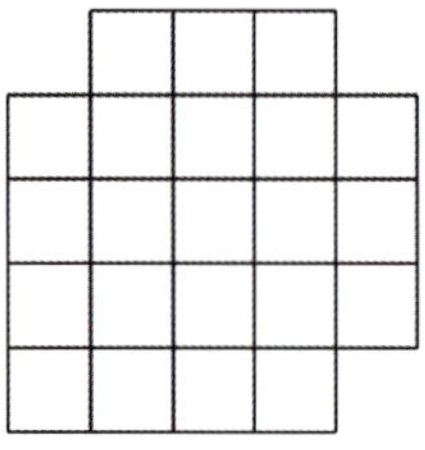

그림 13.3

위의 벽면을 도미노로 직접 붙여보자.

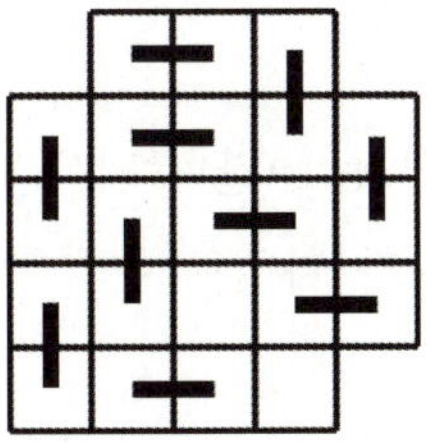

그림 13.4

위에서는 여러 방법 중에서 하나를 선택하여 성공하지 못한 것이기에 이것으로 주어진 벽면을 도미노로 붙일 수 없다는 결론은 내릴 수 없다. 이런 상황은 문제를 해결할 때 자주 일어나는 것으로 다음 두 가지 경우로 나눌 수 있다.

① 주어진 벽면을 도미노로 빠짐없이 붙일 수 있지만 그 적절한 방법을 찾지 못했다.
② 원래 불가능한 것이기에 주어진 벽면을 도미노로 붙일 수 없다.

①의 경우에는 계속 시도하여 적절한 방법을 찾아야 한다. 그러나 ②의 경우에는 붙일 수 없음을 보여야 하며 이때 주요한 방법이 그림 13.5처럼 벽면을 적절하게 색칠하는 것이다.

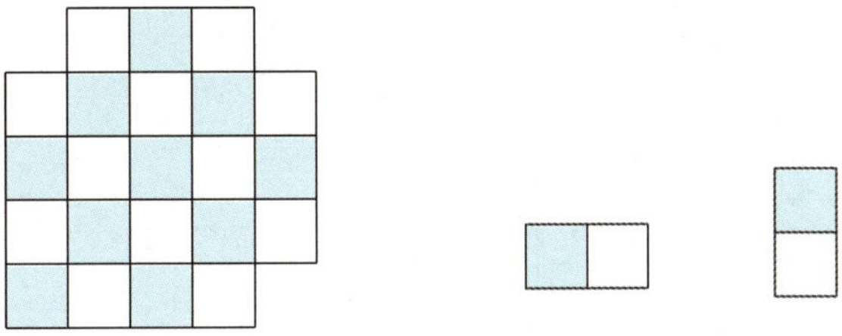

그림 13.5

그러면 붙이는 방법에 관계없이 도미노는 각각 한 칸의 흰색과 파랑색의 벽면에 붙기 때문에 도미노로 벽면을 빠짐없이 붙일 수 있다면 벽면의 흰색과 파랑색의 칸 수는 같아야 한다. 그러나 위 그림에서 벽면의 흰색과 파랑색의 칸 수는 서로 다르고, 따라서 주어진 벽면을 도미노로 빠짐없이 붙일 수 없다.

위에서는 도미노가 두 칸으로 이루어져 있기 때문에 흰색과 파랑색의 두 색깔만으로 충분했다. 물론 세 칸, 네 칸으로 이루어진 도형을 이용한다면 그에 맞는 적절한 가짓수의 색을 이용해야 하며 그럴 경우 색보다 수 0, 1, 2, 3, …을 이용하면 편리하다.

기본예제 13.1 가로와 세로가 각각 10칸의 작은 정사각형으로 되어있는 벽면이 있다. 그림 13.6 오른쪽과 같은 모양의 T-자 타일로 위의 벽면을 빠짐없이 붙일 수 있을까?

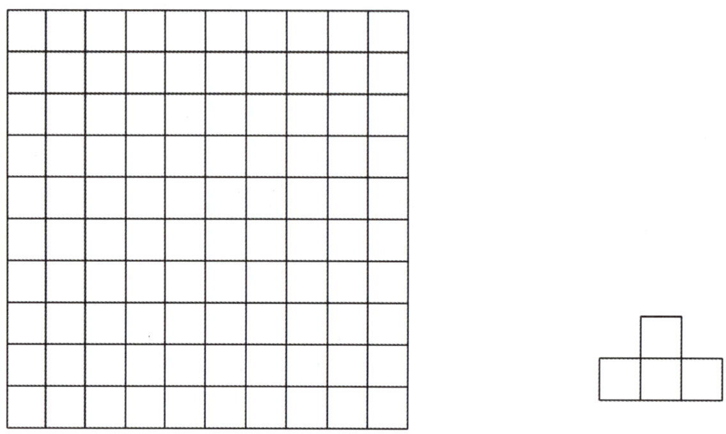

그림 13.6

풀이 그림 13.7과 같이 벽면을 흰색과 파랑색으로 색칠해보자. 그러면 흰색과 파랑색의 칸의 수는 각각 50이다.

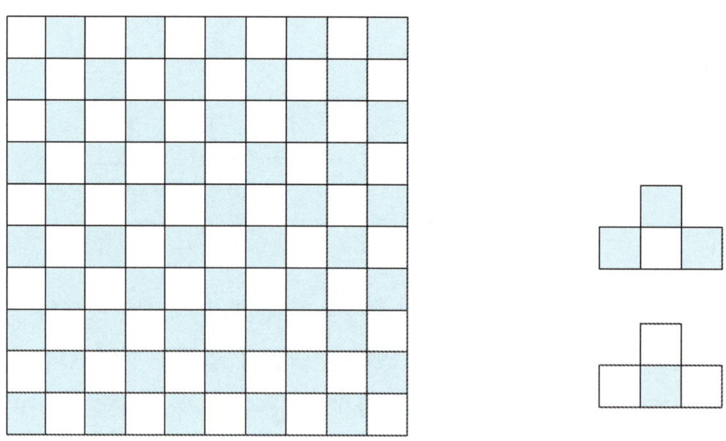

그림 13.7

위 벽면을 T-자 모양의 타일로 붙일 때 25개의 타일이 필요하며 각각의 타일에는 위의 오른쪽 그림에서 보듯이 홀수개의 파랑색 칸이 있다. 따라서 벽면의 파랑색 칸의 수는 25개의 홀수의 합이므로 홀수이다. 그러나 주어진 벽면의 파랑색 칸의 수는 짝수이므로 T-자 모양의 타일로 위 벽면을 빠짐없이 붙일 수는 없다. ■

기본예제 13.2 그림 13.8과 같이 가로와 세로가 각각 10칸의 작은 정사각형으로 되어 있는 벽면이 있다.

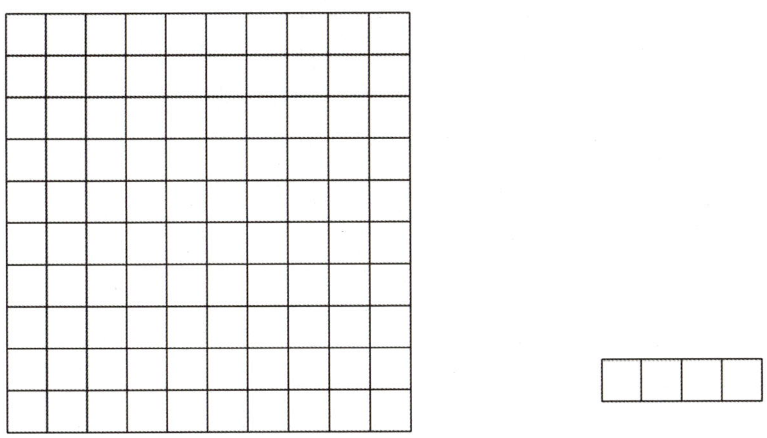

그림 13.8

위 오른쪽과 같은 1×4 타일로 이 벽면을 빠짐없이 붙일 수 있을까?

풀이 그림 13.9처럼 벽면의 작은 정사각형에 다음과 같이 숫자를 넣어보자. 그러면 주어진 모양의 타일로 위 벽면을 붙일 때 붙여지는 타일은 0, 1, 2, 3으로 써진 정사각형을 각각 하나씩 포함하므로 벽면에서 0, 1, 2, 3으로 써진 정사각형의 수는 모두 같아야 한다. 그러나 그림 13.9에서는 0의 정사각형의 수가 1의 정사각형의 수보다 더 많다. 따라서 주어진 모양의 타일로 위 벽면을 빠짐없이 붙일 수는 없다.

0	1	2	3	0	1	2	3	0	1
3	0	1	2	3	0	1	2	3	0
2	3	0	1	2	3	0	1	2	3
1	2	3	0	1	2	3	0	1	2
0	1	2	3	0	1	2	3	0	1
3	0	1	2	3	0	1	2	3	0
2	3	0	1	2	3	0	1	2	3
1	2	3	0	1	2	3	0	1	2
0	1	2	3	0	1	2	3	0	1
3	0	1	2	3	0	1	2	3	0

그림 13.9

■

13 연습문제

문제 13.1 그림 13.10 같은 모양의 벽면을 도미노로 빠짐없이 붙일 수 있을까?

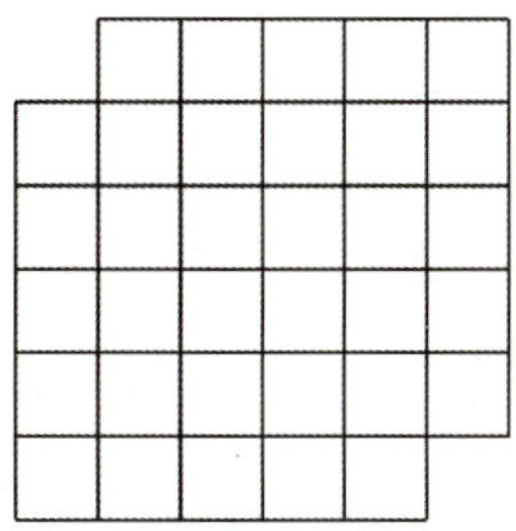

그림 13.10

문제 13.2 그림 13.11과 같은 4×6 벽면을 5개 T-자 타일과 1개의 2×2 타일로 빠짐없이 붙일 수 있을까?

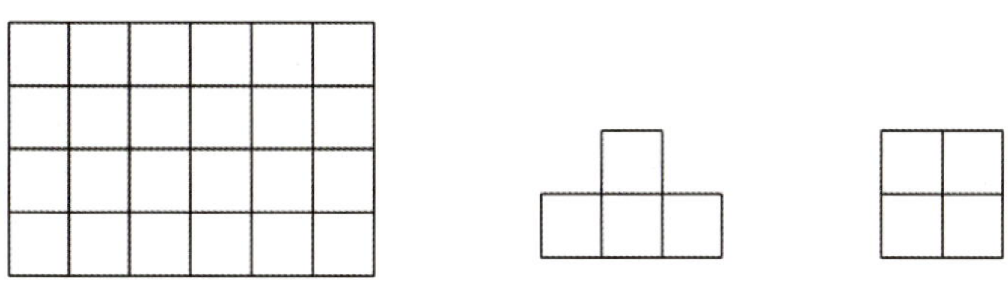

그림 13.11

문제 13.3 그림 13.12 모양과 같은 다섯 종류의 타일이 있다.

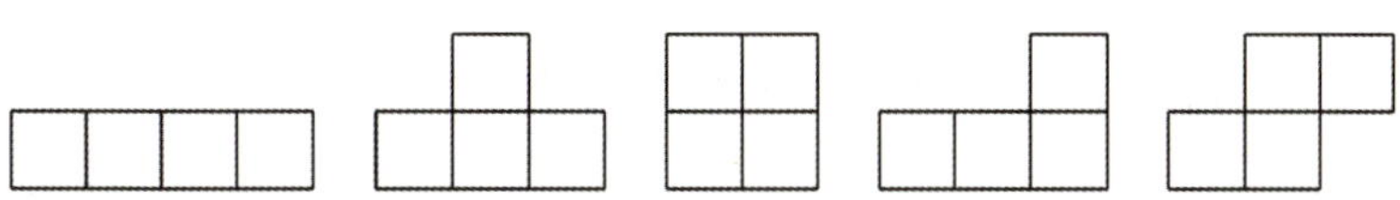

그림 13.12

위의 타일을 모두 하나씩만 이용하여 가로가 2칸, 세로가 10칸인 직사각형 모양의 벽면을 빠짐없이 붙일 수 있을까?

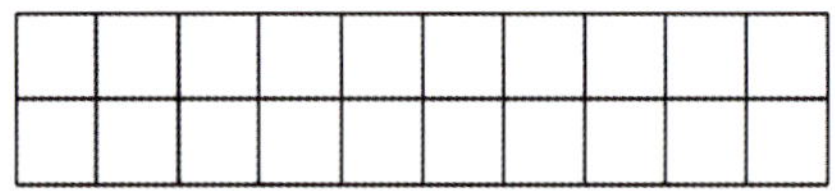

그림 13.13

문제 13.4 ▌ 그림 13.14와 같이 세로와 가로가 각각 4칸, 8칸의 작은 정사각형으로 되어 있는 벽면이 있다.

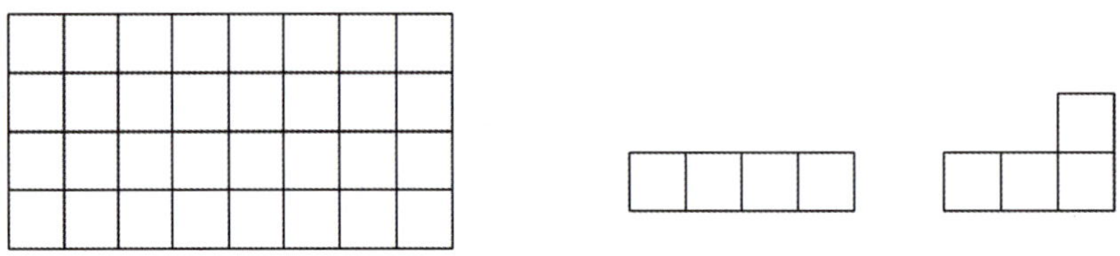

그림 13.14

7개의 1×4 타일과 1개의 L-자 타일로 위의 벽면을 빠짐없이 붙일 수 있을까?

문제 13.5 ▌ 그림 13.15와 같은 벽면이 있다.

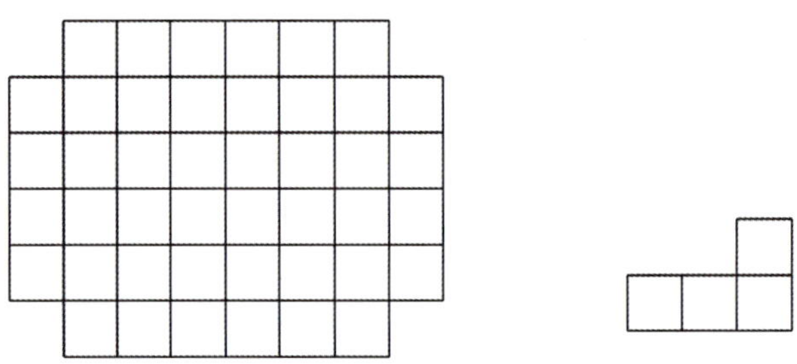

그림 13.15

L-자 타일로 위의 벽면을 빠짐없이 붙일 수 있을까?

문제 13.6 ▌ 직사각형 모양의 벽면이 1×4 타일과 2×2 타일로 빠짐없이 붙여져 있다. 그중 한 타일이 깨져 모두 떼어내서 다시 붙이려고 한다. 깨진 타일 모양 대신에 다른 모양의 타일 하나를 추가하여 벽면을 빠짐없이 붙일 수 있을까?

그림 13.16

문제 13.7 ▌ 그림 13.17에서 A칸에서 출발하여 모든 칸을 단 한 번씩만 지나 B칸까지 가는 방법을 찾아라. 단, 이동할 때 바로 인접한 좌우나 상하로만 이동해야 한다.

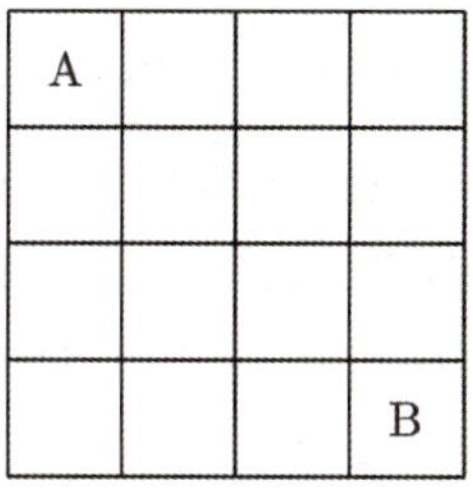

그림 13.17

문제 13.8 ▌ 그림 13.18과 같이 정육면체 모양의 치즈가 27개의 작은 정육면체로 나뉘어져 있다. 어떤 벌레는 어느 작은 정육면체의 치즈를 먹으면 다음엔 그것과 적어도 한 면을 공유하는 작은 정육면체의 치즈를 먹는다고 한다. 예를 들어, 이 벌레가 그림에서 a로 표시된 치즈를 먹었으면 다음엔 *로 표시된 치즈 중에 하나를 먹는다. 이런 방법으로 이 벌레는 겉면의 한 치즈를 먹기 시작하여 보이지 않는 속의 치즈를 맨 마지막에 먹을 수 있을까?

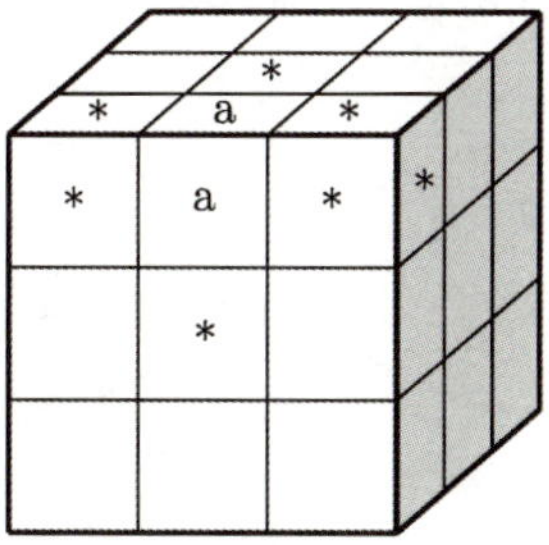

그림 13.18

14 대칭 이용하기

두 사람이 번갈아 하는 게임을 생각해보자. 어떤 사람이 자기 차례에 약속된 행위를 취하지 못하면 패한다고 할 때, 이길 수 있는 주요한 전략은 자기 차례에서 상황을 항상 같은 형태로 만드는 것이다. 그러면 상대방은 어쩔 수 없이 그 형태를 무너뜨려 다른 형태가 되고 내 차례에서 무너뜨린 형태를 다시 같은 형태로 만들기를 계속한다. 이렇게 같은 형태를 만들 때 자주 사용되는 방법이 대칭의 성질을 이용하는 것이다. 예를 들어 두 무더기에 있는 바둑돌을 같은 수로 만들어 상대방이 한 무더기에서 바둑돌을 가져가면 다른 무더기에서 똑같은 수의 바둑돌을 가져가기도 하고, 또 점대칭 도형에서 상대방이 바둑돌을 놓으면 내 차례에서 그 바둑돌의 점대칭 위치에 바둑돌을 놓아 항상 대칭을 유지하기도 한다. 여기서는 대칭을 이용하여 해결할 수 있는 문제를 살펴보자.

기본예제 14.1 바둑돌이 각각 10, 12개인 두 무더기가 있다. A부터 시작하여 A와 B가 번갈아 한 무더기에서 원하는 만큼의 바둑돌을 가져갈 수 있으며 마지막 바둑돌을 가져가는 사람이 이긴다. 두 사람이 최선을 다한다면 이 게임에서 승자는 누구인가?

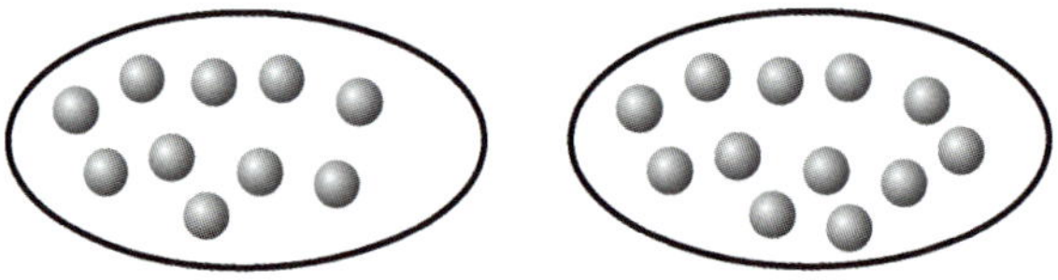

그림 14.1

풀이 두 무더기에 각각 x, y개의 바둑돌이 있으면 (x, y)로 표시하자.

① A가 12개의 바둑돌이 있는 무더기에서 2개를 가져와 두 무더기의 바둑돌의 수를 같게 만든다.

② B는 한 무더기에서 c개의 바둑돌을 가져간다. 이때 두 무더기의 바둑돌의 수는 같지 않다.

③ A는 다른 무더기에서 c개의 바둑돌을 가져와 다시 두 무더기의 바둑돌 수를 같게 만든다.

위의 과정을 반복하면 A는 결국 (1, 1)이 되어 A가 승리한다. ■

기본예제 14.2 그림 14.2와 같이 원 위에 20개의 점이 있다. A부터 시작하여 A와 B가 번갈아 이미 만들어진 선분과 원 안에서 교차하지 않도록 원 위의 두 점을 이어 선분을 만들 때, 더 이상 선분을 만들지 못하는 사람이 이 게임에서 패배하게 된다. 두 사람이 최선을 다한다면 이 게임에서 승자는 누구인가?

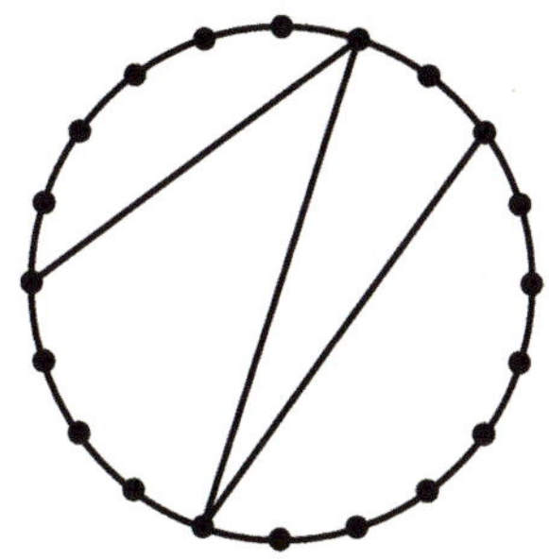

그림 14.2

풀이 그림 14.3처럼 원 위의 한 점에 1로 번호를 붙이고 원 위의 모든 점을 시계 방향으로 2,3,⋯,20으로 번호를 붙이자.

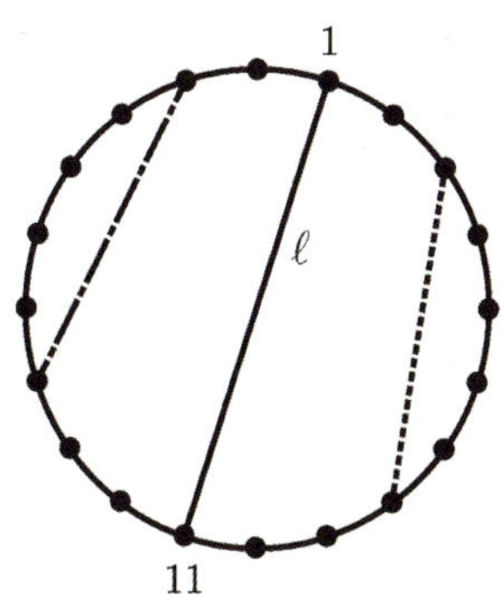

그림 14.3

① A가 점 1과 점 11을 선분 ℓ로 잇는다.

② B는 A가 나눈 두 쪽 중 한 쪽에서 두 점을 선분(그림의 ⋯⋯)으로 잇는다.

③ A는 B가 이은 다른 쪽에서 B가 선택한 점의 ℓ에 선대칭되는 두 점을 선택하여 그 두 점을 선분(그림의 ━·━)으로 잇는다.

위 과정에서 B가 두 점을 이으면 A는 항상 이을 수 있으므로 A가 승리한다. ■

14 연습문제

문제 14.1 ▌ 다음 그림과 같은 5×10 모양의 초콜릿이 있다.

그림 14.4

A부터 시작하여 A와 B가 번갈아 점선을 따라 초콜릿을 나누며 더 이상 나누지 못하는 사람이 이 게임에서 패배하게 된다. 두 사람이 최선을 다한다면 이 게임에서 승자는 누구인가?

문제 14.2 ▌ A부터 시작하여 A와 B가 번갈아 그림 14.5의 회색 부분 위에 오백 원짜리 동전을 놓는다. 이렇게 동전을 계속 놓아 가면 결국 어떤 사람은 자기 차례에 더 이상 동전을 놓을 수 없게 되고 그 경기자가 이 게임에 지게 된다. 이 게임에서 이기려면 동전을 먼저 놓아야 하는가 아니면 나중에 놓아야 하는가? (단, 이미 놓인 동전을 움직여서는 안되고 동전을 겹쳐 쌓을 수도 없다.)

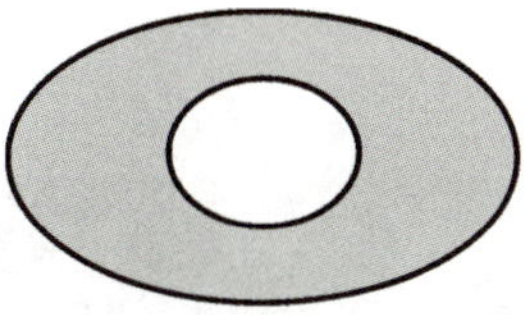

그림 14.5

문제 14.3 ▌ 그림 14.6과 같이 가로와 세로가 각각 8칸의 작은 정사각형으로 되어 있는 판이 있다.

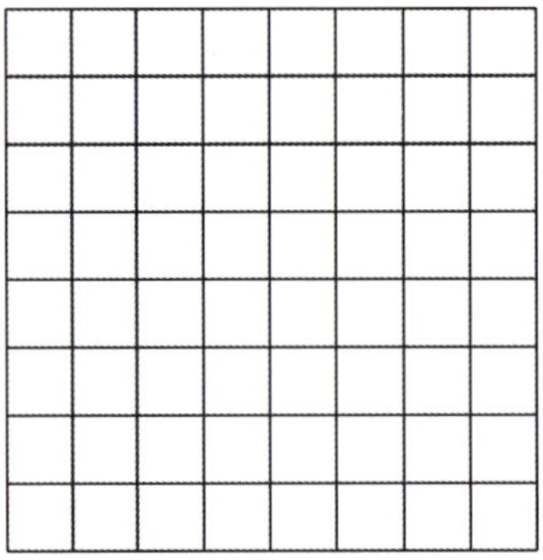

그림 14.6

A부터 시작하여 A와 B가 번갈아 그림 14.7과 같은 도미노로 위의 판을 덮을 때, 더 이상 도미노를 놓지 못하는 사람이 이 게임에서 패배하게 된다. 두 사람이 최선을 다한다면 이 게임에서 승자는 누구인가?

그림 14.7

문제 14.4 가로줄과 세로줄이 각각 19인 바둑판의 선의 교차점에 각각 하나씩 모두 361개의 바둑돌이 놓여 있다. A부터 시작하여 A와 B가 번갈아 가로줄이나 세로줄을 선택하여 그 줄에서 연이은 바둑돌을 원하는 만큼 가져갈 수 있으며 마지막 바둑돌을 가져가는 사람이 이 게임에서 승리하게 된다. 각 경기자가 최선을 다한다면 이 게임에서 승자는 누구인가?

그림 14.8

문제 14.5 ▌ 정십삼각형의 꼭짓점에 공이 하나씩 놓여 있다. A부터 시작하여 A와 B가 번갈아 꼭짓점의 공을 하나 또는 두 개 가져갈 수 있으며 마지막 공을 가져가는 사람이 이 게임에서 승리하게 된다. 각 경기자가 최선을 다한다면 이 게임에서 승자는 누구인가? (단, 두 개의 공을 가져갈 때에는 연이은 두 공을 가져가야 한다.)

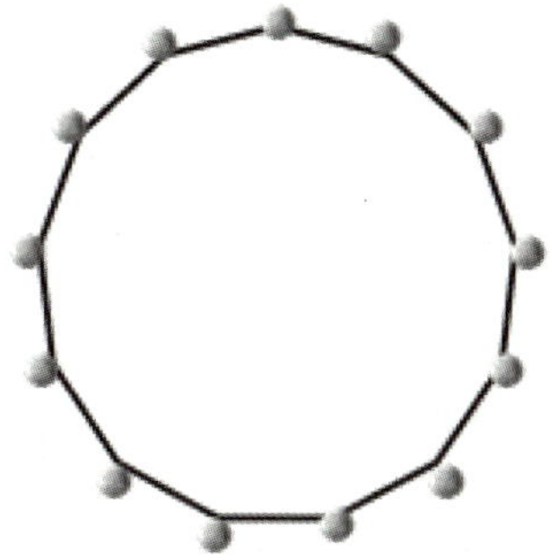

그림 14.9

문제 14.6 ▌ 그림 14.10과 같이 가로와 세로가 각각 11칸의 작은 정사각형으로 되어 있는 판이 있다. A부터 시작하여 A와 B가 번갈아 하는 게임이다. 빈 칸이 없어질 때까지 한 칸을 선택하여 그 안에 A는 ×로, B는 ○로 표시하고 각각 가로줄과 세로줄에서 ×와 ○의 수를 세어 많은 쪽이 그 줄에서 1점을 얻는다. 점수의 합이 많은 사람이 승리한다면 A가 이기기 위한 전략은 무엇인가?

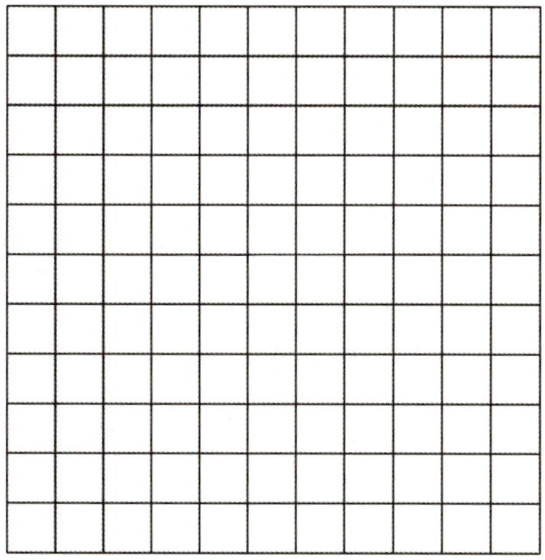

그림 14.10

15 거꾸로 풀기

다음과 같은 문제를 생각해보자.

> 병에 담겨있는 박테리아는 1초마다 두 배로 늘어나며 1분 후에는 병에 가득 찬다. 박테리아가 이 병의 절반을 채우는 데 걸리는 시간을 구하여라.

처음 1초 후에 박테리아 양은 처음 주어진 양의 두 배로 늘어났을 것이다. 그러나 원래 병에 있는 박테리아 양이 주어져 있지 않기 때문에 1초 후의 정확한 박테리아의 양을 알 수 없다. 마찬가지로 2, 3, 4, …초 후의 박테리아 양도 알 수 없으며 물론 언제 박테리아가 병의 절반을 채울지도 알 수 없다.

위의 문제를 거꾸로 생각해보자. 문제에서 주어진 대로 1분 후에 박테리아는 병에 가득 찰 것이다. 그럼 59초 후에는 정확히 1분 후의 박테리아 양의 절반, 즉 병의 절반을 채우게 될 터이니 구하는 답은 59초이다.

이처럼 문제 해결에서 경우에 따라서는 거꾸로 푸는 것이 유용할 때가 많다. 특히 문제에서 주어진 과정에 역방향이 가능하다면 주어진 조건으로부터 원하는 결말을 구하려고만 하지 말고 거꾸로 풀기를 시도해보라. 즉, 결말에 도달했다고 가정하고 그 전 단계는 무엇인지 거꾸로 추적하여 문제를 해결하는 방법도 중요한 전략 중에 하나이다.

기본예제 15.1 9L, 4L 용량의 두 양동이가 있다. 이 두 양동이를 이용하여 강에서 6L의 물을 길어 올릴 수 있는가? (단, 물을 채우고 비울 때는 더 이상 채울 수 없거나 비울 수 없을 때까지 계속 채우거나 비우기로 한다.)

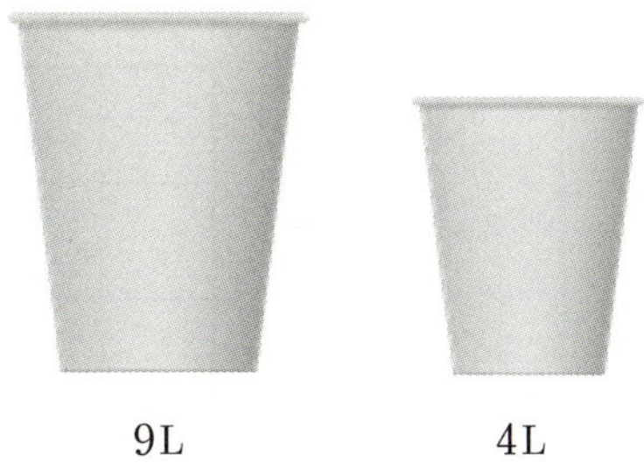

그림 15.1

풀이 9L, 4L 용량의 두 양동이에 각각 xL, yL의 물이 있으면 $(x,\ y)$로 표시하자. 우리는 $(x,\ y)$에서 $x=6$으로 만들어야 한다. 이제 (6, 4)의 바로 전 단계는 무엇이 될 수 있는지 살펴보자.

$$(6,\ 4) \leftarrow (9,\ 1)$$

$x=9$는 항상 만들 수 있으므로 $y=1$을 만들어야 한다. 이제 (0, 1)의 바로 전 단계를 살펴보자.

$$(0,\ 1) \leftarrow (1,\ 0) \leftarrow (5,\ 0) \leftarrow (9,\ 0)$$

위의 사실을 종합하면 다음과 같다.

① 9L 양동이에 물을 가득 채워 그 물로 4L 양동이를 채운 다음 4L 양동이의 물을 버린다.
② 9L 양동이에 남은 5L의 물로 4L 양동이를 채운 다음 4L 양동이의 물을 버린다.
③ 9L 양동이에 남은 1L의 물을 4L 양동이에 비운다.
④ 9L 양동이에 물을 가득 채워서 그 물로 4L 양동이를 채우면 9L 양동이에는 6L의 물이 남게 된다.

■

기본예제 15.2 한 변의 길이가 3cm인 정육면체의 두부를 칼로 잘라 한 변의 길이가 1cm인 27개의 정육면체로 만들려고 한다. 이때 필요한 최소 칼질수를 구하여라.

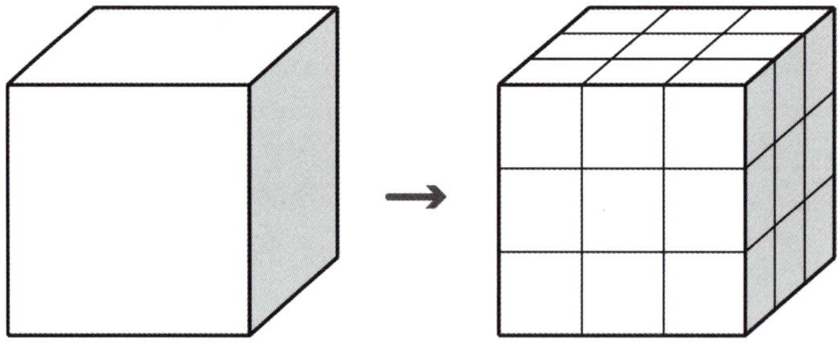

그림 15.2

풀이 가로, 세로, 높이 방향으로 각각 두 번씩 6번 자르면 그림 15.3처럼 27개의 정육면체로 만들 수 있다.

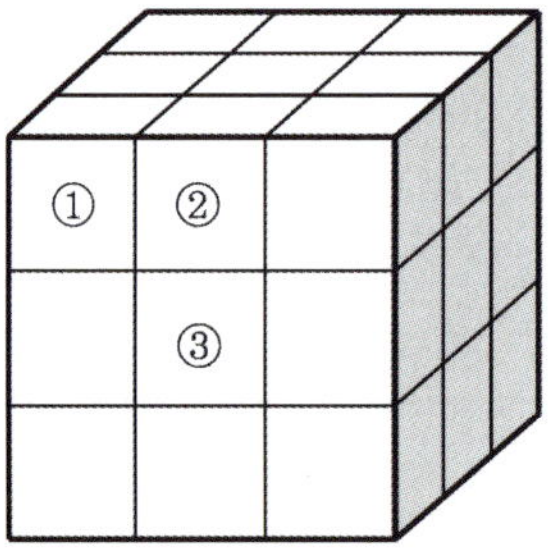

그림 15.3

이제 몇 번의 칼질로 27개의 정육면체로 만들었다고 하자. 정육면체의 위치에 따라 필요한 칼질수가 달라진다. 위에서 ①, ②, ③과 같은 정육면체는 각각 최소 3번, 4번, 5번의 칼질이 필요하다. 또 ③의 바로 안쪽에 위치하는 정육면체는 6개의 면을 가지므로 6번의 칼질이 필요하다. 따라서 모든 정육면체를 만들려면 최소 6번의 칼질이 필요하다. ■

15 연습문제

문제 15.1 ▮ 한 변의 길이가 4cm인 정육면체의 두부를 칼로 잘라 한 변의 길이가 1cm인 64개의 정육면체로 만들려고 한다. 이때 필요한 최소 칼질수를 구하여라.

문제 15.2 ▮ 그림 15.4와 같이 23개의 바둑돌 무더기에서 A부터 시작하여 A와 B가 번갈아 1개 또는 2개 또는 3개의 바둑돌을 가져갈 수 있으며, 마지막 바둑돌을 가져가는 사람이 게임에서 지게 된다. A와 B가 최선의 전략으로 게임을 한다면 이 게임에서 승자는 누구인가?

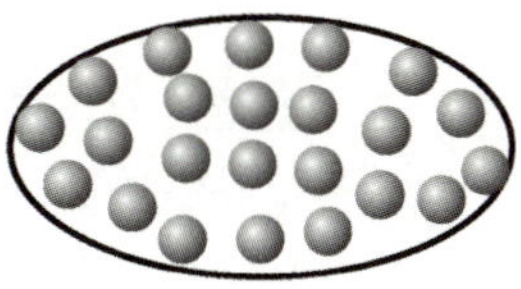

그림 15.4

문제 15.3 ▮ 무역회사를 동업하던 갑과 을은 각각의 개인 사정으로 회사를 폐업하기로 하고 사무실에 쓰던 집기도 서로 나누어 갖기로 하였다. 다음은 갑과 을이 원하는 집기의 순위를 나타낸 표이다.

	갑	을
1위	소파(S)	컴퓨터(C)
2위	팩스(F)	정수기(W)
3위	정수기(W)	소파(S)
4위	책상(D)	프린터(P)
5위	컴퓨터(C)	책상(D)
6위	프린터(P)	팩스(F)

갑부터 시작하여 갑과 을이 번갈아 선택하기로 한다면 갑과 을은 각각 어떻게 선택해야

합리적일까? (단, 갑과 을은 위와 같은 상대방의 우선순위를 알고 있다.)

문제 15.4 100개의 바둑돌 무더기에서 A부터 시작하여 A와 B가 남아 있는 바둑돌의 반까지 번갈아 가져갈 수 있으며, 바둑돌을 더 이상 가져갈 수 없는 사람이 게임에서 패배한다. A와 B가 최선의 전략으로 게임을 한다면 이 게임에서 승자는 누구인가?

문제 15.5 원을 따라 A를 포함하여 100명에서 200명 사이의 사람이 서 있다. A부터 차례로 1, 2, 1, 2, 1, 2, …로 세어 2로 세어지는 사람은 탈락한다. 이런 과정을 마지막 한 사람 남을 때까지 계속하여 마지막에 A가 남았다. 처음 원 위에 서 있었던 사람은 몇 명인가?

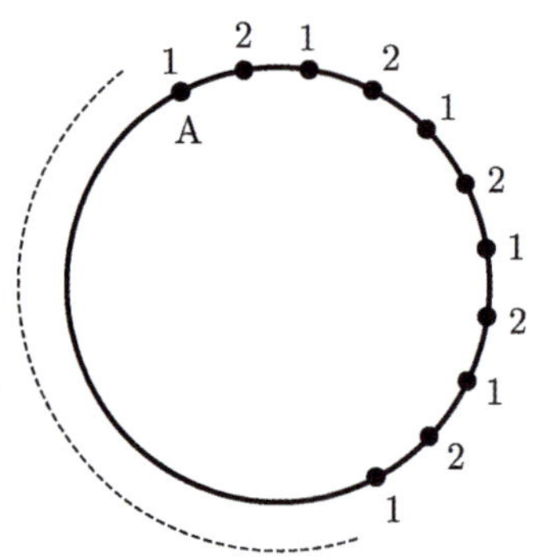

그림 15.5

문제 15.6 문제 15.5에서 A부터 세어 9번째인 사람 B가 마지막에 남았다. 처음 원 위에 서 있었던 사람은 몇 명인가?

문제 15.7 원 위에 임의로 5개의 1과 4개의 0이 놓여있다. 이웃하는 두 수 사이에 그 두 수가 같은 수이면 0을, 다른 수이면 1을 적고 원래 수는 지운다. 이런 방법을 계속하여 원 위의 모든 수를 0으로 만들 수 있는가?

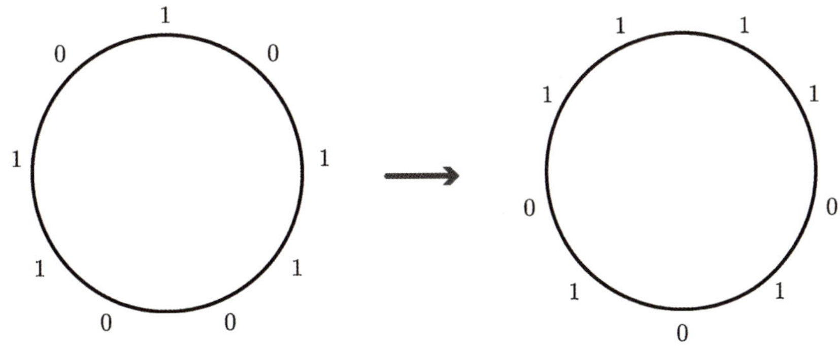

그림 15.6

문제 15.8 ▌ 다음과 같이 수열 a_1, a_2, a_3, a_4, a_5, ⋯, a_n, ⋯을 만든다고 하자.

> ① 처음 4항은 1, 9, 9, 3이다.
> ② 다섯 번째 항부터는 바로 앞의 네 항의 합을 10으로 나눌 때 나머지이다.

위와 같은 방법으로 수열의 처음 몇 항을 구하면 1, 9, 9, 3, 2, 3, 7, ⋯이 된다. 이 수열에서 네 항이 차례로 7, 3, 6, 7인 것이 나타날까?

문제 15.9 ▌ 1, 2, 3, 4, 5, 6을 일렬로 나열할 때 5, 4, 3, 6, 2, 1처럼 각 수는 앞에 나열된 모든 수보다 크거나 앞에 나열된 모든 수보다 작아야 한다. 위의 성질을 만족하도록 나열하는 방법은 모두 몇 가지인가?

문제 15.10 ▌ 처음에 1이 주어져 있다. A부터 시작하여 A와 B가 번갈아 앞 사람이 부른 수에 2, 3, 4, 5, 6, 7, 8, 9 중에 한 숫자를 곱하여 부르며, 처음 1000보다 큰 숫자를 부른 사람이 승리한다. A와 B가 최선의 전략으로 게임을 한다면 이 게임에서 승자는 누구인가?

16 변하지 않는 양이나 성질 찾기

다음과 같은 문제를 생각해보자.

두 수 a와 b의 산술평균과 조화평균은 각각 $\frac{a+b}{2}$와 $\frac{2ab}{a+b}$이다. 이제 $x_1=1$, $y_1=2$이라 하고 x_2와 y_2를 각각 x_1과 y_1의 산술평균과 조화평균이라 하자. 계속하여 x_3와 y_3를 각각 x_2과 y_2의 산술평균과 조화평균이라 하자. 일반적으로 x_{n+1}와 y_{n+1}을 각각 x_n과 y_n의 산술평균과 조화평균이라 하자. 따라서

$$x_2=\frac{x_1+y_1}{2}=\frac{1+2}{2}=\frac{3}{2}$$
$$y_2=\frac{2x_1y_1}{x_1+y_1}=\frac{2\times1\times2}{1+2}=\frac{4}{3}$$

이다. 이렇게 x_1, y_1, x_2, y_2, x_3, y_3, $\cdots$를 정의할 때 $x_{100}=a$라면 y_{100}은 무엇인가?

어떤 학생은 이 문제에 포함되어 있는 산술평균, 조화평균의 용어 때문에 자세히 문제를 읽지도 않고 포기할지도 모른다. 그런 용어에 얽매이지 말고 어떤 일이 일어나는지 면밀히 살펴보자. 위에서 x_1y_1, x_2y_2, x_3y_3의 값을 구해보자.

$$x_1y_1=1\times2=2$$
$$x_2y_2=\frac{3}{2}\times\frac{4}{3}=2$$
$$x_3y_3=\frac{x_2+y_2}{2}\times\frac{2x_2y_2}{x_2+y_2}=x_2y_2=2$$

모두 2임을 알 수 있다. 실제로

$$
\begin{aligned}
x_n y_n &= \frac{x_{n-1}+y_{n-1}}{2} \times \frac{2x_{n-1}y_{n-1}}{x_{n-1}+y_{n-1}} \\
&= x_{n-1}y_{n-1} = x_{n-2}y_{n-2} = \cdots = x_2 y_2 \\
&= x_1 y_1 = 2
\end{aligned}
$$

이다. 따라서 $x_{100}y_{100} = 2$이며 $x_{100} = a$이므로 $y_{100} = \frac{2}{a}$이다.

위 문제는 '모든 $x_n y_n = 2$'라는 사실만 찾아내면 다른 종류의 문제보다도 훨씬 쉽게 해결할 수 있다. $x_n y_n = 2$와 같이 순서나 과정이 바뀌어도 변하지 않는 양이나 성질을 찾아내는 것이 문제해결에서는 커다란 도움이 된다. 물론 주어진 상황에서 무엇이 변하지 않는 양이나 성질인지 찾아내는 것은 그리 쉬운 일이 아니다. 그런 만큼 그런 불변량이나 불변하는 성질을 찾아내어 문제를 해결했을 때의 기쁨은 다른 종류의 문제를 해결했을 때보다 훨씬 더 클 것이다.

기본예제 16.1 그림 16.1처럼 원을 6등분하여 생긴 부채꼴에 시계방향으로 1, 0, 1, 0, 0, 0을 써 넣었다.

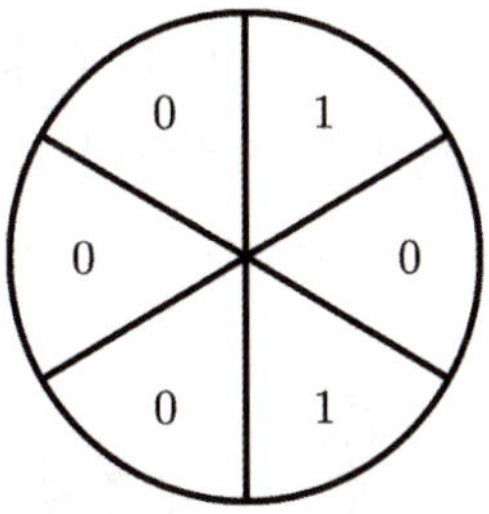

그림 16.1

서로 이웃하는 두 부채꼴을 선택하여 그 부채꼴 안에 있는 숫자에 1만큼 더한다. 이런 과정을 반복하여 모든 부채꼴 안의 숫자를 같게 만들 수 있는가?

풀이 그림 16.2처럼 부채꼴에 차례로 번호를 매겨 보자.

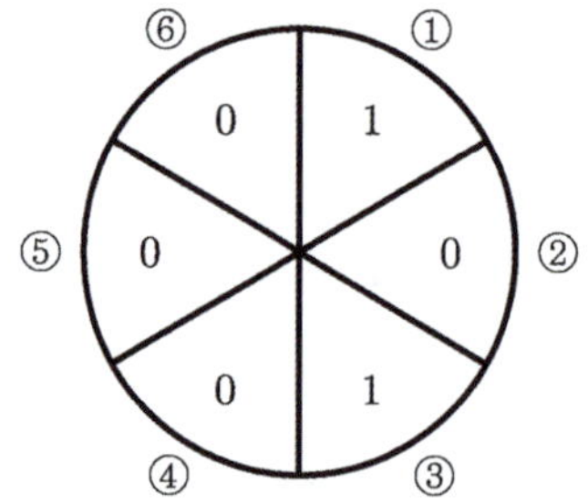

그림 16.2

I = (①, ③, ⑤ 안에 있는 수의 합) − (②, ④, ⑥ 안에 있는 수의 합)라고 하자. 예를 들어 위의 그림에서 I = (1 + 1 + 0) − (0 + 0 + 0) = 2이다. 이제 이웃하는 두 부채꼴의 숫자에 1을 더해도 I에서는 하나를 더하고 하나를 빼게 되어 I는 변하지 않는다. 따라서 위의 과정을 반복해도 I는 처음 주어진 값 I = 2이다. 만약 모든 부채꼴 안의 숫자가 같다면 I = 0이 되어 I = 2에 모순이다. 따라서 위의 과정을 반복하더라도 모든 부채꼴 안의 숫자를 같게 만들 수는 없다. ■

기본예제 16.2 10m 간격으로 길을 따라 일렬로 서 있는 6그루의 가로수가 있고, 각 나무에 한 마리씩 6마리의 참새가 앉아 있다. 어떤 참새 한 마리가 앉아 있는 나무에서 다른 나무로 날아가면 동시에 다른 참새가 그 거리만큼 반대 방향으로 다른 나무로 날아간다. 이런 방법으로 참새가 날아다닐 때 6마리의 참새가 모두 한 나무에 앉을 수 있는가?

그림 16.3

풀이 그림 16.4처럼 첫째 나무부터 차례로 번호를 매겨 보자.

그림 16.4

참새가 앉아 있는 나무의 번호의 합을 I라고 하자. 예를 들어 위의 그림에서 $I = 1+2+3+4+5+6=21$이다. 이제 어떤 참새 A가 나무1에서 나무4로 날아가고 다른 참새 B가 나무6에서 나무3으로 날아갔다고 하자. 그러면 I는 A에 의하여 3만큼 증가하나 B에 의하여 3만큼 감소하므로 I는 변하지 않는다. 즉, 참새들이 주어진 방법으로 아무리 날아다녀도 I는 처음의 값 $I=21$이다. 이제 모든 참새가 한 나무에 앉았다고 하자. 그러면 I는 6의 배수이어야 하나 21은 6의 배수가 아니므로 모순이다. 따라서 주어진 방법으로 참새가 날아다닐 때 여섯 마리의 참새가 모두 한 나무에 앉을 수는 없다. ■

16 연습문제

문제 16.1 ▌ 그림 16.5는 모든 가로줄과 세로줄의 합이 1이 되도록 만든 것이다.

0	0	1	0	0	0
0	0	0	0	0	1
1	0	0	0	0	0
0	0	0	1	0	0
0	1	0	0	0	0
0	0	0	0	1	0

그림 16.5

그림 16.6과 같이 가로와 세로가 각각 7칸과 8칸으로 이루어진 도형에서 위와 같이 작은 정사각형 안에 적당한 수를 넣어 모든 가로줄과 세로줄의 합이 1이 되도록 만들 수 있는가?

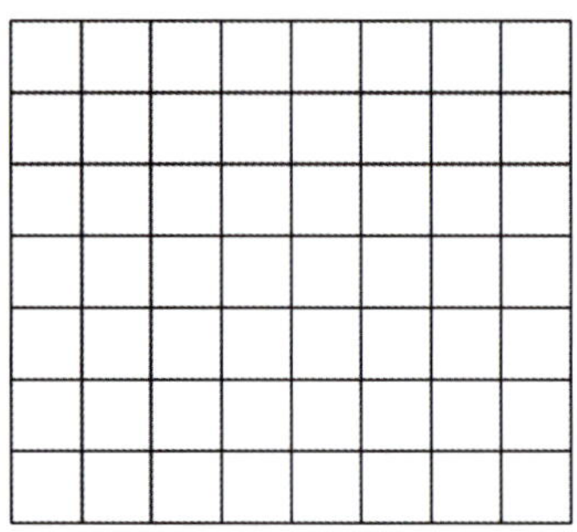

그림 16.6

문제 16.2 ▌ 어떤 용은 100개의 머리를 갖고 있다. 한 무사는 한 칼에 15개 또는 17개 또는 5개의 용의 머리를 벨 수 있으며 15개를 베면 24개, 17개를 베면 2개, 5개를 베면 17개의 새로운 용의 머리가 생긴다고 한다. 머리가 하나도 남지 않았을 때 용이 죽는다고 하면 이 용은 무사의 칼에 살아남을 수 있을까?

그림 16.7

문제 16.3 자연수 358967이 주어지면 각 자리수의 합 $3+5+8+9+6+7=38$을 쓰고 원래의 수 358967은 지운다. 이와 같은 방법을 계속하여 한 자리 수가 남을 때까지 계속한다. 즉, 38의 각 자리수의 합 $3+8=11$을 쓰고 38은 지우고, 다시 11의 각 자리수의 합 $1+1=2$을 쓰고 11은 지운다. 2는 한 자리 수이므로 멈춘다. 8^{11}에 위의 과정을 반복하면 마지막에 남는 한 자리 수는 무엇일까?

문제 16.4 그림 16.8과 같이 정육면체의 각 꼭짓점 위에 일곱 개의 0과 한 개의 1이 임의로 쓰여 있다.

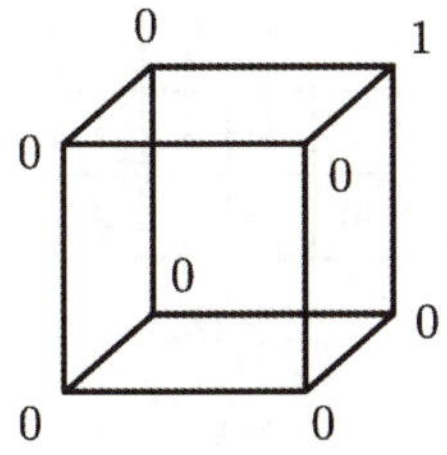

그림 16.8

이제 정육면체의 한 변을 선택하여 그 변의 양 꼭짓점 위의 수에 1씩 더한다. 이런 과정을 반복하여 꼭짓점 위의 수를 모두 같게 만들 수 있을까?

문제 16.5 ▌ 그림 16.9처럼 원을 6등분하여 생긴 부채꼴에 공이 하나씩 있다.

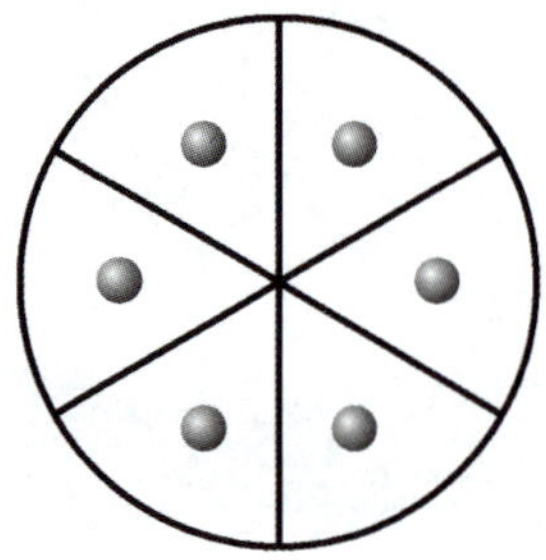

그림 16.9

공이 있는 임의의 두 부채꼴을 선택하여 그 부채꼴 안의 공을 그 부채꼴과 인접한 부채꼴에 넣는 과정을 반복하여 모든 공을 한 부채꼴에 넣을 수 있는가?

문제 16.6 ▌ 가로와 세로가 각각 4칸의 작은 정사각형으로 되어 있는 판에서 작은 정사각형 안에 그림 16.10과 같이 1과 -1이 쓰여 있다. 가로나 세로의 한 줄을 선택하여 1은 -1로, -1은 1로 바꾸어 적는다. 이런 일을 반복하여 모든 정사각형의 안의 숫자를 1로 만들 수 있는가?

1	1	1	1
1	1	1	1
1	1	1	1
1	-1	1	1

그림 16.10

문제 16.7 ▌ 칠판에 숫자 100이 쓰여 있다. 이제 A부터 시작하여 A와 B가 번갈아 칠판에 쓰여 있는 수에서 그 수의 약수 중에 하나를 뺀 수를 칠판에 적고 원래 수는 지운다. 예를 들어 A는 100의 약수 중 5를 선택했다면 칠판에 $100-5=95$를 적고 100은 지운다. 이런 과정을 반복할 때 칠판에 0을 적게 되는 사람이 이 게임에서 패배한다. A와 B가 최선의 전략으로 게임을 한다면 이 게임에서 승자는 누구인가?

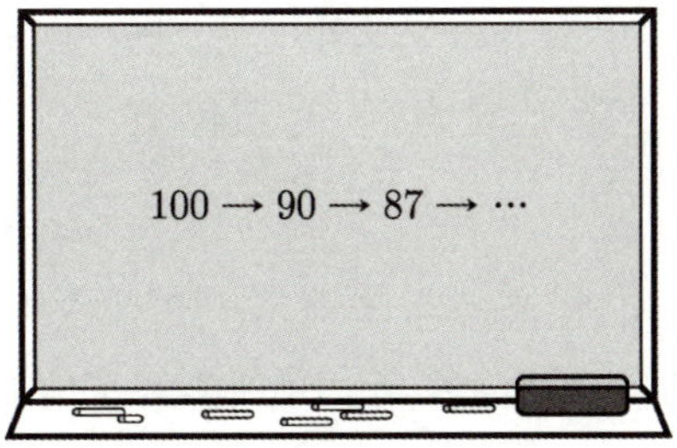

그림 16.11

문제 16.8 원을 12등분한 점 위에 하나는 -1, 나머지는 모두 1을 썼다.

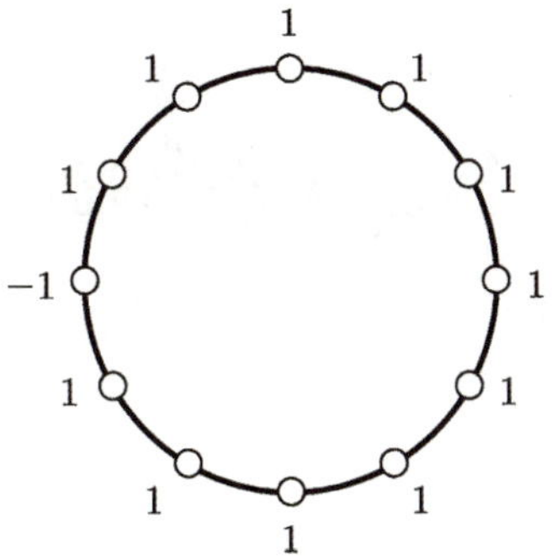

그림 16.12

임의의 연속된 3개의 점을 선택하여 그 점에 써진 수의 부호를 바꾼다. 이런 과정을 반복하여 점 위의 수 -1을 시계방향의 바로 옆의 점으로 옮길 수 있을까? 또 임의의 연속된 6개의 점을 선택하여 위 과정과 똑같이 행한다면 어떠한가?

문제 16.9 그림 16.13처럼 7×7 체스보드에 바둑돌이 하나 놓여 있다. 한 번에 오른쪽으로 한 칸 또는 위쪽으로 한 칸 또는 아래 왼쪽 대각선으로 한 칸 바둑돌을 움직일 수 있다.

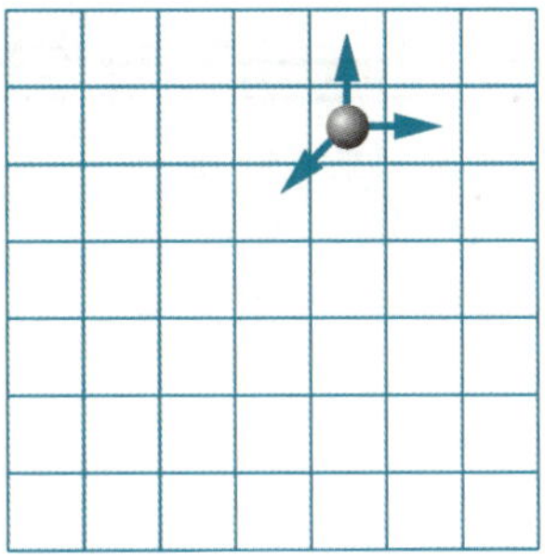

그림 16.13

이런 방법을 계속하여 바둑돌이 위 체스보드의 모든 칸을 한 번씩만 지나서 마지막에 원래 놓인 바둑돌 위치의 바로 오른쪽 칸에 놓일 수 있을까?

문제 16.10 ▌ 어떤 섬에는 회색, 초록색, 붉은색 카멜레온이 각각 13, 15, 17마리 살고 있다. 색깔이 다른 두 카멜레온이 만나면 두 카멜레온은 모두 원래 자기 색깔이 아닌 제 삼의 색깔로 변한다고 한다. 예를 들어 회색과 초록색의 카멜레온이 만나면 두 카멜레온은 모두 붉은 색이 된다. 세월이 지난 후 언젠가 이 섬에 살고 있는 모든 카멜레온이 한 색깔이 될 수 있을까?

그림 16.14

문제 16.11 ▌ 칠판에 한 줄로 1, 2, 3, 4, 5, 6이 쓰여 있다. 여기서 이웃하는 임의의 두 수를 선택하여 자리를 서로 바꾼다. 이런 과정을 11번 반복하여 칠판에 써진 수를 원래대로 만들 수 있는가?

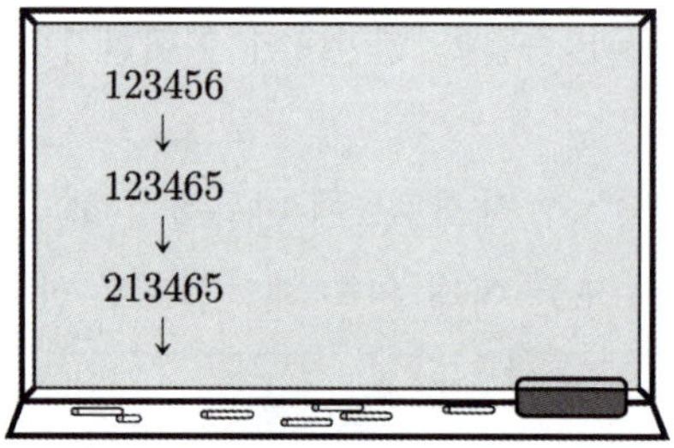

그림 16.15

문제 16.12 ▮ 바둑돌 7, 10, 14개로 된 세 무더기가 있다. A부터 시작하여 A와 B가 번갈아 한 무더기에서만 원하는 만큼의 바둑돌을 가져갈 수 있으며 마지막 바둑돌을 가져가는 사람이 승리한다. A와 B가 최선의 전략으로 게임을 한다면 이 게임에서 승자는 누구인가?

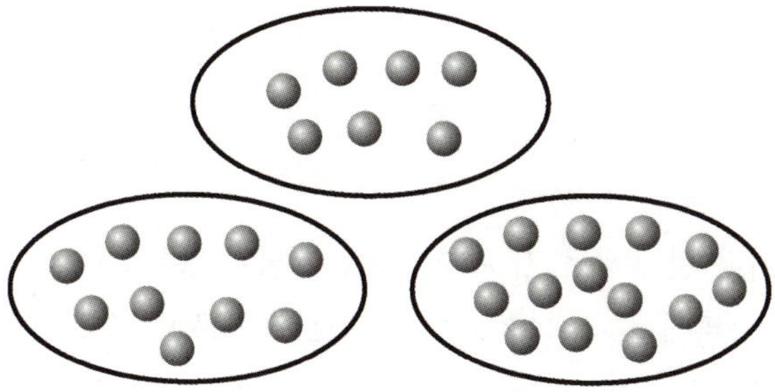

그림 16.16

17 그래프 이용*

그래프는 수학의 여러 분야에서 자주 이용됨은 물론 컴퓨터공학, 화학, 심리학, 사회학, 생태학, 유전학 등의 학문에서도 널리 쓰이는 중요한 항목이다. 특히 반도체, 네트워크, 비행항로 등과 같이 컴퓨터과학과 관련된 분야에서는 여러 가지 복잡한 문제들을 그래프로 나타내고 그래프의 성질을 이용하여 해결하는 경우가 많다. 또 요즈음에는 도시계획이나 교통문제 등과 같은 현대생활의 중요한 문제에서도 그래프가 자주 쓰이고 있다. 무엇보다도 집합 안의 두 원소 사이의 관계를 나타낼 때는 그래프로 나타내면 편리하다. 여기서는 그래프의 간단한 성질을 이용하여 쉽게 해결할 수 있는 문제를 살펴보자.

기본예제 17.1 길이가 각각 8cm인 다섯 조각의 철사를 구부리거나 이어서 그림 17.1과 같은 모양을 만들 수 있는가? (단, 한 칸의 간격은 1cm이다.)

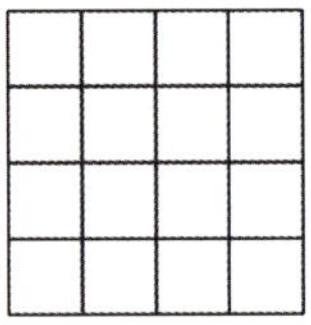

그림 17.1

풀이 주어진 다섯 조각의 철사와 그림 17.1을 그림 17.2처럼 그래프로 생각하자.

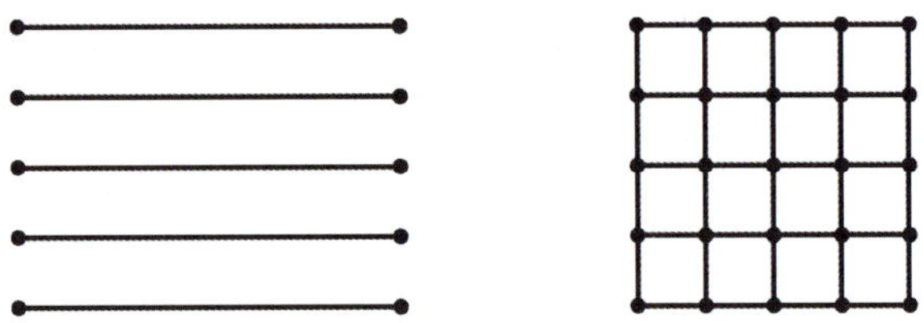

그림 17.2

* 부록 그래프 참조.

차수가 홀수인 꼭짓점을 홀수점, 차수가 짝수인 꼭짓점을 짝수점이라고 하자. 철사 한 조각에는 홀수점이 양 끝점 둘뿐이므로 다섯 조각의 철사에는 10개의 홀수점이 있다. 철사를 구부리거나 이어서 만들 때 홀수점의 개수는 원래보다 작아지거나 같으므로 다섯 조각의 철사로 만들어진 그래프에는 많아야 10개의 홀수점이 있다. 그러나 그림 17.1의 그래프에는 12개의 홀수점이 있으므로 다섯 조각의 철사를 구부리거나 이어서 주어진 모양을 만들 수는 없다. ■

기본예제 17.2 어느 바둑 시합에 7명 A, B, C, D, E, F, G가 참가하였다.

그림 17.3

(1) 각 참가자가 다른 사람과 정확히 네 판의 바둑을 둘 수 있도록 대진표를 작성하여라.

(2) 각 참가자가 다른 사람과 정확히 세 판의 바둑을 둘 수 있도록 대진표를 작성할 수 있는가?

풀이 시합에 참가한 사람을 꼭짓점으로 하고 두 사람이 경기를 하면 두 사람이 해당하는 두 꼭짓점 사이에 변이 있는 그래프를 생각하자.

(1) 이 조건에 맞는 그래프는 각 꼭짓점의 차수가 4이며 그림 17.4는 그런 그래프 중에 하나이다.

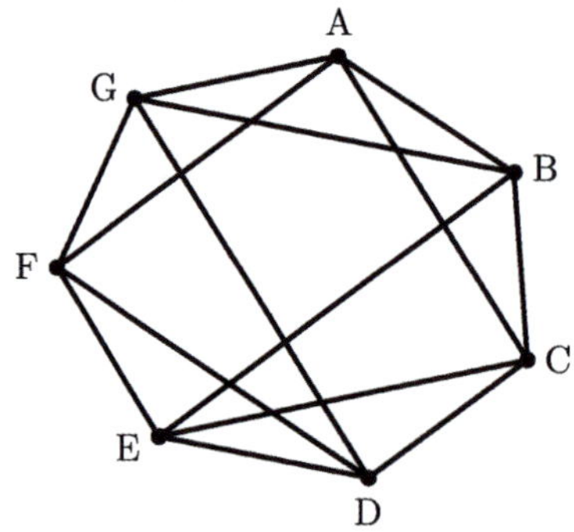

그림 17.4

위의 그래프를 이용하여 대진표를 작성하면 다음과 같다.

A와 대국할 사람	B, C, F, G	E와 대국할 사람	B, C, D, F
B와 대국할 사람	A, C, E, G	F와 대국할 사람	A, D, E, G
C와 대국할 사람	A, B, D, E	G와 대국할 사람	A, B, D, F
D와 대국할 사람	C, E, F, G		

(2) 각 참가자가 다른 사람과 정확히 세 판의 바둑을 둘 수 있도록 대진표를 작성하였다고 하자. 시합에 참가한 사람을 꼭짓점으로 하고 두 사람이 경기를 하면 두 꼭짓점 사이에 변이 있는 그래프는 각 꼭짓점의 차수가 3이다.

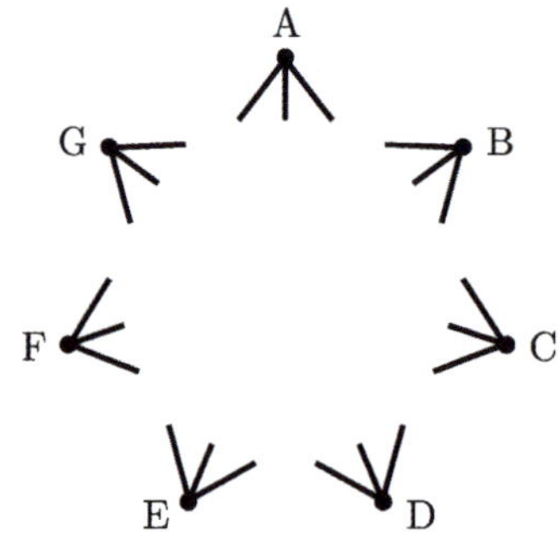

그림 17.5

그런 그래프의 모든 꼭짓점의 차수의 합은 21로 홀수이나 모든 꼭짓점의 차수의 합은 변의 수의 두 배이므로 홀수가 될 수 없다. 따라서 각 참가자가 다른 사람과 정확히 세 판의 바둑을 두도록 하는 대진표는 작성할 수 없다. ■

기본예제 17.3 어떤 나라의 수도 A에는 다른 도시로 연결되는 21개의 도로가 있고, 도시 B에는 다른 도시로 연결되는 도로가 오직 하나 있다. 또 A와 B를 제외한 다른 모든 도시는 각각 20개의 도로가 다른 도시와 연결되어 있다. 이 나라의 도로를 이용하여 수도 A에서 도시 B로 여행할 수 있는가?

그림 17.6

풀이 이 나라의 각 도시를 꼭짓점으로 나타내고 두 도시 사이에 도로가 있으면 해당되는 두 꼭짓점 사이에 변이 있는 그래프 G를 생각해보자.
만약 수도 A에서 도시 B로 여행할 수 없다고 하자. 그러면 그래프 G는 A에서 여행이 가능한 꼭짓점으로 이루어진 그래프 G_1과 여행이 불가능한 꼭짓점으로 이루어진 그래프 G_2로 분리된다.

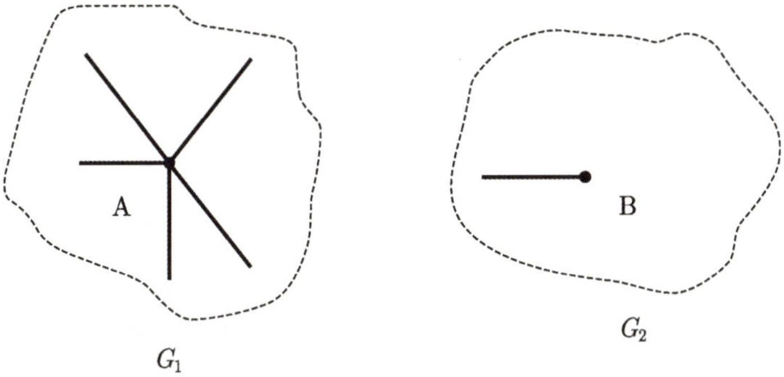

그림 17.7

그래프 G_1에서 꼭짓점 A의 차수는 21이고 다른 모든 꼭짓점의 차수는 모두 20이므로 G_1의 모든 꼭짓점의 차수의 합은 홀수가 되어 모순이다. 따라서 주어진 도로를 이용하여 수도 A에서 도시 B로 여행할 수 있다. ■

기본예제 17.4 어느 대학은 여름 계절 학기에 A, B, C, D, E, F, G, H의 8과목을 개설하고 있다. 다음 표는 과목 X와 과목 Y를 모두 수강하는 학생이 있으면 과목 X와 과목 Y가 만나는 칸에 ○표로 표시한 것이다.

	A	B	C	D	E	F	G	H
A		○		○	○	○		○
B	○				○	○		
C						○	○	○
D	○							○
E	○	○				○		
F	○	○	○		○		○	
G			○			○		
H	○		○	○				

그림 17.8

계절 학기를 수강하는 모든 학생이 중복되지 않게 각 과목마다 한 시간 동안 시험을 보게 하려면 최소 몇 시간이 필요한가?

풀이 각 과목을 꼭짓점으로 나타내고 과목 X와 Y를 모두 수강하는 학생이 있으면 꼭짓점 X와 Y 사이에 변이 있는 그래프를 그리면 그림 17.9 (a)와 같다. 여기서 인접한 두 꼭짓점의 과목은 같은 시간에 시험 시간을 배정할 수 없으므로 인접한 두 꼭짓점은 번호가 서로 다르게 1부터 번호를 매기면 그림 17.9 (b)와 같다.

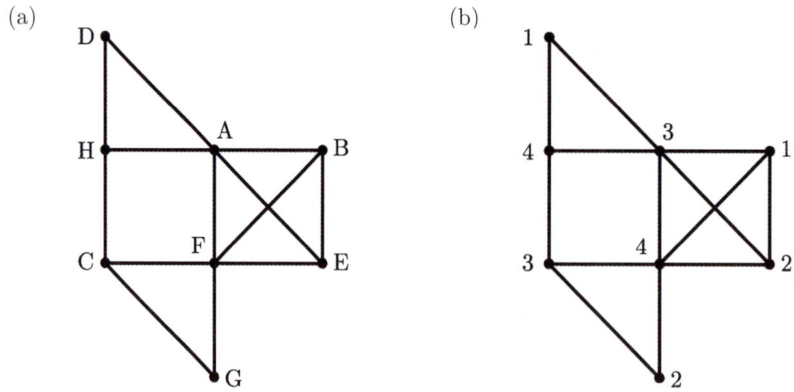

그림 17.9

따라서 주어진 조건에 맞게 시험을 보려면 다음 표처럼 최소 4시간이 필요하다.

시간	과목
첫째 시간	B, D
둘째 시간	E, G
셋째 시간	A, C
넷째 시간	F, H

■

17 연습문제

문제 17.1 ▌ 120cm의 철사로 한 변이 10cm인 정육면체를 만들려고 한다. 철사를 자르지 않고 구부려서 그림 17.10과 같은 정육면체를 만들 수 있는가? 만들 수 없다면 최소 몇 번을 잘라야 정육면체를 만들 수 있는가?

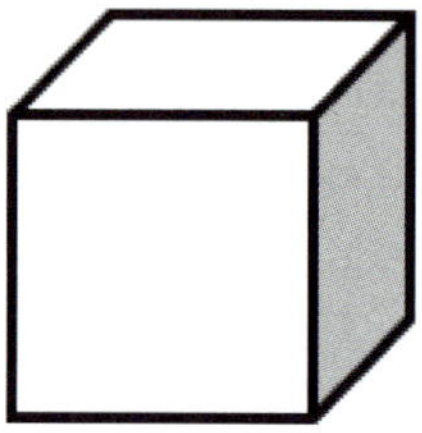

그림 17.10

문제 17.2 ▌ 그림 17.11은 평면에 각 직선이 오직 다른 세 직선과만 만나도록 6개의 직선을 그린 것이다. 이처럼 평면에 각 직선이 오직 다른 세 직선과만 만나도록 9개의 직선을 그릴 수 있는가?

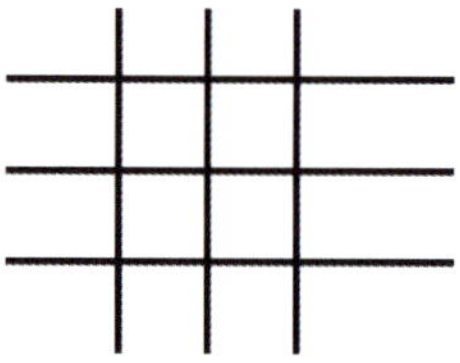

그림 17.11

문제 17.3 ▌ 어떤 나라에는 각 도시마다 다른 도시로 연결되는 100개의 도로가 있고 어느 도시에서도 다른 모든 도시로 여행이 가능하도록 도로가 설계되어 있다. 이런 도로 중에서 어떤 한 도로가 보수 관계로 폐쇄되었다면 여전히 어느 도시에서도 다른 모든 도시로 여행이 가능한가?

그림 17.12

문제 17.4 ▮ 다음 표는 충분한 인력과 장비가 갖추어져 있을 때 어떤 집을 짓기 위한 작업과 그 작업을 끝마치기 위해 필요한 작업 일수와 작업의 순서 관계를 나타낸 것이다.

기호	작업	작업 일수	먼저 해야 할 작업
A	집의 설계	3	없음
B	기초 및 골조공사	17	A
C	배관 공사	5	B
D	전기, 전화 공사	3	B
E	냉난방 공사	7	D
F	미장 공사	9	C, E
G	외부 공사	15	B
H	내부 공사	7	F
I	조경 공사	4	G

(1) 집짓기를 끝마치려면 적어도 몇 일이 필요한가?

(2) 작업이 하루 늦어져도 전체 작업일수에는 지장을 주지 않는 작업은 무엇인가?

문제 17.5 ▮ 어느 대학 수학과에는 10명의 교수 A, B, C, D, E, F, G, H, I, J가 재직하고 있고 교수들은 다음과 같이 8개의 위원회에 소속되어 있다.

위원회	교수	위원회	교수
인사위원회	A, B, C, D	교양교육위원회	D, E
도서관위원회	A, E, F, G	교과과정위원회	C, A
홍보위원회	G, H, I, J	출판위원회	I, G
복지위원회	H, B, F	대학원위원회	J, C

수학과의 모든 교수가 소속된 위원회에 참석하여 한 시간 동안 회의할 수 있도록 시간을 배정하려면 최소 몇 시간이 필요한가?

문제 17.6 ▌ 그림 17.13은 어떤 지역의 라디오 방송국 A, B, C, D, E, F의 위치를 나타낸 것이다. 방송국 사이의 거리가 40km 미만인 방송국이 같은 주파수를 이용하면 서로 전파 간섭을 일으켜 제대로 방송을 할 수 없다고 한다. 이 지역의 모든 방송국이 전파 간섭 없이 방송을 하려면 적어도 몇 개의 주파수가 필요한가? (단, 그림에서 한 칸의 거리는 10 km이다.)

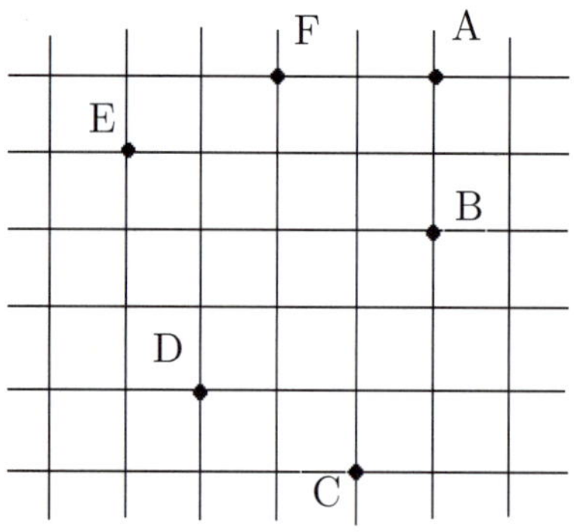

그림 17.13

18 귀납법

1부터 크기순으로 각각 1개, 2개, 3개, 4개, 5개의 홀수의 합을 구해보자.

$$1 = 1^2$$
$$1+3 = 4 = 2^2$$
$$1+3+5 = 9 = 3^2$$
$$1+3+5+7 = 16 = 4^2$$
$$1+3+5+7+9 = 25 = 5^2$$

위 사실로부터 1부터 차례로 n개의 홀수를 합하면

$$1+3+5+\cdots+(2n-1) = n^2$$

임을 추측할 수 있다. 이처럼 구체적 사실로부터 보편적 사실을 추론해내는 방식을 **귀납법**이라고 한다. 귀납법으로 얻어진 추론에는 항상 그것이 참이 아닐 수도 있는 위험성을 내포하고 있다. 예를 들어 위의 예에서 $n = 1, 2, 3, 4, 5$일 때는 직접 계산하여 참임을 알았지만 모든 자연수를 살펴본 것은 아니기에 점검하지 않은 어떤 큰 자연수에 대해서는 거짓이 될 수도 있다. 따라서 귀납법으로 얻어진 추론을 이용하려면 그전에 그것이 참임을 보이는 증명이 필요하다.

똑바로 서있는 도미노가 맨 앞부터 1, 2, 3, …으로 번호가 매겨져 있다.

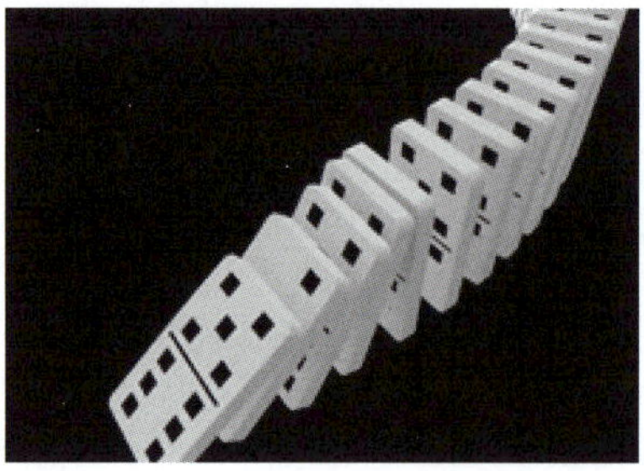

그림 18.1

모든 도미노를 쓰러뜨리기 위하여 다음과 같은 행위로 충분한지 생각해보자.

① 1번 도미노를 쓰러뜨린다.
② 바로 앞의 도미노가 쓰러지면 그다음 도미노도 쓰러지게 한다.

모든 도미노를 쓰러뜨리기 위해 위처럼 취한 방법을 수학적귀납법(induction)이라고 한다.

n을 자연수라고 하자. '$n(n+2)$은 짝수이다'와 같이 n에 따라 참일 수도 있고 거짓일 수도 있는 말을 $p(n)$이라고 하자. 자연수의 성질을 이용하면 $p(n)$이 항상 참임을 밝히기 위해서는 위의 도미노처럼 다음 사실만 보이면 충분하다.

수학적귀납법

① $p(1)$이 참임을 보인다.
② $p(n)$이 참임을 가정하고 $p(n+1)$이 참임을 보인다.

수학적귀납법을 이용하면 효과적으로 해결할 수 있는 문제들을 살펴보자.

기본예제 18.1 수학적귀납법을 이용하여 다음 등식이 참임을 보여라.

$$1+3+5+\cdots+(2n-1)=n^2$$

풀이 (i) $n=1$일 때에는 좌변=우변=1로 등식이 성립한다.

(ii) 이제 $n>1$이라 하고 등식이 성립한다고 하자. 즉,

$$1+3+5+\cdots+(2n-1)=n^2$$

(iii) $n+1$일 때 등식이 성립하는지 살펴보면

$$\begin{aligned}좌변&=1+3+5+\cdots+(2n-1)+(2n+1)=[1+3+5+\cdots+(2n-1)]+(2n+1)\\&=n^2+(2n+1)=n^2+2n+1=(n+1)^2=우변\end{aligned}$$

이 되어 등식이 성립한다.

따라서 수학적귀납법에 의하여 위의 등식은 모든 자연수 n에 대하여 성립한다. ■

기본예제 18.2 가로와 세로가 각각 128개의 작은 정사각형으로 이루어진 도형에서 한 작은 정사각형을 제거하면 남은 도형은 그림 18.2와 같은 L-자 도형으로 분해됨을 보여라.

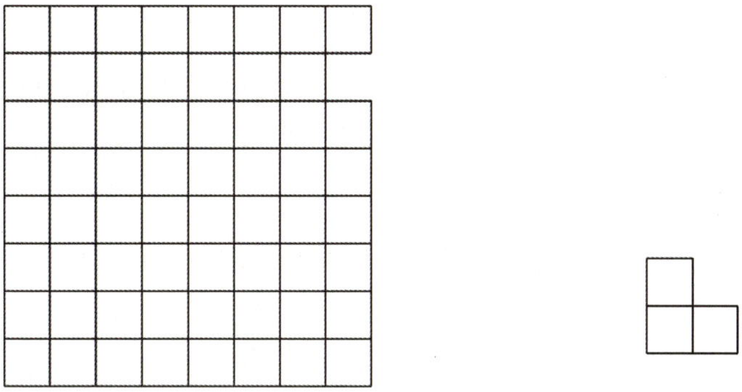

$2^3\times 2^3-1$ 도형　　　L-자 도형

그림 18.2

풀이 『n이 자연수일 때 $2^n\times 2^n$의 작은 정사각형으로 이루어진 도형에서 한 칸을 제거한 도형은 L-자 도형으로 분해된다.』를 수학적귀납법으로 증명한다. 주어진 문제는 $n=7$일 때이다.

(i) ① $n=1$일 때는 주어진 도형이 L-자 도형이므로 분명하게 성립한다.

② $n=2$일 때는 그림 18.3처럼 L-자 도형으로 분해된다. (일반적으로 수학적귀납법의 증명에서 $n=2$일 때 주어진 명제가 참임을 보일 필요는 없지만 아이디어를 얻기 위하여 $n=2$일 때도 참임을 보였음)

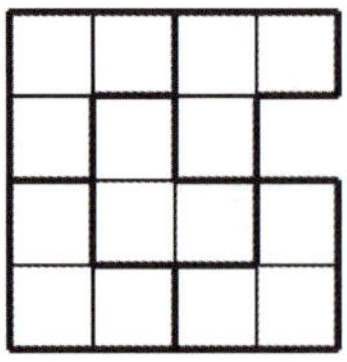

그림 18.3

(ii) 이제 $n>1$이라 하고 $2^n \times 2^n$의 도형에서 한 칸을 제거한 도형이 L-자 도형으로 분해된다고 하자.

(iii) $n+1$일 때 $2^{n+1} \times 2^{n+1}$의 도형에서 한 칸을 제거한 도형을 X라 하자. X를 가로의 중간점에서 x-축과 수직하게 자르고 세로의 중간점에서 x-축과 평행하게 자르면 X는 세 개의 $2^n \times 2^n$의 도형 P, Q, R과 한 개의 $2^n \times 2^n$의 도형에서 한 칸을 제거한 도형 S로 분리된다.

다음 그림처럼 L-자 도형으로 P, Q, R의 한 칸씩을 포함하게 하면 S를 포함한 나머지는 모두 $2^n \times 2^n$의 도형에서 한 칸을 제거한 도형이 되고 이는 가정에 의하여 모두 L-자 도형으로 분해된다.

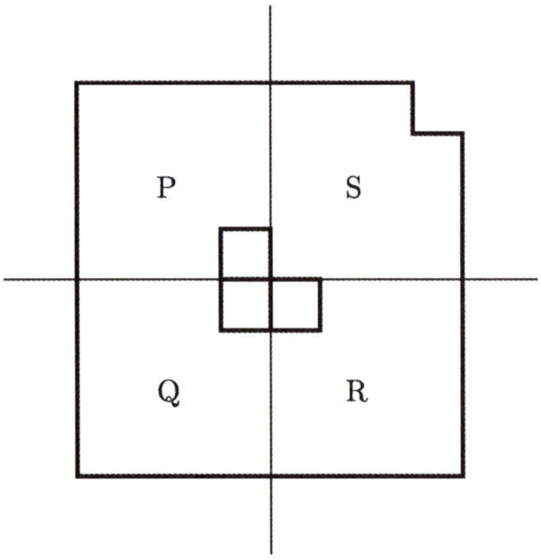

X

그림 18.4

따라서 수학적귀납법에 의하여 모든 자연수 n에 대하여 $2^n \times 2^n$의 도형에서 한 칸을 제거한 도형은 L-자 도형으로 분해된다. ■

18 연습문제

문제 18.1 수학적귀납법을 이용하여 다음 등식이 참임을 보여라.

$$1^2+2^2+3^2+\cdots+n^2=\frac{n(n+1)(2n+1)}{6}$$

문제 18.2 $111\cdots1$(1이 27개 있음)은 27의 배수임을 보여라.

문제 18.3 정확히 세 내각만 예각인 볼록 n각형이 있음을 보여라. (단, $n\geq4$)

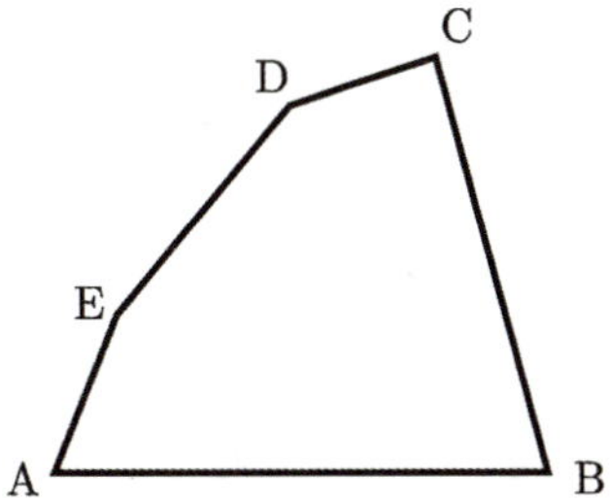

그림 18.5

문제 18.4 평면이 n개의 직선에 의하여 몇 개의 영역으로 나뉘어져 있다. 2개의 색을 이용하면 이런 영역을 인접한 것은 다른 색이 되도록 색칠할 수 있음을 보여라.

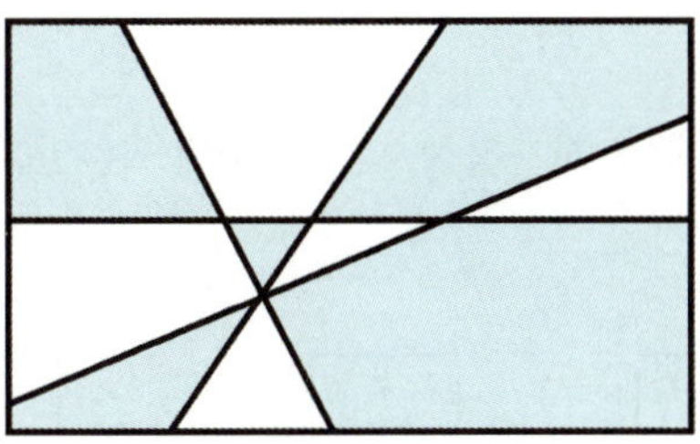

그림 18.6

문제 18.5 n을 자연수라고 할 때 $p(n)$을 n에 관한 명제라고 하자. 다음 성질을 만족하면 $p(n)$은 모든 자연수에 대하여 참임을 확인하여라.

제 2 수학적귀납법

① $p(1)$이 참임을 보인다.

② n보다 작은 자연수 k에 대하여 $p(k)$가 참임을 가정하고 $p(n)$이 참임을 보인다.

제 2 수학적귀납법을 이용하여 $n \geq 2$인 모든 자연수 n은 소인수분해됨을 보여라.

문제 18.6 3원짜리 동전과 5원짜리 동전이 무수히 많다고 하자. 이 동전으로 모든 n원을 지불할 수 있음을 보여라. (단, $n \geq 8$)

그림 18.7

문제 18.7 종이를 한 번에 4조각 또는 6조각으로 찢을 수 있다고 하자. 이 과정을 여러 번 반복하면 n조각으로 찢을 수 있음을 보여라. (단, $n \geq 9$)

문제 18.8 정사각형은 n개의 정사각형으로 분해될 수 있음을 보여라. (단, $n \geq 6$)

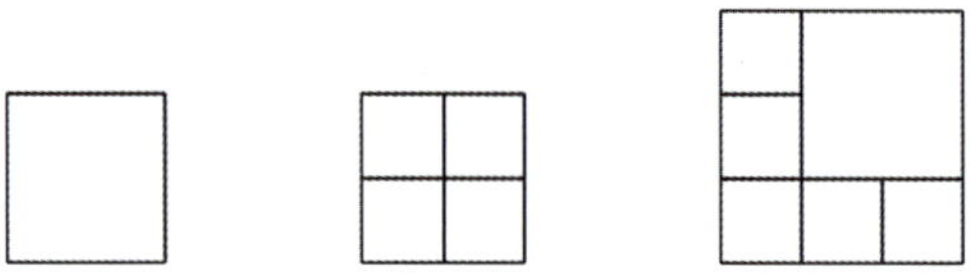

그림 18.8

문제 18.9 ▌ 정삼각형은 n개의 정삼각형으로 분해될 수 있음을 보여라. (단, $n \geq 6$)

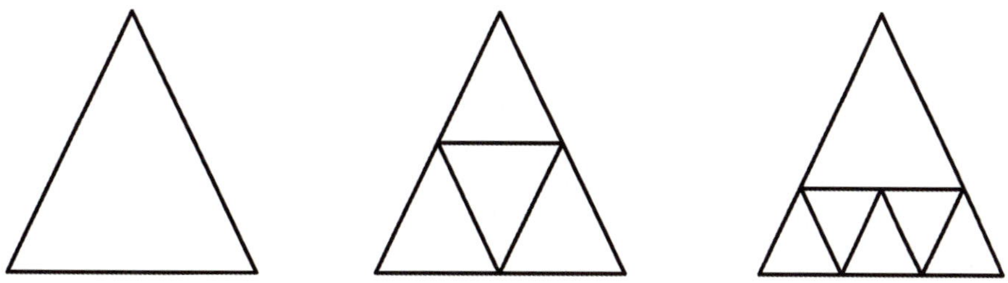

그림 18.9

문제 18.10 ▌ 몇 개의 정사각형이 주어져 있다. 이 정사각형들을 적당히 오려서 붙이면 하나의 정사각형을 만들 수 있음을 보여라.

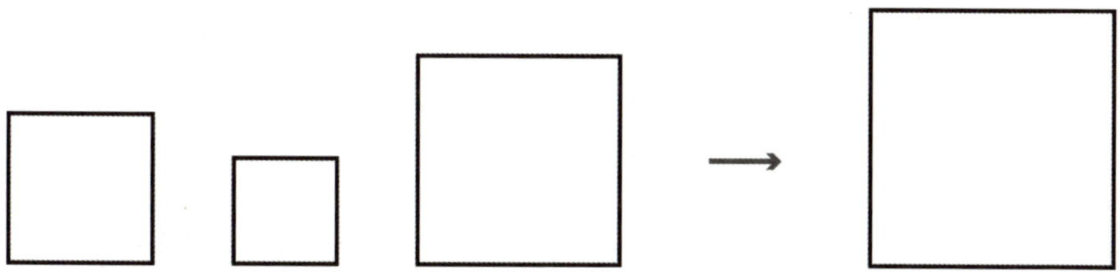

그림 18.10

문제 18.11 ▌ 수미의 부모님은 주말에 n쌍의 부부를 집으로 초대하였다. 수미의 부모님을 포함한 $(2n+2)$명은 자기 배우자를 제외한 사람들과 악수를 하였는데 수미의 어머님이 다른 $(2n+1)$사람에게 각각 악수한 횟수를 물어 보니 그 대답이 모두 달랐다고 한다. 수미 어머님은 n번 악수했음을 보여라.

19 앞의 사실 이용하기

고등학교에서 배운 수열(數列)은 뜻 그대로 수를 일렬로 늘어놓은 것이다. 이를테면

$$1,\ 2,\ 3,\ 4,\ 5,\ 6, \cdots$$
$$1,\ 2,\ 4,\ 5,\ 8,\ 16, \cdots$$
$$2,\ 3,\ 5,\ 7,\ 11,\ 13, \cdots$$
$$\frac{1}{2}, \frac{1}{4}, \frac{1}{6}, \frac{1}{8}, \frac{1}{10}, \frac{1}{12}, \cdots$$
$$3,\ 1,\ 4,\ 1,\ 5,\ 9, \cdots$$

이 모두 수열이다. 여기서 n번째항 a_n을 알면 n에 원하는 자연수를 대입하여 수열의 모든 항을 구할 수 있기에 수열에서 a_n을 구하는 것은 매우 중요하다. 다음과 같은 수열을 생각해보자.

$$a_1 = 1$$
$$a_2 = 1 + 3 = a_1 + 3$$
$$a_3 = 1 + 3 + 5 = a_2 + 5$$
$$a_4 = 1 + 3 + 5 + 7 = a_3 + 7$$
$$a_5 = 1 + 3 + 5 + 7 + 9 = a_4 + 9$$
$$\vdots$$

위에서 알 수 있듯이 a_n은 바로 앞 항 a_{n-1}과 n번째 홀수인 $(2n-1)$과의 합이다. 즉,

$$a_n = a_{n-1} + 2n - 1 \quad (n \geq 2) \qquad (*)$$

이다.

(∗)와 같이 a_n을 앞선 항 a_{n-1}, a_{n-2}, $\cdots$으로 나타낸 식을 **점화식**이라 한다. 처음 몇 항이 주어지면 점화식을 이용하여 수열의 모든 항을 구할 수 있다. (∗)에서 $a_1 = 1$처럼 점화식에서 모든 항을 계산하는 데 꼭 필요한 처음 몇 항을 이 점화식의 **초기조건**이라고 한다. 같은 점화식이라 하더라도 초기조건에 따라 수열이 달라지므로 점화식과 더불어 초기조건도 반드시 기술해야 한다. 이제 점화식을 이용하면 효과적으로 해결할 수 있는 문제들을 살펴보자.

기본예제 19.1 그림 19.1처럼 2×10 모양의 벽면을 2×1 또는 1×2 모양의 타일로 붙이려고 한다. 모두 몇 가지 방법이 있는가?

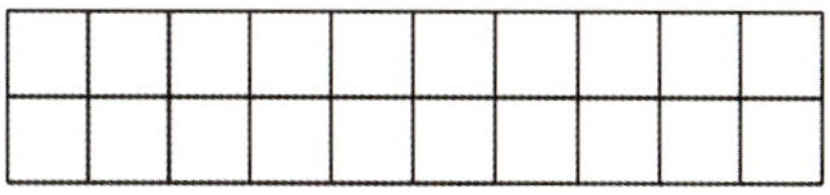

그림 19.1

풀이 n이 자연수일 때 $2 \times n$ 모양의 벽면을 2×1 또는 1×2 모양의 타일로 붙일 수 있는 방법의 수를 a_n이라고 하자.

분명히 $a_1 = 1$, $a_2 = 2$이다. 일반적으로 처음에 붙이는 도미노에 따라 다음과 같이 두 경우로 나누어진다.

① **처음 도미노가 2×1인 경우:** 그림 19.2와 같이 나머지 $2 \times (n-1)$ 판을 도미노로 붙여야 하고 이런 방법의 수는 a_{n-1}이다.

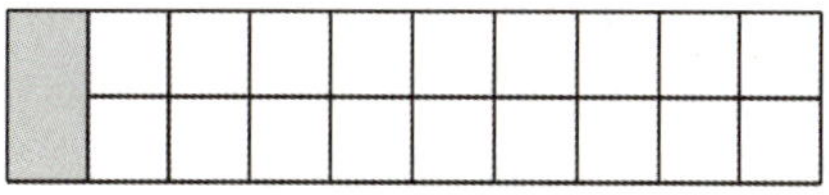

그림 19.2

② **처음 도미노가 1×2인 경우:** 그림 19.3처럼 처음 도미노 바로 밑은 1×2 도미노로 붙여야 하므로 구하는 방법의 수는 나머지 $2 \times (n-2)$ 판을 도미노로 붙이는 방법의 수 a_{n-2}이다.

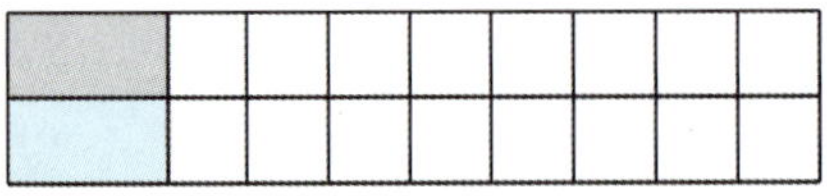

그림 19.3

따라서 $a_n = a_{n-2} + a_{n-1}\ (n \geq 3)$, $a_1 = 1$, $a_2 = 2$이다. 이 식을 이용하여 a_{10}을 구하면 다음과 같다.

a_1	a_2	a_3	a_4	a_5	a_6	a_7	a_8	a_9	a_{10}
1	2	3	5	8	13	21	34	55	89

■

기본예제 19.2 **(하노이 탑)** 크기가 서로 다른 여덟 개의 원판이 그림 19.4와 같이 크기 순으로 막대기에 끼워져 있다. 다른 두 개의 막대기를 이용하여 이 여덟 개의 원판을 다른 막대기로 옮길 때 필요한 최소 이동 횟수를 구하여라. (단, 한 번에 한 개의 원판만을 옮길 수 있으며 어떤 원판 위에 그보다 큰 원판을 놓지 못한다.)

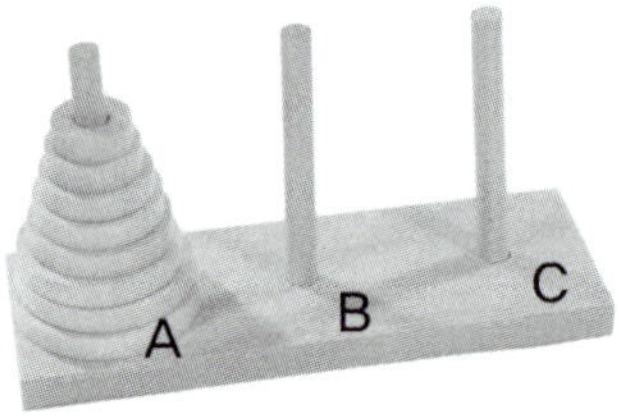

그림 19.4

풀이 막대기 A에 끼워져 있는 크기가 서로 다른 n개의 원판을 다른 막대기 C로 옮길 때 필요한 최소 이동 횟수를 a_n이라 하자.

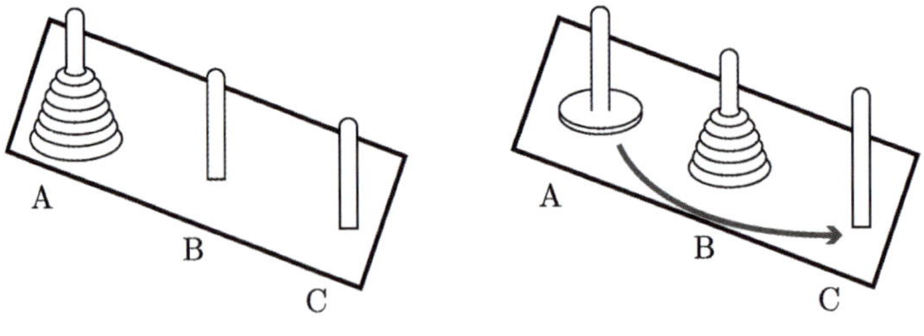

그림 19.5

명백하게 $a_1 = 1$이다. $n = 2$라면 위의 작은 원판을 B로 옮긴 다음 남은 큰 원판을 C로 옮기고 다시 B에 있는 원판을 C에 있는 원판 위에 놓으면 되므로 $a_2 = 3$이다. 일반적으로 다음과 같이 세 단계로 나누어 생각할 수 있다.

① A에 있는 가장 큰 원판만을 제외하고 나머지 $n-1$개의 원판을 B로 옮긴다. 이때 필요한 최소 이동 횟수는 a_{n-1}이다.

② A에 남은 가장 큰 원판을 C로 옮긴다. 물론 필요한 이동 횟수는 1이다.

③ B에 있는 $n-1$개의 원판을 C로 옮긴다. 이때 최소 이동 횟수는 a_{n-1}이다.

그러므로 n개의 원판을 다른 막대기로 옮길 때 필요한 최소 이동 횟수 a_n은

$$a_n = 2a_{n-1} + 1 \quad (n \geq 2) \qquad a_1 = 1$$

이다. 위의 식을 이용하여 a_8을 구하면 다음과 같다.

a_1	a_2	a_3	a_4	a_5	a_6	a_7	a_8
1	3	7	15	31	63	127	255

■

19 연습문제

문제 19.1 4를 1과 2만의 합으로 나타내면

$$1+1+1+1,\ 2+1+1,\ 1+2+1,\ 1+1+2,\ 2+2$$

와 같이 5가지로 나타낼 수 있다. 10을 1과 2만의 합으로 나타내면 모두 몇 가지가 있는가?

문제 19.2 테니스 단식 시합에 12명이 참가하였다. 이 12명의 단식 선수들을 복식조로 만들기 위해 두 명씩 짝짓는 방법의 수를 구하여라.

그림 19.6

문제 19.3 영수가 계단을 오르는데 한 걸음에 한 계단이나 두 계단씩 오른다고 한다. 이런 방법으로 영수가 10개의 계단을 오를 수 있는 서로 다른 방법의 수를 구하여라.

그림 19.7

문제 19.4 ▌ 그림 19.8과 같이 두 개의 유리판이 붙어 있고 여기에 입사된 빛은 유리판의 안쪽에서만 반사된다고 한다.

그림 19.8

그림 19.9에서 알 수 있듯이 빛이 0번, 1번, 2번 반사되는 경우의 수는 각각 1, 2, 3이다. 빛이 8번 반사되는 경우의 수는 얼마인가?

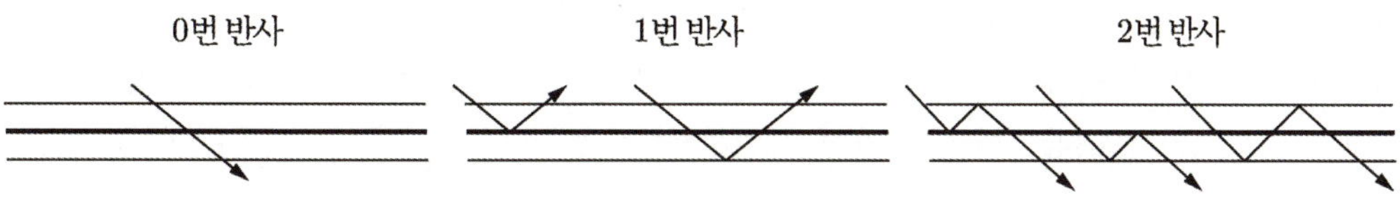

그림 19.9

문제 19.5 ▌ 그림 19.10처럼 2×8 모양의 벽면을 1×1 또는 2×1 또는 1×2 모양의 타일로 붙이려고 한다. 모두 몇 가지 방법이 있는가?

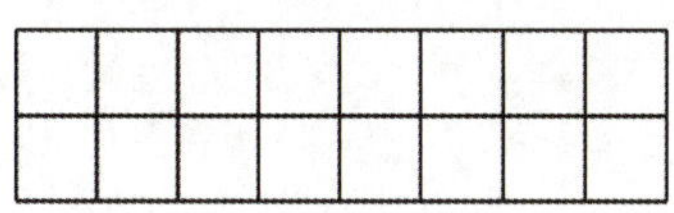

그림 19.10

문제 19.6 ▌ 1과 2로 이루어진 7자리 수 중 1이 연속으로 3번 이상은 나오지 않는 수의 개수를 구하여라.

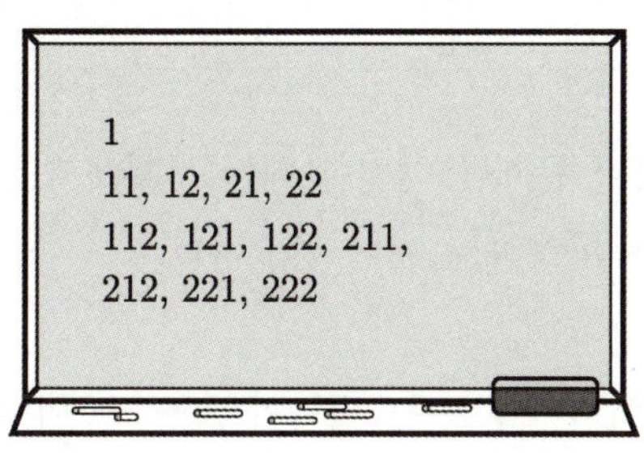

그림 19.11

20 비둘기집의 원리

어느 공원에는 비둘기집이 있다. 광장에서 모이를 쪼아 먹던 비둘기들이 어떤 개구쟁이의 소리침에 모두 비둘기집으로 들어갔다. 비둘기가 비둘기집보다 많았다면 어떤 비둘기집에는 두 마리 이상의 비둘기가 들어갔음을 쉽게 알 수 있다. 물론 어떤 비둘기집에 두 마리 이상의 비둘기가 들어갔는지는 일일이 확인하지 않고서는 알 수 없다. 이처럼 어떤 조건을 만족하는 대상을 정확하게는 알 수 없으나 그런 대상이 하나라도 존재함을 보일 때 다음에서 기술하는 비둘기집의 원리가 자주 사용된다.

그림 20.1

비둘기집의 원리

$(n+1)$마리의 비둘기가 n개의 비둘기집에 들어갔다면 적어도 한 비둘기집에는 2마리 이상의 비둘기가 있다.

비둘기집의 원리를 이용하여 문제를 해결할 때는 문제에서 주어진 어떤 대상들이 비둘기와 비둘기집에 해당되는지를 파악하는 것이 중요하다.

기본예제 20.1 사람의 머리카락 수는 많아야 300,000이라고 한다. 이 사실을 이용하여 서울 시민 중에는 머리카락의 수가 같은 두 사람이 있음을 보여라.

그림 20.2

풀이 서울 시민의 머리카락의 수가 모두 다르다면 서울 시민도 300,000을 넘을 수는 없다. 그러나 서울 시민의 수는 삼십만을 넘는다. 따라서 서울 시민 중 적어도 두 사람은 머리카락의 수가 똑같다. ■

기본예제 20.2 10명이 참가한 어느 모임에서 전부터 서로 알고 있는 사람의 수가 같은 두 사람이 있음을 보여라.

풀이 이 모임에 참가한 사람을 A_1, A_2, $\cdots$, A_{10}이라 하고 A_1, A_2, $\cdots$, A_{10}이 전부터 서로 알고 있는 사람의 수를 각각 a_1, a_2, $\cdots$, a_{10}이라 하자. 다음과 같이 두 가지 경우로 나누어 생각할 수 있다. ■

① 만약 a_1, a_2, $\cdots$, a_{10} 중 어느 것도 0이 아닌 경우:
a_1, a_2, $\cdots$, a_{10}은 모두 1부터 9까지 수이므로 비둘기집의 원리에 의하여 a_1, a_2, $\cdots$, a_{10} 중에서 적어도 두 수는 같다.

② a_1, a_2, $\cdots$, a_{10} 중에 0이 있는 경우:
예를 들어 a_1이 0이라 하면 A_1은 그 어느 누구와도 서로 알지 못하므로 다른 누구도 A_1과는 알지 못한다. 즉, a_2, a_3, $\cdots$, a_{10}는 어느 것도 9일 수 없다. 그러므로 a_1, a_2, $\cdots$, a_{10}은 모두 0부터 8까지 수이므로 다시 비둘기집의 원리에 의하여 a_1, a_2, $\cdots$, a_{10} 중에서 적어도 두 수는 같다.

위의 ①과 ② 어떤 경우에도 a_1, a_2, $\cdots$, a_{10} 중에는 적어도 같은 두 수가 있다. 즉 전부터 서로 알고 있는 사람의 수가 같은 두 사람이 있다.

20 연습문제

문제 20.1 어느 파티에 13명이 참석하였다. 참석한 사람 중에서 적어도 두 명은 같은 달에 태어났음을 보여라.

그림 20.3

문제 20.2 소나무는 많아야 육십만 개의 솔잎을 갖고 있다고 한다. 캐나다의 한 숲에는 백만 그루 이상의 소나무가 있다. 이 숲에는 같은 수의 솔잎을 갖는 두 소나무가 있음을 보여라.

그림 20.4

문제 20.3 한 변의 길이가 1인 정삼각형 안에 10개의 점을 임의로 잡을 때 두 점 사이의 거리가 $\frac{1}{3}$ 이하인 두 점이 있음을 보여라.

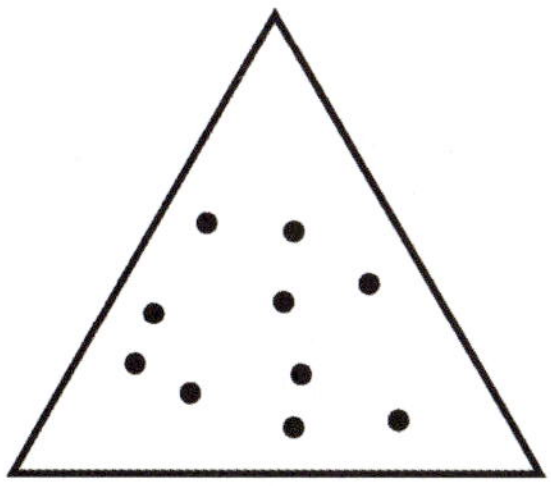

그림 20.5

문제 20.4 ▌ 원탁에 8명의 손님이 앉을 자리가 이름표와 함께 놓여 있다. 8명의 손님이 이름표를 확인하지 않고 아무렇게나 앉았더니 제자리에 앉은 손님이 한 사람도 없었다. 이때 이름표가 놓인 원탁을 적당히 회전시키면 어느 시점에서는 적어도 2명의 손님이 제자리에 앉게 됨을 보여라.

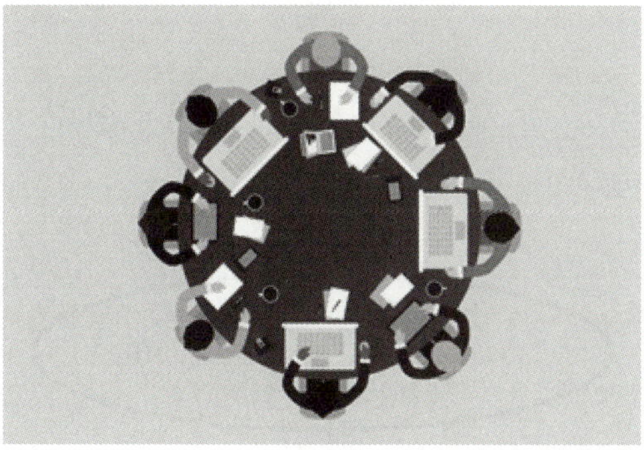

그림 20.6

문제 20.5 ▌ 한 변의 길이가 1인 정사각형 안에 19개의 점을 임의로 잡을 때 그중에는 넓이가 $\frac{1}{18}$ 이하인 삼각형의 꼭짓점을 이루는 세 점이 있음을 보여라. 단, 어느 세 점도 일직선 위에 있지 않다.

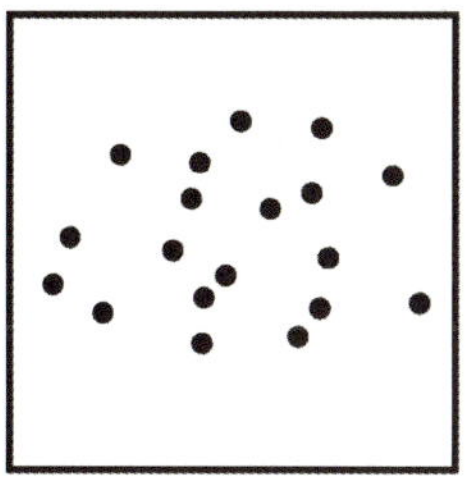

그림 20.7

문제 20.6 ▮ 20명이 참가한 어느 모임에서 참가자들은 다른 참가자들과 악수를 하였다. 이 모임에 참가한 사람 중에는 악수한 횟수가 같은 두 사람이 있음을 보여라.

문제 20.7 ▮ 서로 다른 7개의 정수를 포함하고 있는 집합을 A라 하자.

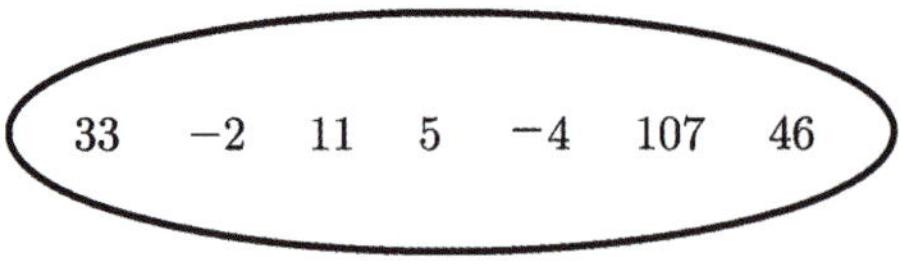

그림 20.8

(1) 집합 A에는 두 수의 합이나 차가 10의 배수인 서로 다른 두 수가 있음을 보여라.
(2) 두 수의 합이나 차가 10의 배수가 되지 않도록 6개의 정수를 뽑아라.

문제 20.8 ▮ 6개의 정수 a_1, a_2, a_3, a_4, a_5, a_6이 주어져 있다. 이 중 어떤 연속된 항의 합은 6의 배수가 됨을 보여라.

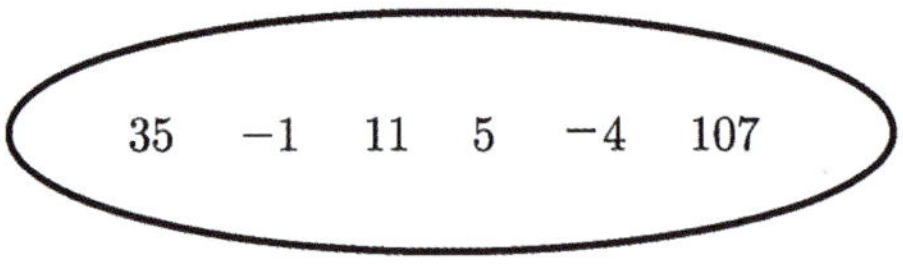

그림 20.9

21 자료해석

인구, GNP, 실업률, 영업이익, 주식, 관리비, 전력 수요량, 교통량, 여론조사 등 우리는 매일매일 자료의 홍수 속에 살고 있다. 그만큼 주어진 자료를 분석하여 흐름을 읽어내고 그것을 토대로 미래를 예측하는 일이 한층 더 중요해졌다. 여기에서는 도표나 그래프로 주어진 자료의 흐름을 파악하는 자료의 분석, 주어진 자료를 다른 형태의 자료로 바꾸는 자료의 변환, 깊은 통계적 지식 없이도 자료에서 이끌어낼 수 있는 자료 추론 등 자료 해석의 기본이 되는 문제들을 살펴본다.

기본예제 21.1 다음은 교원 1인당 학생 수를 나타낸 자료이다. 다음 중 자료에 대한 설명으로 옳은 것을 고르면?

[연도별 교원 1인당 학생 수]

(단위: 명)

학교	2008	2009	2010	2011	2012	2013	2014
유치원	15.5	15.2	14.8	14.6	14.5	14.3	13.4
초등학교	21.3	19.8	18.7	17.3	16.3	15.3	14.9
중학교	18.8	18.4	18.21	17.3	16.7	16.0	15.2
고등학교	15.5	15.7	15.5	14.8	14.4	14.2	13.7
전문대학	41.6	39.3	39.4	39.1	37.7	37.2	37.1
일반대학	27.7	27.3	27.0	25.7	25.7	25.4	25.2

* 교원 1인당 학생 수 = 재적 학생 수/재직 교원 수

* 교원 1인당 학생 수는 학생의 교육환경 정도를 알 수 있는 척도로 수치가 낮을수록 상대적으로 교육환경이 좋음을 뜻함

① 2012년 일반대학의 학생 수와 교원 수는 각각 전년도와 동일했다.

② 유치원의 교원 1인당 학생 수보다 고등학교의 교원 1인당 학생 수가 더 낮았던 해는 2개이다.

③ 전문대학 학생의 교육환경은 전년 대비 매년 더 좋아졌다.
④ 2014년 교원 1인당 학생 수가 전년 대비 가장 많이 줄어든 학교는 중학교이다.
⑤ 초등학교의 교원 수가 매년 동일했다면, 초등학교의 학생 수는 매년 증가했다.

정답 ②

풀이

① 전년도와 비율이 같다고 하여 학생 수나 교원 수가 전년도의 학생 수나 교원 수와 같다고는 말할 수 없다.
② 유치원의 교원 1인당 학생 수보다 고등학교의 교원 1인당 학생 수가 더 낮았던 해는 2012년과 2013년 두 해이다.
③ 2010년도 전문대학 학생의 교육환경은 2009년보다 좋지 않았으므로 전년 대비 매년 더 좋아진 것은 아니다.
④ 2014년 교원 1인당 학생 수가 전년 대비 가장 많이 줄어든 학교는 유치원이다.
⑤ 초등학교의 교원 수가 매년 동일했다면, 초등학교의 학생 수는 매년 감소했다. ■

기본예제 21.2 다음 지문과 자료를 바탕으로 ㉠, ㉡, ㉢에 들어갈 단어와 숫자로 알맞게 짝지어진 것은?

> 가격이 상승함에 따라 A의 판매량은 감소하고, A와 보완재에 있는 B의 판매량은 (㉠)한다.

(단위: 백만 원, 만 개)

구분	가격	A 판매량	B 판매량
2004	200	270	297
2005	350	232	262
2006	500	200	234
2007	650	㉡	212
2008	800	154	㉢
2009	950	140	182
2010	1100	132	172

	㉠	㉡	㉢		㉠	㉡	㉢
①	증가	165	192	②	증가	176	195
③	증가	175	194	④	감소	165	192
⑤	감소	174	195				

정답 ⑤

풀이 (i) 가격이 상승함에 따라 A의 판매량은 감소하고, A와 보완재에 있는 B의 판매량은 감소한다.

(ii) A와 B의 판매량은 다음과 같은 규칙을 갖고 있다. 따라서 ㉡= 200 − 26 = 174이고 ㉢ = 212 − 17 = 195이다.

구분	A 판매량	다음 해 판매량과의 차이	B 판매량	다음 해 판매량과의 차이
2004	270	38	297	35
2005	232	32	262	28
2006	200	26	234	22
2007	㉡	20	212	17
2008	154	14	㉢	13
2009	140	8	182	10
2010	132		172	

■

기본예제 21.3 서울에서 직장생활을 하는 K는 야근을 하고, 늦은 시간에 퇴근을 하게 되어, 택시를 이용하여 집으로 귀가하려고 한다. K의 집은 인천인데, 회사로부터 57km 떨어진 곳이다. K는 오후 11시 34분에 택시를 타고 집으로 향했다. K가 탑승한 택시는 60km/h로 일정하게 달리는데, 첫 3km까지는 기본요금 3,000원을 유지하고, 그 이후부터는 100m당 100원의 요금이 청구된다. 또한 오후 12시 이후부터는 심야할증 10%가 가산되고, 서울시를 벗어나는 순간 시외할증 20%가 추가로 가산된다. 서울을 벗어나는 데 걸린 시간은 탑승 직후로부터 36분 걸렸다고 할 때, 시간(거리)에 따른 택시 요금관계 그래프로 알맞은 것은 무엇인가?

①
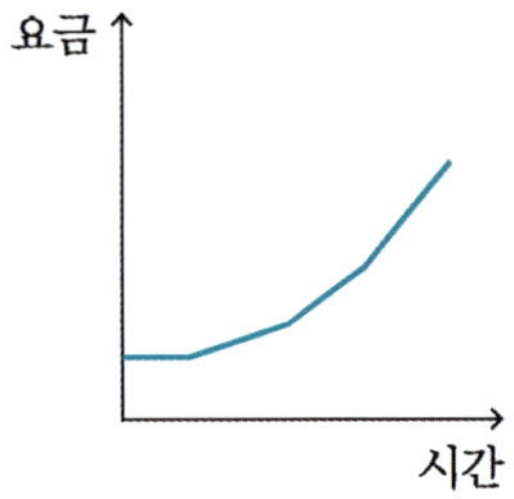

②
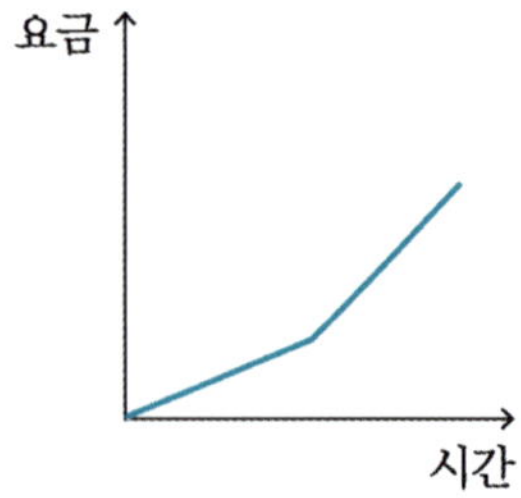

③
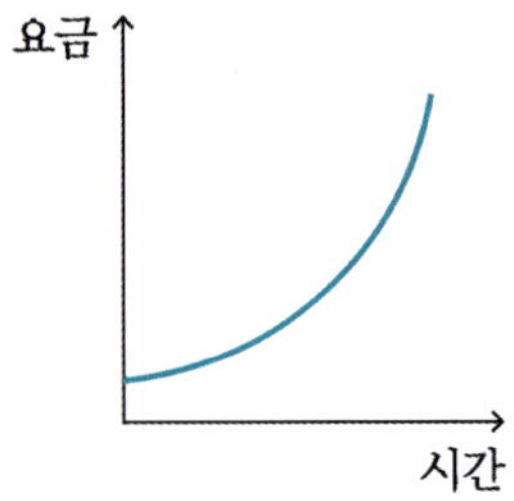

④
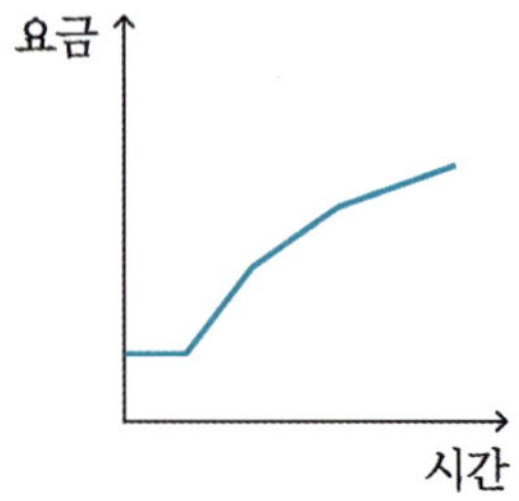

⑤
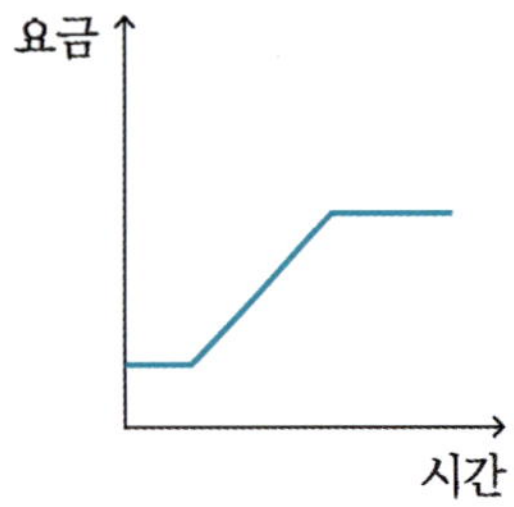

정답 ①

풀이 (i) 속도가 일정하므로 나타나는 그래프의 형태는 모두 선분이다.

(ii) 첫 3km까지는 기본요금 3,000원이므로 처음은 기울기가 0인 선분으로 시작한다.

(iii) 요금은 각각 첫 3km를 지날 때, 12시를 지날 때, 서울을 벗어났을 때의 세 번의 변화가 있으며 시간이 갈수록 요금이 가파르게 증가하므로 기울기가 점점 커지는 선분이 된다.

■

기본예제 21.4 다음은 통계청에서 조사한 경제활동인구 및 인구구조 추이에 대한 자료이다. 자료에 대한 설명으로 옳지 않은 것은 무엇인가?

자료1 연도별 경제활동인구 추이

(단위: 천 명)

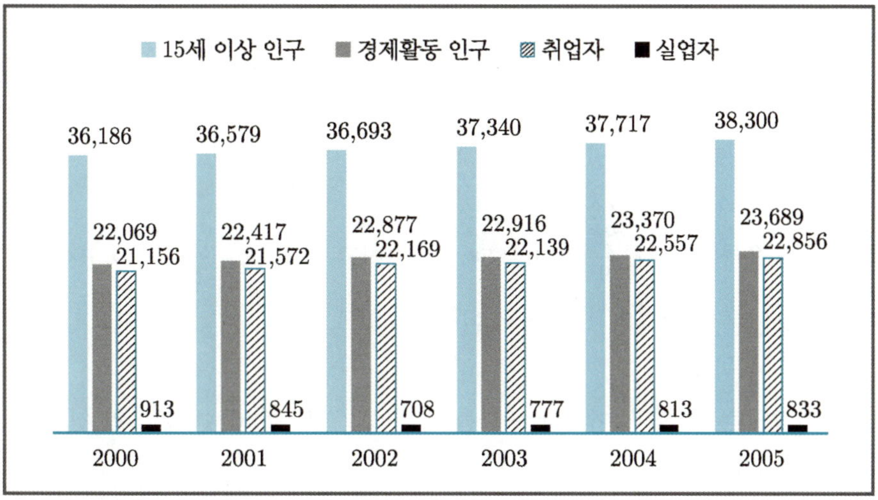

*고용률(%) = 취업자/15세 이상 인구 × 100
*실업률(%) = 실업자/경제활동인구 × 100

자료2 2003년 인구구조 추이

(단위: 천 명)

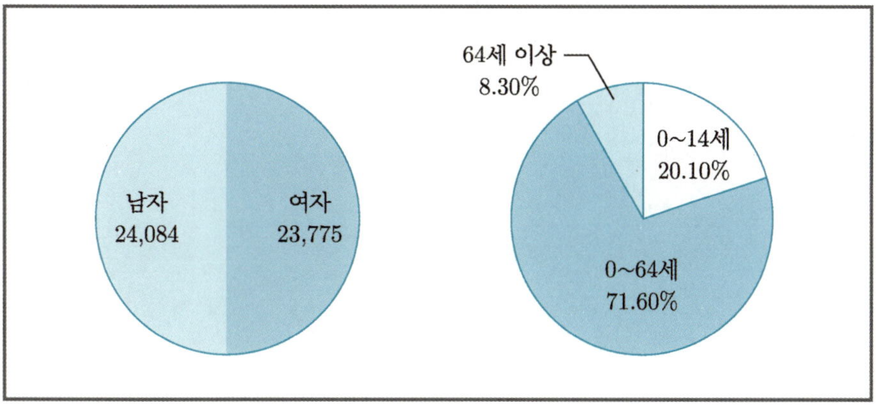

*성비(%) = 남성/여성 × 100
*노령화지수(%) = (65세 이상 인구) (0 ~ 14세 인구) × 100

① 2003년의 남녀 성비는 100%를 넘는다.
② 2001년의 고용률은 실업률의 15배 이상이다.
③ 2003년 총인구는 4,786만 명 정도일 것이다.
④ 경제활동인구와 취업자 수는 매년 동일한 증감을 보인다.
⑤ 2003년 65세 이상 인구는 약 397만 명으로 추산할 수 있다.

정답 ④

풀이 ① 2003년의 남자 인구가 여자 인구보다 많으므로 남녀 성비는 100%를 넘는다.

② 2001년의 고용률은 $\frac{21,572}{36,579} \times 100 = 58.97(\%)$이고 실업률은 $\frac{845}{22,417} \times 100 = 3.77(\%)$ 이므로 고용률은 실업률의 15배 이상이다.

③ 2003년 총인구는 남자와 여자의 인구를 합한 23,775+24,084=47,859(천 명)으로 약 4,786만 명이다.

④ 2003년도에는 전년도에 비해 경제활동인구는 늘었으나 취업자 수는 줄었으므로 경제활동인구와 취업자 수는 매년 동일한 증감을 보인다고 말할 수 없다.

⑤ 2003년 65세 이상 인구는 전체 인구의 8.3%이므로 47,859×0.083=3,972.297(천 명)이다. 따라서 2003년 65세 이상 인구는 397만 명으로 추산할 수 있다. ■

기본예제 21.5 다음으로부터 추론한 것으로 옳은 것만을 〈보기〉에서 있는 대로 고른 것은? (2015 LEET)

다음 그림은 Z국의 1인당 실질 소득과 사망률 및 출생률을 나타낸다. Z국의 1인당 실질 소득은 꾸준히 증가했으며, 사망률은 꾸준히 감소했고 출생률은 처음에는 증가하다가 나중에는 감소하는 추세를 보였다. B는 출생률에서 사망률을 뺀 값이 가장 큰 점이다. 단, 인구의 유출입은 없었다.

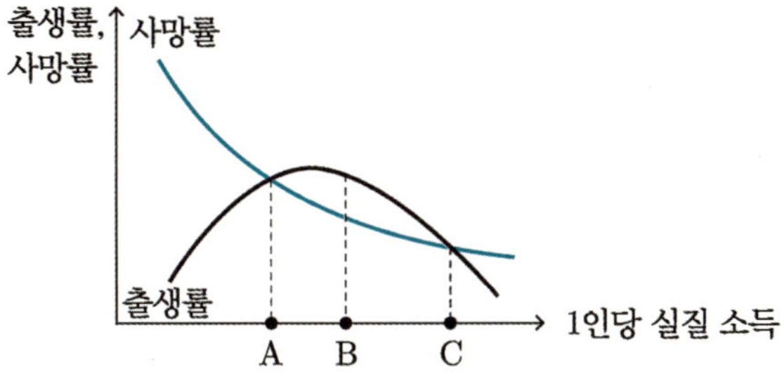

〈보기〉

ㄱ. 인구는 B에서 최대가 되었다.
ㄴ. A~C 구간에서 인구는 꾸준히 증가했다.
ㄷ. Z국 전체의 실질 소득은 꾸준히 증가했다.

① ㄱ ② ㄴ ③ ㄷ
④ ㄱ, ㄷ ⑤ ㄴ, ㄷ

정답 ②

풀이 ㄱ. C까지 인구는 계속 증가하므로 인구는 C에서 최대가 된다.
ㄴ. A~C 구간에서 출생자 수가 사망자 수보다 많으므로 인구는 꾸준히 증가했다.
ㄷ. 전체의 실질 소득=(1인당 실질소득)×(인구수)이다. 인구수가 증가할 때도 있었고 감소할 때도 있었으므로 Z국 전체의 실질 소득이 꾸준히 증가했다고 할 수 없다. ■

기본예제 21.6 '갑'이라는 택시회사는 택시기사에게 〈그림〉과 같은 A, B, C 세 가지 유형의 급여체계를 고려하고 있다. 이 급여체계에 대한 〈보기〉의 설명과 〈그림〉의 유형 (A, B, C)가 바르게 짝지어진 것은? (2005 견습직원선발)

그림 총수입과 급여의 관계

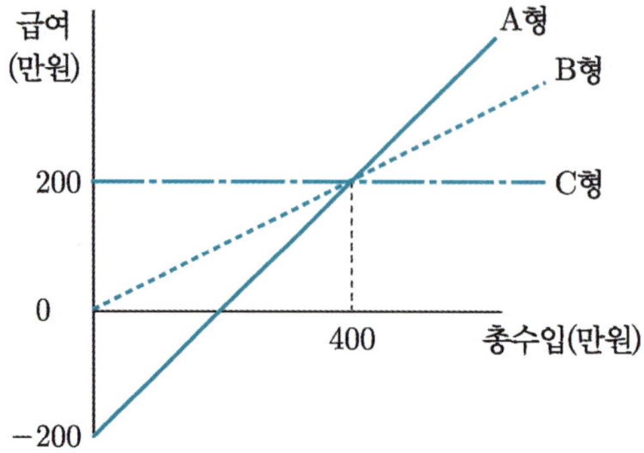

※ 1) 총수입: 택시기사가 택시 운행을 통하여 벌어들인 수입 총액
(단, 택시기사는 벌어들인 수입 총액 모두를 택시회사에 입금한다고 가정함)
2) 급여: 총수입에 따라 택시회사가 택시기사에게 지급하는 금액

〈보기〉

ㄱ. 총수입의 변동에도 불구하고 택시기사 급여의 변동이 없는 급여체계이다.
ㄴ. 총수입의 일정비율을 택시회사가 갖고 나머지 비율을 택시기사가 갖는 급여체계이다.
ㄷ. 택시기사가 정해진 금액을 택시회사에 납부하여야 하는 급여체계이다.
ㄹ. 총수입의 변동이 있을 경우 총수입에서 급여를 지급하고 남는 액수의 변동이 가장 심한 급여체계이다.

① ㄱ - C　ㄴ - A　ㄷ - B
② ㄱ - B　ㄴ - A　ㄹ - C
③ ㄱ - C　ㄷ - B　ㄹ - A
④ ㄴ - B　ㄷ - A　ㄹ - C
⑤ ㄴ - A　ㄷ - B　ㄹ - C

정답 ④

풀이 (i) A형: 기울기가 1이고 y절편이 -200인 직선이므로 택시기사가 200만원을 회사에 납부하고 나머지는 모두 갖는 급여체계이다.

(ii) B형: 기울기가 1/2이고 y절편이 0인 직선이므로 택시기사의 수입을 택시기사와 회사가 50%씩 나누어 갖는 급여체계이다.

(iii) C형: 기울기가 0이고 y절편이 200인 직선이므로 택시기사의 수입과 상관없이 택시기사가 항상 200만원을 받는 급여체계이다.

이를 참고하면 다음과 같은 결과를 얻을 수 있다.

ㄱ. 총수입의 변동에도 불구하고 택시기사 급여의 변동이 없는 급여체계는 C이다.

ㄴ. 총수입의 일정비율을 회사가 갖고 나머지 비율을 택시기사가 갖는 급여체계는 B이다.

ㄷ. 택시기사가 정해진 금액을 택시회사에 납부하여야 하는 급여체계는 A이다.

ㄹ. 총수입의 변동이 있을 경우 총수입에서 급여를 지급하고 남는 액수의 변동이 가장 심한 급여체계는 C이다. ■

기본예제 21.7 빨간색, 노란색, 파란색의 물감을 다양한 비율로 혼합하여 여러 가지 색의 물감을 만든다. 혼합된 물감에서 빨간색, 노란색, 파란색 물감이 차지하는 비율을 각각 x%, y%, z%라고 하자. 그림에서 점 P, Q, R, S는 빨간색, 노란색, 파란색 물감을 혼합하여 만든 4가지 물감의 x 값과 y 값을 각각 나타낸 것이다. (2009 예비 LEET)

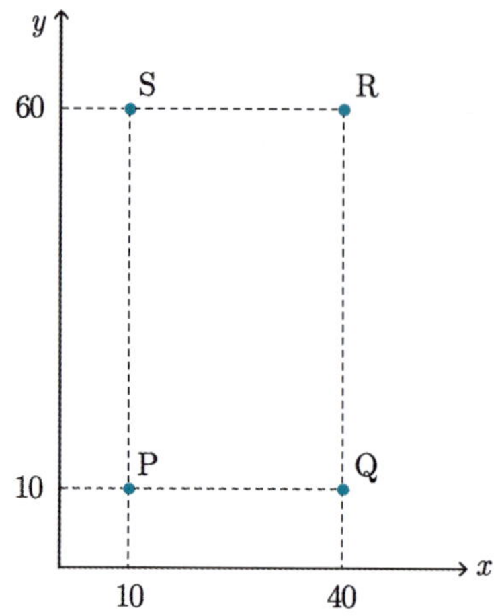

이에 대한 설명으로 옳은 것을 〈보기〉에서 모두 고른 것은?

〈보기〉

ㄱ. S가 나타내는 색의 물감에 포함된 파란색 물감의 비율은 20%이다.

ㄴ. R가 나타내는 색은 P, Q, S가 나타내는 색의 물감을 어떠한 비율로 혼합하여도 만들 수 없다.

ㄷ. Q가 나타내는 색의 물감 10g과 S가 나타내는 색의 물감 10g을 혼합한 물감에 포함된 파란색 물감의 비율은 40%이다.

① ㄱ　② ㄴ　③ ㄷ
④ ㄱ, ㄴ　⑤ ㄴ, ㄷ

정답 ⑤

풀이 ㄱ. S의 좌표는 (10, 60)이므로 $x=10$, $y=60$이고, 따라서 파란색 물감의 비율 z는 30%이다.

ㄴ. R의 좌표는 (40, 60)이므로 $x = 40$, $y = 60$이고, 따라서 파란색 물감의 비율 z는 0%이다. P, Q, S가 나타내는 색은 파란색의 물감을 포함하기 때문에 어떠한 비율로 혼합하여도 파란색의 물감을 포함하기에 파란색의 물감이 전혀 없는 R을 만들 수 없다.

ㄷ. Q에는 파란색 물감의 비율이 50%이고 S에는 파란색 물감의 비율이 30%이다. 따라서 Q가 나타내는 색의 물감 10g에는 5g의 파란색 물감이 있고 S가 나타내는 색의 물감 10g에는 3g의 파란색 물감이 있다. 그러므로 혼합한 물감 20g에 8g의 파란색 물감이 포함되어 있고, 파란색 물감의 비율은 40%이다. ■

기본예제 21.8 다음 표는 P 마을 주민들을 대상으로 오염된 우물을 마셨는지 여부와 질병이 발생했는지 여부를 조사한 결과이다. 〈표〉에 근거한 해석 중 옳은 것을 〈보기〉에서 모두 고르면? (2006 행정고시)

표 오염된 물을 마셨는지 여부와 질병발생 여부

사람번호	오염된 물을 마셨는지 여부	질병발생 여부
1	아니오	예
2	아니오	예
3	아니오	예
4	예	예
5	아니오	아니오
6	예	예
7	아니오	아니오
8	예	예
9	아니오	아니오
10	예	예

※ 조사된 10명은 P 마을을 대표한다고 가정함.

〈보기〉

ㄱ. 질병발생자의 비율이 오염된 물을 마신 사람의 비율보다 크다.
ㄴ. 오염된 물을 마신 사람 중에서 질병에 걸린 사람 비율은 오염된 물을 마시지 않은 사람 중에서 질병에 걸린 사람 비율의 2배이다.
ㄷ. P 마을 인구가 100명이라면 오염된 물을 마신 사람 중 질병에 걸린 사람은 오염된 물을 마시지 않은 사람 중 질병에 걸린 사람보다 10명 더 많다.

① ㄱ ② ㄱ, ㄴ ③ ㄱ, ㄷ
④ ㄴ, ㄷ ⑤ ㄱ, ㄴ, ㄷ

정답 ⑤

풀이 주어진 자료를 오염된 물의 음용여부와 질병 발생여부에 따라 정리하면 다음과 같다.

(단위: 명)

	질병 발생	질병 발생 않음	합
오염된 물 먹음	4	0	4
오염된 물 먹지 않았음	3	3	6
합	7	3	10

ㄱ. 질병발생자의 비율 $\frac{7}{10}$이 오염된 물을 마신 사람의 비율 $\frac{4}{10}$보다 크다.

ㄴ. 오염된 물을 마신 사람 중에서 질병에 걸린 사람 비율 $\frac{4}{4}$는 오염된 물을 마시지 않은 사람 중에서 질병에 걸린 사람 비율 $\frac{3}{6}$의 2배이다.

ㄷ. P 마을 인구가 100명이라 하자. 그러면 오염된 물을 마신 사람 중 질병에 걸린 사람은 40명이므로 오염된 물을 마시지 않은 사람 중 질병에 걸린 사람 30명 보다 10명 더 많다. ■

21 연습문제

문제 21.1 ▌ 기대여명은 어느 연령에 도달한 사람이 그 이후 몇 년 동안이나 생존할 수 있는가를 계산한 평균 생존년수를 말하는 것이다. 다음 중 옳지 않은 것은 무엇인가?

연령별 기대여명

연령	2005년도			2015년도		
	전체	남	여	전체	남	여
0세		75.1	81.9	83.2	79.7	86.5
20세	58.9	55.9	62.5	61.7	56.4	65.0
40세	40.6	36.7	43.1	41.9	37.2	46.4
60세	22.7	19.6	24.3	24.2	19.9	26.6
80세	7.6	7.0	8.7	8.9	8.1	10.7

① 2005년 대비 2015년 기대여명이 전 연령에서 증가하였다.

② 2015년 80세 남자의 기대여명은 8.1년, 여자는 10.7년으로 10년 전인 2005년 보다 남자는 1.1년, 여자는 2.0년 증가했다.

③ 2005년 출생한 남자와 여자의 비율이 1.2:1이라면 전체 기대여명은 78.2년이다.

④ 기대여명에 따르면 2015년 40세인 남자는 80세까지 생존할 수 있다.

⑤ 2015년 출생한 여자의 기대수명이 남자보다 6.8년 길며 남녀 간 차이는 10년 전과 동일하다.

문제 21.2 ▌ 다음은 보건복지부에서 제공하는 GDP 및 부문별 사회복지지출 규모에 대한 자료이다. 이를 바탕으로 만든 자료로 옳은 것을 고르면?

GDP 및 부문별 사회복지지출 규모

(단위: 십억 원)

구분	2006년	2007년	2008년	2009년	2010년	2011년
GDP	908,744	975,013	1,026,452	1,065,037	1,173,275	1,235,161
공공부문	67,849	74,899	85,941	102,105	107,202	112,894
법정민간부문	5,911	6,583	7,488	9,955	11,573	14,952

* 사회복지지출은 공공부문과 법정민간부문에서의 지출의 합이다.

① [공공부문 지출]

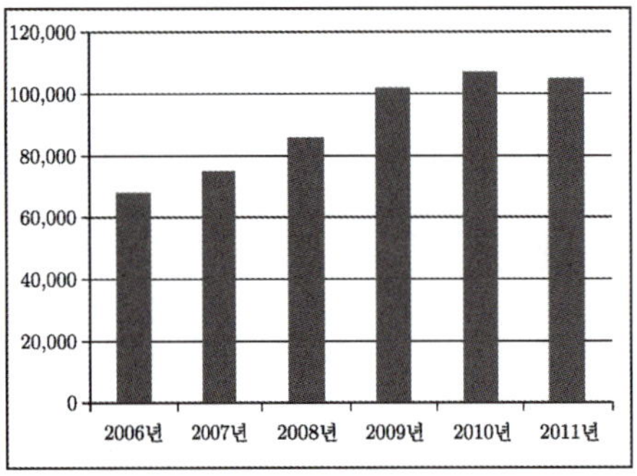

② [법정민간부문 지출]

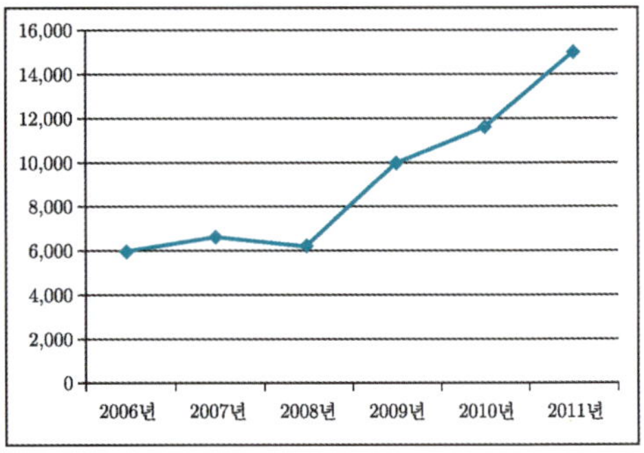

③ [사회복지 지출]

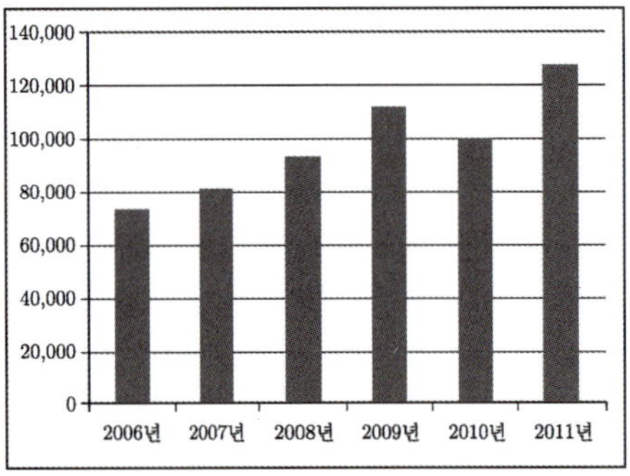

④ [사회복지 지출]

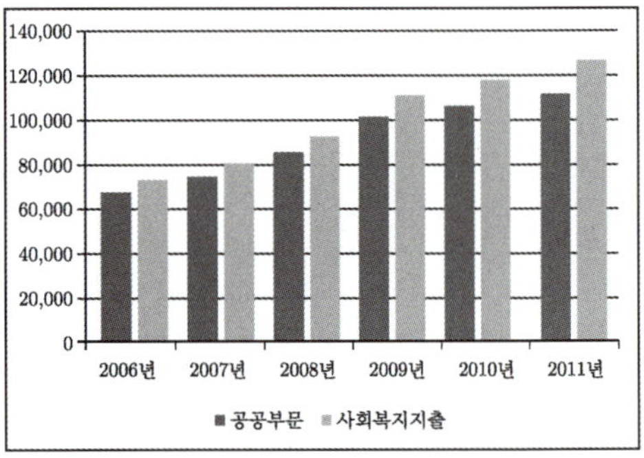

⑤ [GDP 대비 공공부문 지출]

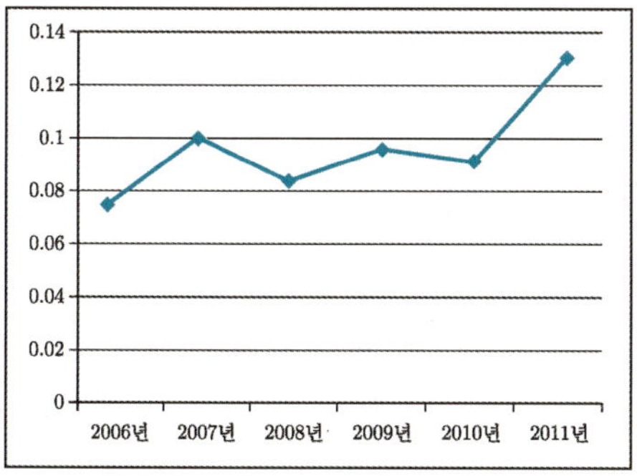

문제 21.3 ▮ 다음은 국토교통부에서 제공하는 개인 토지 소유자를 기준으로 한 토지소유상황에 대한 자료이다. 자료를 보고 빈칸에 해당하는 2006년 대구의 토지면적과 2012년 대구와 광주의 토지면적 비율을 예측했을 때, 가장 타당한 값을 골라라.

일부 지역의 토지소유상황

(단위: km^2, %)

지역	2006년		2012년	
	토지면적	비율	토지면적	비율
전국	48,517	100.0		100.0
서울	8,490	17.5	7,971	16.8
부산	1,892	3.9	1,880	3.9
대구	(㉠)	4.0	1,895	(㉡)
인천	1,183	2.4	1,232	2.6
광주	1,084	2.2	1,080	(㉢)
대전	923	1.9	907	1.9
울산	764	1.6	817	1.7

* 비율은 전국 토지면적에서 각 지역이 차지하는 비중이며, 소수점 둘째 자리에서 반올림하여 나타냄
* 2006년과 비교하여 2012년에 토지면적 비율이 변하지 않은 지역은 총 3곳이다.
* 2012년 광주의 토지면적 비율은 2006년 대비 0.1% 증가하였다.

	㉠	㉡	㉢
①	1,880	4.0	2.2
②	1,880	4.0	2.3
③	1,941	4.0	2.3
④	1,941	4.1	2.3
⑤	1,941	4.1	2.4

문제 21.4 ▌ 어느 과학자가 간염을 치료하기 위한 신약을 개발하였다. 이 약의 효과를 검증하고자 60명의 간염 환자 중 40명을 무작위로 선택하여 신약을 투여하고, 나머지 20명에게는 위약(placebo)을 투여하는 임상 실험을 하였다. 표는 임상 실험 결과를 나타낸 것이며, A, B, C, D는 사람 수이다. (2009 예비 LEET)

	호전됨	호전되지 않음	합
신약	A	B	40
위약	C	D	20
합	48	12	60

표에 대한 설명으로 옳은 것을 〈보기〉에서 모두 고른 것은?

〈보기〉

ㄱ. D가 클수록 신약을 투여 받은 사람 중 호전된 사람의 비율이 커진다.
ㄴ. A와 C의 차이가 작을수록 신약을 투여 받은 사람 중 호전된 사람의 비율이 작아진다.
ㄷ. A : B가 4 : 1이면 신약을 투여 받은 사람 중 호전된 사람의 비율이 위약을 투여 받은 사람 중 호전된 사람의 비율과 같다.

① ㄱ ② ㄴ ③ ㄱ, ㄷ
④ ㄴ, ㄷ ⑤ ㄱ, ㄴ, ㄷ

문제 21.5 ▌ 정당별 득표수가 아래와 같을 때, 다음 〈배분방식〉을 이용하여 6석의 시의회 의석을 정당 A, B, C, D에 배분하려고 한다. 이때 B 정당과 C 정당에 배분되는 의석수를 바르게 나열한 것은? (2013 행정고시)

정당별 득표수

정당	득표수
A	10,000
B	6,000
C	2,000
D	1,300

배분방식

- 단계 1: 득표수가 가장 많은 정당에 1석을 배분한다.
- 단계 2: 각 정당별로 『$\dfrac{\text{정당 득표수}}{\text{배분된 누적 의석수}+1}$』를 계산하고, 미배분 의석 중 1석을 이 값이 가장 큰 정당에 배분한다.
- 단계 3: 시의회 의석이 모두 배분될 때까지 단계 2를 반복한다.

배분예시

두 번째 의석까지 배분 후 정당별 누적의석수

구분 \ 정당	A	B	C	D
첫 번째 의석까지 배분 후	1	0	0	0
두 번째 의석까지 배분 후	1	1	0	0

	B	C
①	1	0
②	1	1
③	2	0
④	2	1
⑤	3	0

문제 21.6 ▌ 다음 〈표〉는 5개 도시를 대상으로 화물을 운송하는 회사에서 조사한 도시 간 이동시간에 관한 자료이다. 〈보기〉에서 계산한 이동시간이 바르게 짝지어진 것은?

(2010 행정고시)

표 도시 간 이동시간

(단위: 시간)

		도착도시				
		A	B	C	D	E
출발 도시	A		1.5	0.5	−	−
	B	−		−	1.0	2.5
	C	0.5	1.0		−	−
	D	1.0	−	−		0.5
	E	−	−	0.5	0.5	

※ 1) 화물을 싣고 내리기 위해 각 도시에서 정차하는 시간은 고려하지 않음.
2) − 표시가 있는 구간은 이동 불가능함.

〈보기〉

ㄱ. A시의 화물을 E시로 운송한 후 C시로 가서 화물을 실어 B시로 운송하는 데 걸리는 가장 짧은 이동시간

ㄴ. A시에서 출발하여 모든 도시를 한 번씩 거쳐 다시 A시로 돌아오는 데 걸리는 가장 짧은 이동시간

	ㄱ	ㄴ
①	4	4
②	4.5	4
③	4.5	5.5
④	5.5	4
⑤	5.5	5.5

문제 21.7 ▌ 다음 〈표〉는 어느 지역에서 세대 간 직업이동성을 알아보기 위하여 임의로 표본 추출하여 조사한 자료이다. 직업은 편의상 A, B, C로 구분하였다. 이에 대한 〈보기〉의 설명 중 옳은 것을 모두 고르면? (2008 행정고시)

표 세대 간 직업이동성 비율

(단위: %)

부모의 직업 \ 자녀의 직업	A	B	C
A	45	48	7
B	5	70	25
C	1	50	49

※ 1) 예를 들어, 〈표〉에 있는 45는 부모가 A 직업을 가진 사람 중에서 자녀도 A 직업을 가진 사람의 비율($\frac{45}{100} = 0.45$)을 나타냄
2) 전체 부모 세대의 직업은 A가 10%, B가 40%, C가 50%임.
3) 조사한 부모 당 자녀수는 한 명임.

〈보기〉

ㄱ. 자녀의 직업이 C일 확률은 $\frac{81}{300}$이다.
ㄴ. 자녀의 직업이 B인 경우에 부모의 직업이 C일 확률은 구할 수 없다.
ㄷ. 부모와 자녀의 직업이 모두 A일 확률은 $0.1 \times \frac{45}{100}$이다.
ㄹ. 자녀의 직업이 A일 확률은 부모의 직업이 A일 확률보다 낮다.

① ㄱ, ㄷ ② ㄱ, ㄹ ③ ㄴ, ㄷ
④ ㄴ, ㄹ ⑤ ㄷ, ㄹ

문제 21.8 ▮ 천문학에서는 별의 밝기를 등급이라는 단위를 사용하여 측정하는데 등급의 값이 작을수록 별은 밝게 보인다. 맨 눈으로 밤하늘에서 관측할 수 있는 별은 대략 1등급에서 6등급까지의 별이라고 한다. 또한 맨눈보다 구경이 큰 망원경으로 별을 관측하면 더 희미한 별까지 관측 가능하다. 망원경의 구경 크기에 따라 얼마나 희미한 별까지 밤하늘에서 관측 가능한지를 표로 만들어 보았다. 다음 〈표〉를 통하여 유추할 수 있는 사실이 아닌 것은?

(2006 입법고시)

망원경의 구경 직경	맨눈 (동공 크기=5mm)	5cm	50cm	5m
관측할 수 있는 가장 희미한 등급	6등급	11등급	16등급	21등급
밝기	100	1	1/100	1/10,000

주) 11등급 별의 밝기를 1로 하여 기준으로 삼음.

① 망원경의 구경 면적이 100배 넓어지면 그 이전보다 밝기가 1/100배의 별을 관측 할 수 있다.

② 맨눈으로 관측할 때에 비해 구경 직경 5m인 망원경으로 관측하면, 밝기가 1/10,000배의 별까지만 관측할 수 있다.

③ 1등급의 별이 6등급의 별보다 100배 밝다.

④ 맨눈의 동공 크기를 망원경의 구경 직경같이 취급하였다.

⑤ 구경 직경 5cm인 망원경으로 관측할 때에 비해 구경 직경 50m인 망원경으로 관측하면, 밝기가 1/1,000,000배의 별을 관측할 수 있다.

문제 21.9 ▌ 다음 〈표〉는 선거운동 기간 중 전국 성인남녀 1,200명을 조사하여 신문과 TV에서 정치 광고를 본 후 응답자들이 지지정당을 바꾼 경우만을 나타낸 것이다. 〈보기〉의 설명 중 옳은 것을 모두 고르면? (2006 행정고시)

표 정치 광고에 따른 지지정당 변화

(단위: 명)

광고 전 선택 정당 / 광고 후 선택 정당	A당		B당		C당		전체
	신문	TV	신문	TV	신문	TV	
A당			6	16	12	52	86
B당	11	29			9	28	77
C당	9	25	5	8			47
전체	20	54	11	24	21	80	210

※ 이득은 지지자 수가 늘어난 것을 의미하며, 손해는 지지자 수가 줄어든 것을 의미함.

〈보기〉

ㄱ. 신문과 TV 광고를 합해서 볼 때 가장 큰 손해를 본 정당은 C당이다.

ㄴ. TV 광고를 통해서 가장 큰 이득을 본 정당은 A당이다.

ㄷ. A당은 TV 광고를 통해서는 이득을 보았지만 신문 광고를 통해서는 손해를 보았다.

ㄹ. 신문광고를 통해 가장 큰 이득을 본 정당은 B당이다.

① ㄱ, ㄴ　② ㄱ, ㄷ　③ ㄴ, ㄹ

④ ㄱ, ㄷ, ㄹ　⑤ ㄴ, ㄷ, ㄹ

문제 21.10 ▌ 다음 〈제시문〉은 바이러스 V의 감염 여부와 시약 G의 반응 결과에 대한 조사 자료이다. 이를 토대로 하여 『시약 G에 음성반응을 보인 성인 중 바이러스 V의 감염자 비율』 (A)과 『기대손실액』 (B)을 구하면? (2006 견습직원선발)

> **제시문**
>
> 성인을 바이러스 V 감염자와 비감염자로 분류할 수 있으며, 그 감염여부를 판별하기 위한 시약 G의 반응은 양성 또는 음성으로 나타난다.
>
> 성인 중 바이러스 감염자의 비율은 40%이고, 성인 중 시약에 양성 반응을 보인 비율은 20%이며, 바이러스 감염자 중 시약에 양성반응을 보인 성인의 비율은 35%이다.
>
> 바이러스 감염자이면서 음성 반응을 보일 경우의 손실액은 200만원이고, 바이러스 비감염자이면서 양성반응을 보일 경우의 손실액은 100만원이다.
>
> ※ 기대손실액 =(감염자이면서 음성 반응을 보일 경우의 성인 비율)×(해당 손실액)
> +(비감염자이면서 양성 반응을 보일 경우의 성인 비율)×(해당 손실액)

	(A)	(B)
①	26.0%	58만원
②	26,0%	140만원
③	32.5%	58만원
④	32.5%	140만원
⑤	35.0%	140만원

부록

A 곱의 법칙

기본예제 A.1 동전을 던질 때 앞면이 나오면 H, 뒷면이 나오면 T라 표시하자. 이제 한 개의 주사위와 한 개의 동전을 던져 주사위의 숫자가 1이고 동전의 앞면이 나왔다면 (1, H)로 나타낸다. 이와 같은 방법으로 한 개의 주사위와 한 개의 동전을 던질 때 나올 수 있는 모든 경우를 나타내고 그 경우의 수를 구하여라.

풀이

$$(1,H),\ (2,H),\ (3,H),\ (4,H),\ (5,H),\ (6,H)$$
$$(1,T),\ (2,T),\ (3,T),\ (4,T),\ (5,T),\ (6,T)$$

따라서 위의 조건을 만족하는 경우의 수는 12이다. 여기서 12는 주사위를 던질 때 나오는 경우의 수 6과 동전을 던질 때 나오는 경우의 수 2의 곱이다. ■

정리 A.1

조건 α를 만족하는 경우의 수가 m이고, 조건 α를 만족하는 각 경우에 대해 조건 β를 만족하는 경우의 수가 n이라면 두 조건 α, β를 만족하는 경우의 수는 mn이다.

곱의 법칙은 다음 그림과 같이 한 지점 A에서 B로 가는 방법의 가짓수는 A에서 C까지 가는 경우의 수 m과 C에서 B까지 가는 경우의 수 n을 곱한 mn임을 뜻한다.

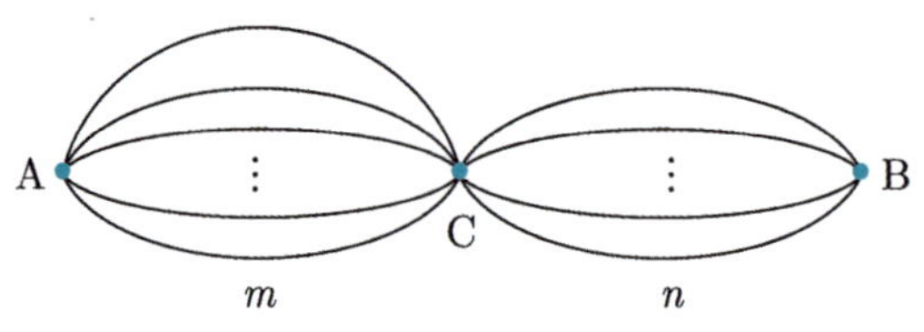

기본예제 A.2 자연수 360의 약수의 개수를 구하여라.

풀이 $360 = 2^3 \times 3^2 \times 5$이므로 360의 약수는

$$2^i \times 3^j \times 5^k \ (0 \le i \le 3,\ 0 \le j \le 2,\ 0 \le k \le 1)$$

꼴이다. i는 0, 1, 2, 3 중의 한 수이므로 i를 선택할 수 있는 방법은 4가지이다. 마찬가지 방법으로 j와 k를 각각 3가지와 2가지 방법으로 선택할 수 있으므로 360의 약수의 개수는 곱의 법칙에 의하여 $4 \times 3 \times 2 = 24$이다. ■

기본예제 A.3 집합 $A = \{1,\ 2,\ 3\}$에서 집합 $B = \{0,\ 1\}$로 가는 모든 함수의 개수를 구하여라.

풀이 1의 함수의 값은 0 또는 1이므로 1의 함수의 값을 선택할 수 있는 방법의 수는 2이다. 마찬가지로 2, 3의 함수의 값을 선택할 수 있는 방법의 수도 각각 2이므로 구하는 경우의 수는 곱의 법칙에 의하여 $2 \times 2 \times 2 = 8$이다. ■

기본예제 A.4 집합 $A = \{1,\ 2,\ 3,\ \cdots,\ n\}$에 대하여 다음 물음에 답하여라.

(1) A의 모든 부분집합의 개수를 구하여라.

(2) 1을 포함하는 A의 부분집합의 개수를 구하여라.

(3) 1은 포함하고 2는 포함하지 않는 A의 부분집합의 개수를 구하여라.

풀이 (1) A의 부분집합에는 1이 포함될 수도 있고 그렇지 않을 수도 있으므로 2가지 경우가 있다. 마찬가지로 2, 3, $\cdots$, n에 대하여도 각각 2가지 경우가 있으므로 곱의 법칙에 의하여 $2 \times 2 \times \cdots \times 2 = 2^n$개의 부분집합이 있다.

(2) 1은 부분집합에 반드시 포함되므로 오직 1가지 경우가 있고, 2는 부분집합에 포함되거나 그렇지 않은 2가지 경우가 있다. 2의 경우와 마찬가지로 3, 4, $\cdots$, n인 경우에도 각각 2가지 경우가 있으므로 구하는 부분집합의 수는 $1 \times 2 \times 2 \times \cdots \times 2 = 2^{n-1}$이다.

(3) 1은 부분집합에 반드시 포함되므로 1가지, 2는 부분집합에 포함되지 않으므로 1가지, 3은 부분집합에 포함되거나 그렇지 않은 2가지 경우가 있다. 3의 경우와 마찬가지로 4, …, n인 경우에도 각각 2가지 경우가 있으므로 구하는 부분집합의 수는 $1 \times 1 \times 2 \times \cdots \times 2 = 2^{n-2}$이다. ■

기본예제 A.5 숫자 3, 4, 4, 5, 5, 6, 7, 7, 7에서 1개 이상 뽑아 곱할 때 얻어지는 서로 다른 수의 개수를 구하여라.

풀이 주어진 수 3, 4, 4, 5, 5, 6, 7, 7, 7에서 한 개 이상의 수를 뽑아 곱해서 만들어지는 수는 $3^a \times 4^b \times 5^c \times 6^d \times 7^e$꼴이다. 여기서 a는 0, 1 중에서 하나, b와 c는 각각 0, 1, 2 중에서 하나, d는 0, 1 중에서 하나, e는 0, 1, 2, 3 중에서 하나이므로 모든 경우의 수는 $2 \times 3 \times 3 \times 2 \times 4 = 144$이다. 여기서 $a = b = c = d = e = 0$인 경우는 제외해야 하므로 구하는 수는 $144 - 1 = 143$이다. ■

B 그래프

집합 안의 원소 사이의 어떤 관계를 나타낼 때는 그래프로 나타내면 편리하다. 여기에서는 실생활에서 일어나는 여러 가지 문제를 그래프로 나타내어 해결할 수 있는 방법에 대하여 알아본다.

기본예제 B.1 6개의 야구팀 A, B, C, D, E, F가 야구 시합을 하고 있다. 지금까지 각 팀의 경기는 아래와 같다.

A팀과 경기한 팀	C, D, F
B팀과 경기한 팀	C, E, F
C팀과 경기한 팀	A, B
D팀과 경기한 팀	A, E, F
E팀과 경기한 팀	B, D, F
F팀과 경기한 팀	A, B, D, E

각 팀을 점으로 나타내고, 지금까지 두 팀이 경기를 했으면 해당되는 두 점을 선으로 이어라.

풀이 여섯 개의 점 A, B, C, D, E, F를 찍고 A와 C가 경기를 했으므로 점 A와 점 C를 선분으로 잇는다. 이런 방법으로 그림을 완성하면 다음과 같다.

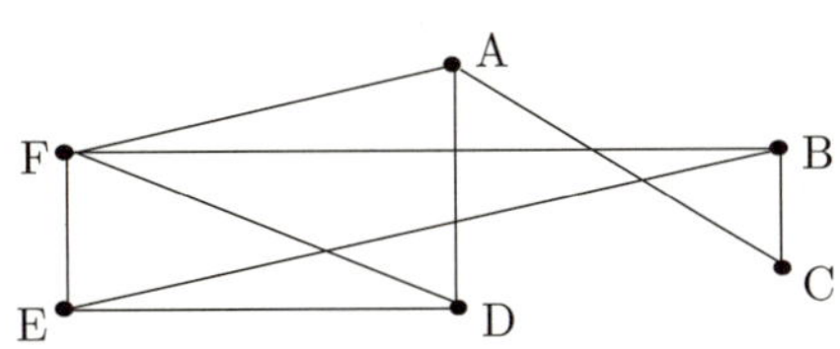

■

정의 B.1

위의 그림처럼 **그래프** G는 유한개의 **꼭짓점**의 집합과 두 꼭짓점을 원소로 갖는 **변**의 집합으로 이루어져 있다. 여기서 두 꼭짓점 A, B를 포함하는 변이 있으면 A는 B에 **인접하다**고 하며 그 변을 e= {A, B}로 나타내고 변 e는 꼭짓점 A 또는 B와 **근접하다**고 한다. 또 꼭짓점 A에 근접한 변의 개수를 A의 **차수**라고 하고 $d(A)$로 나타낸다.

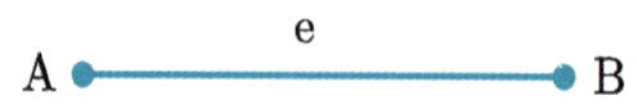

기본예제 B.2 다음 그래프를 보고 다음 물음에 답하여라.

(1) 꼭짓점의 집합과 변의 집합을 구하여라.

(2) 꼭짓점 A와 인접한 꼭짓점을 구하여라.

(3) 변 e= {D, F}의 근접한 꼭짓점을 구하여라.

(4) 각 꼭짓점의 차수를 구하여라.

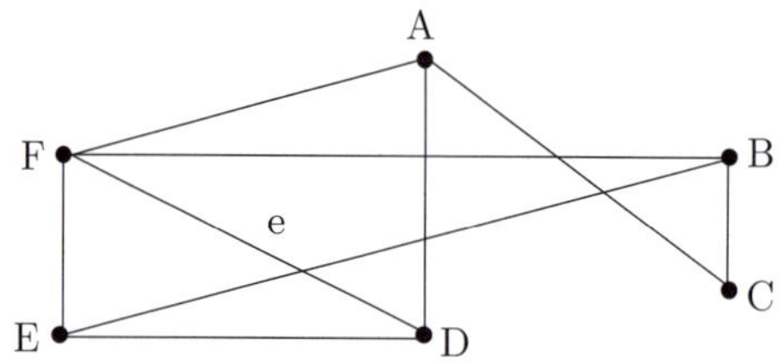

풀이 (1) 꼭짓점의 집합: {A, B, C, D, E, F}

변의 집합: {{A, C}, {A, D}, {A, F}, {B, C}, {B, E}, {B, F}, {D, E}, {D, F}, {E, F}}

(2) C, D, F

(3) D, F

(4) $d(A)=3$, $d(B)=3$, $d(C)=2$, $d(D)=3$, $d(E)=3$, $d(F)=4$ ■

기본예제 B.3 집합 $C=\{L, M, N, O, P\}$를 다음과 같이 정의된 폐구간의 집합이라 하자.

$$L=[-4, 2],\ M=[0, 1],\ N=[-8, 2],\ O=[2, 4],\ P=[4, 10]$$

집합 C에 있는 구간을 꼭짓점으로 하고 두 구간 사이에 공통부분이 있으면 두 구간 사이에 변이 있는 그래프를 그려라.

풀이 $L=[-4, 2]$, $M=[0, 1]$, $N=[-8, 2]$, $O=[2, 4]$, $P=[4, 10]$라고 하자. $L\cap M\neq\varnothing$이므로 두 꼭짓점 L과 M은 인접하고, $L\cap P=\varnothing$이므로 L과 P는 인접하지 않는다. 이런 방법으로 그래프를 완성하면 아래 그림과 같다.

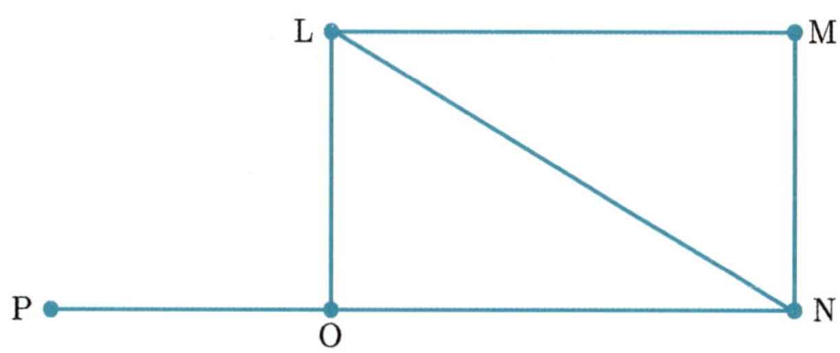

■

정리 B.2

그래프 G에서 모든 꼭짓점의 차수의 합은 변의 수의 두 배이다. 그러므로 모든 꼭짓점의 차수의 합은 항상 짝수이다.

증명 그래프에서 변 e가 두 꼭짓점 A, B에 근접한다면 변 e는 A와 B의 차수를 계산할 때 각각 1번씩 세어지므로 모든 꼭짓점의 차수의 합에서 2번 세어진다. 따라서 모든 꼭짓점의 차수의 합은 변의 수의 두 배이다. ■

기본예제 B.4 꼭짓점의 차수가 각각 1, 1, 2, 2, 3, 4, 5인 그래프의 변의 수를 구하여라.

풀이 차수의 합은 $1+1+2+2+3+4+5=18$이다. 변의 수를 e라 하면 정리 B.2에 의해 $2e=18$이므로 변의 수 9이다. ■

기본예제 B.5 다음 명제가 참인지 거짓인지 알아보아라.

(1) 꼭짓점이 A, B, C, D, E이며 차수가 각각 0, 1, 2, 3, 4인 그래프는 존재한다.

(2) 30명으로 이루어진 한 학급에서 9명은 3명의 친구를, 11명은 4명의 친구를, 10명은 5명의 친구를 가질 수 있다.

풀이 (1) 아래 그림에서 보듯이 꼭짓점의 수가 5인 그래프에서 꼭짓점 E의 차수가 4이면 다른 꼭짓점 A, B, C, D의 차수는 적어도 1이다.

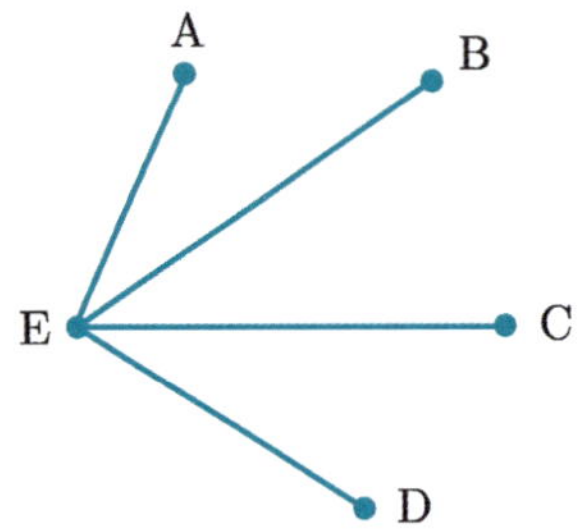

따라서 꼭짓점이 A, B, C, D, E이며 그것의 차수가 각각 0, 1, 2, 3, 4인 그래프는 존재하지 않는다.

(2) 30명으로 이루어진 한 학급에서 9명은 3명의 친구를, 11명은 4명의 친구를, 10명은 5명의 친구를 가질 수 있다고 가정하자. 이제 이 학급의 학생을 각각 꼭짓점으로 나타내고 두 사람이 친구이면 해당하는 두 꼭짓점이 인접한 그래프 G를 생각하여 보자. 그래프 G에서 모든 꼭짓점의 차수의 합은 홀수인 $9 \times 3 + 11 \times 4 + 10 \times 5 = 121$이므로 모순이다. 따라서 30명으로 이루어진 한 학급에서 9명은 3명의 친구를, 11명은 4명의 친구를, 10명은 5명의 친구를 가질 수는 없다. ■

C 명제와 논리

『대한민국의 수도는 서울이다』나 『1 + 2 = 4이다』처럼 참 또는 거짓을 구별할 수 있는 말이나 문장을 명제라고 한다. 이 절에서는 부정, 논리곱, 논리합, 조건문 등과 같은 논리기호를 사용하여 명제들의 조합을 만들고 그렇게 만들어진 명제들이 어떤 경우에 참 또는 거짓인지 그 진위를 살펴본다. 또 모든 경우에 항상 참이 되는 논리법칙을 증명하고 이를 이용하여 어떤 명제가 항상 참임을 보이는 방법에 대하여 알아본다.

정의 C.1

참 또는 거짓을 구별할 수 있는 말을 **명제(statement)**라고 한다.

기본예제 C.1 아래에서 명제인 것을 모두 골라라.

(1) 춘천은 강원도에 있는 도시이다.

(2) 식사 하셨나요?

(3) $2+1=5$

(4) 소년들이여, 야망을 가져라.

(5) 그는 훌륭한 사람이다.

(6) 정수는 셀 수 있다.

(7) 오, 아름다운 산하여!

풀이 (1), (3), (6)은 모두 참이나 거짓을 구별할 수 있으므로 명제이다. 의문문이나 명령문, 감탄문은 명제가 될 수 없으므로 (2), (4), (7)은 모두 명제가 아니다. 한편 (5)는 가치판단을 나타내는 말로 명제가 될 수 없다. ■

[표기] $2+1=5$와 같은 명제를 **단순명제**라 하고 소문자 알파벳 p, q, r, $\cdots$로 나타낸다. 또 두 개 이상의 단순명제의 조합으로 이루어진 명제를 **복합명제**라 하고 대문자 알파벳 P, Q, R, $\cdots$로 나타낸다.

정의 C.2

p를 명제라고 하자. 명제 p가 참이면 거짓이고 p가 거짓이면 참인 명제를 p의 **부정**이라 하고 $\sim p$(not p)로 나타낸다.

p	$\sim p$
T	F
F	T

위의 표와 같이 일어날 수 있는 모든 경우에 대하여 명제의 참(T) 또는 거짓(F)을 나타낸 표를 **진리표(truth table)**라고 한다.

기본예제 C.2 다음 물음에 답하여라.

(1) 명제 『π는 무한소수이다』의 부정을 말하여라.

(2) 명제 『그는 교사가 아니다』의 부정을 말하여라.

(3) $\sim(\sim p)$의 진리표를 작성하고 각 경우의 진위를 p와 비교하여라.

풀이 (1) π는 무한소수가 아니다.

(2) 그는 교사이다.

(3)

p	$\sim p$	$\sim(\sim p)$
T	F	T
F	T	F

■

정의 C.3

p와 q를 명제라고 하자. p와 q가 모두 참일 때만 참인 명제를 p와 q의 **논리곱**이라 하고 $p \wedge q$(p and q)로 나타낸다.

p	q	$p \wedge q$
T	T	T
T	F	F
F	T	F
F	F	F

기본예제 C.3 $\sim[(\sim p) \wedge (\sim q)]$의 진리표를 작성하여라.

풀이

p	q	$\sim p$	$\sim q$	$(\sim p) \wedge (\sim q)$	$\sim[(\sim p) \wedge (\sim q)]$
T	T	F	F	F	T
T	F	F	T	F	T
F	T	T	F	F	T
F	F	T	T	T	F

■

정의 C.4

p와 q를 명제라고 하자. p와 q가 모두 거짓일 때만 거짓인 명제를 p와 q의 **논리합**이라 하고 $p \vee q$(p or q)로 나타낸다.

p	q	$p \vee q$
T	T	T
T	F	T
F	T	T
F	F	F

기본예제 C.4 $\sim(p \wedge q)$와 $\sim p \vee \sim q$의 진리표를 작성하여라.

풀이

p	q	$\sim p$	$\sim q$	$p \wedge q$	$\sim(p \wedge q)$	$\sim p \vee \sim q$
T	T	F	F	T	F	F
T	F	F	T	F	T	T
F	T	T	F	F	T	T
F	F	T	T	F	T	T

■

정의 C.5

P와 Q를 명제라고 하자. 모든 경우에 대하여 P와 Q의 진리값이 같으면 P와 Q는 **동치**라고 하고 $P \equiv Q$로 나타낸다.

기본예제 C.5 $\sim(p \vee q) \equiv \sim p \wedge \sim q$임을 보여라.

풀이

p	q	$\sim p$	$\sim q$	$p \vee q$	$\sim(p \vee q)$	$\sim p \wedge \sim q$
T	T	F	F	T	F	F
T	F	F	T	T	F	F
F	T	T	F	T	F	F
F	F	T	T	F	T	T

모든 경우에 $\sim(p \vee q)$과 $\sim p \wedge \sim q$의 진리값이 같으므로 $\sim(p \vee q) \equiv \sim p \wedge \sim q$이다. ■

정의 C.6

p와 q를 명제라고 하자. **조건문(conditional)** $p \to q$(if p then q)는 다음과 같은 진리표로 정의된다.

p	q	$p \to q$
T	T	T
T	F	F
F	T	T
F	F	T

조건문 $p \to q$에서 p를 **조건(condition)**, q를 **결론(conclusion)**이라 한다.

기본예제 C.6 $p \to q \equiv \sim(p \wedge \sim q)$임을 보여라.

풀이

p	q	$p \to q$	$\sim q$	$p \wedge \sim q$	$\sim(p \wedge \sim q)$
T	T	T	F	F	T
T	F	F	T	T	F
F	T	T	F	F	T
F	F	T	T	F	T

모든 경우에 $p \to q$과 $\sim(p \wedge \sim q)$의 진리값이 같으므로 $p \to q \equiv \sim(p \wedge \sim q)$이다. ■

정의 C.7

p와 q를 명제라고 하자. **쌍조건문(biconditional)** $p \leftrightarrow q$(p and only if q)는 다음과 같은 진리표로 정의된다.

p	q	$p \leftrightarrow q$
T	T	T
T	F	F
F	T	F
F	F	T

기본예제 C.7 $p \leftrightarrow q \equiv (p \rightarrow q) \wedge (q \rightarrow p)$임을 보여라.

풀이

p	q	$p \leftrightarrow q$	$p \rightarrow q$	$q \rightarrow p$	$(p \rightarrow q) \wedge (q \rightarrow p)$
T	T	T	T	T	T
T	F	F	F	T	F
F	T	F	T	F	F
F	F	T	T	T	T

모든 경우에 $p \leftrightarrow q$과 $(p \rightarrow q) \wedge (q \rightarrow p)$의 진리값이 같으므로 $p \leftrightarrow q \equiv (p \rightarrow q) \wedge (q \rightarrow p)$이다.

■

정의 C.8

일어날 수 있는 모든 경우에 항상 참인 명제를 **항진명제**, 항상 거짓인 명제를 **모순명제**라고 하고 각각 t와 c로 나타낸다. 특히 조건문 $p \rightarrow q$이 항진명제이면 $p \Rightarrow q$(p implies q)로, 쌍조건문 $p \leftrightarrow q$이 항진명제이면 $p \Leftrightarrow q$(p is equivalent to q)로 나타낸다. 따라서 정의 C.5에 의하여 $p \equiv q$와 $p \Leftrightarrow q$는 같은 뜻이다.

기본예제 3.8 다음에서 항진명제와 모순명제를 찾아라.

(1) $p \vee \sim p$

(2) $p \wedge \sim p$

(3) $p \rightarrow p \vee q$

(4) $p \wedge q \rightarrow p$

풀이 (1) 다음 진리표에서 $p \vee \sim p$는 항상 참이므로 항진명제이다.

p	$\sim p$	$p \vee \sim p$
T	F	T
F	T	T

(2) 다음 진리표에서 $p \wedge \sim p$는 항상 거짓이므로 모순명제이다.

p	$\sim p$	$p \wedge \sim p$
T	F	F
F	T	F

(3) 다음 진리표에서 $p \rightarrow p \vee q$는 항상 참이므로 항진명제이다.

p	q	$p \vee q$	$p \rightarrow p \vee q$
T	T	T	T
T	F	T	T
F	T	T	T
F	F	F	T

(4) 다음 진리표에서 $p \wedge q \rightarrow p$는 항상 참이므로 항진명제이다.

p	q	$p \wedge q$	$p \wedge q \rightarrow p$
T	T	T	T
T	F	F	T
F	T	F	T
F	F	F	T

■

정리 C.9

p와 q를 명제라고 하자. 그러면 다음이 성립한다.

(1) $p \Rightarrow p \vee q$ **(합의 법칙)**

(2) $p \wedge q \Rightarrow p$, $p \wedge q \Rightarrow q$ **(단순화 법칙)**

(3) $(p \vee q) \wedge \sim p \Rightarrow q$ **(삼단논법)**

(4) $\sim(\sim p) \equiv p$ **(이중부정)**

(5) $p \vee q \equiv q \vee p$, $p \wedge q \equiv q \wedge p$ **(교환법칙)**

(6) $p \vee p \equiv p$, $p \wedge p \equiv p$ **(멱등법칙)**

(7) $p \rightarrow q \equiv \sim q \rightarrow \sim p$ **(대우법칙)**

정리 C.10

p와 q를 명제라고 하자. 그러면 다음이 성립한다.

(1) $\sim(p \vee q) \equiv \sim p \wedge \sim q$ **(드모르간 법칙)**

(2) $\sim(p \wedge q) \equiv \sim p \vee \sim q$ **(드모르간 법칙)**

정리 C.11

p, q, r을 명제라고 하자. 그러면 다음이 성립한다.

(1) $(p \wedge q) \wedge r \equiv p \wedge (q \wedge r)$ **(결합법칙)**

$(p \vee q) \vee r \equiv p \vee (q \vee r)$

(2) $p \wedge (q \vee r) \equiv (p \wedge q) \vee (p \wedge r)$ **(분배법칙)**

$p \vee (q \wedge r) \equiv (p \vee q) \wedge (p \vee r)$

(3) $(p \rightarrow q) \wedge (q \rightarrow r) \Rightarrow (p \rightarrow r)$ **(추이법칙)**

정리 C.12

p, q, r을 명제라고 하자. 그러면 다음이 성립한다.

(1) $(p \rightarrow q) \wedge p \Rightarrow q$ **(긍정 논법)**

(2) $(p \rightarrow q) \wedge \sim q \Rightarrow \sim p$ **(부정 논법)**

(3) $(p \rightarrow q) \Leftrightarrow (p \wedge \sim q \rightarrow q \wedge \sim q)$ **(모순법)**

(4) $(p \vee q) \rightarrow r \Leftrightarrow (p \rightarrow r) \wedge (q \rightarrow r)$

(5) $(p \wedge q) \rightarrow r \Leftrightarrow (p \rightarrow r) \vee (q \rightarrow r)$

지금까지 우리는 진리표를 만들어 모든 경우에 두 명제의 진리값이 같음을 밝혀 두 명제가 동치임을 보였다. 이런 방법과 달리 진리표를 만들지 않고 정리에 나타나는 논리의 법칙을 이용하여 결론이 참임을 보이는 것을 **연역적 증명**이라 한다.

기본예제 C.9 연역적인 방법으로 다음이 참임을 보여라.

(1) $p \to q \equiv \sim q \to \sim p$

(2) $(p \vee q) \wedge \sim p \Rightarrow q$

풀이 (1)

$$\begin{aligned} (p \to q) &\equiv \sim (p \wedge \sim q) \\ &\equiv \sim (\sim q \wedge p) \\ &\equiv \sim [\sim q \wedge \sim (\sim p)] \\ &\equiv \sim q \to \sim p \end{aligned}$$

(2)

$$\begin{aligned} (p \vee q) \wedge \sim p &\equiv \sim p \wedge (p \vee q) \\ &\equiv (\sim p \wedge p) \vee (\sim p \wedge q) \\ &\equiv c \vee (\sim p \wedge q) \\ &\equiv \sim p \wedge q \\ &\Rightarrow q \end{aligned}$$

■

정리 C.13

$x^2 - 3x + 2 = 0$은 $x = 1$ 또는 $x = 2$이면 참이지만 그 외의 값에 대해서는 거짓이다. $x^2 - 3x + 2 = 0$처럼 $p(x)$를 x에 따라 참과 거짓이 결정되는 명제라고 하자. 그러면 드모르간 법칙에 의하여

$$\sim [p(x_1) \wedge p(x_2) \wedge p(x_3) \wedge \cdots] = \sim p(x_1) \vee \sim p(x_2) \vee \sim p(x_3) \vee \cdots$$

$$\sim [p(x_1) \vee p(x_2) \vee p(x_3) \vee \cdots] = \sim p(x_1) \wedge \sim p(x_2) \wedge \sim p(x_3) \wedge \cdots$$

이다. 일반적으로

For all x: $\forall x$ (모든 x에 대하여, 임의의 x에 대하여, 어떠한 x에 대하여도)
For some x: $\exists x$ (어떤 x에 대하여, 적당한 x에 대하여)

라고 하면

$$\sim [(\forall x)(p(x))] \equiv (\exists x)(\sim p(x))$$
$$\sim [(\exists x)(p(x))] \equiv (\forall x)(\sim p(x))$$

이다.

기본예제 C.10 다음 명제의 부정 명제를 구하여라.

(1) 모든 뱀은 독이 있다.

(2) 어떤 법칙은 예외가 있다.

(3) 모든 실수 x에 대하여 $(x+1)^2 = x^2 + 2x + 1$

(4) 어떤 실수 x에 대하여 $x^2 + 2x - 3 = 0$

풀이 (1) 어떤 뱀은 독이 없다.

(2) 모든 법칙은 예외가 없다.

(3) 어떤 실수 x에 대하여 $(x+1)^2 \neq x^2 + 2x + 1$

(4) 모든 실수 x에 대하여 $x^2 + 2x - 3 \neq 0$ ■

기본예제 C.11 주어진 가설을 이용하여 연역적인 방법으로 결론이 참임을 보여라.

가설

- 의학을 전공하면 돈을 많이 벌 수 있다.
- 예술을 전공하면 좋은 삶을 살 수 있다.
- 돈을 많이 벌 수 있거나 좋은 삶을 살 수 있으면 등록금이 낭비된 것은 아니다.
- 그의 등록금은 낭비되었다.

결론

- 그는 의학이나 예술을 전공하지 않았다.

풀이 명제 M, E, A, L, W를 다음과 같이 정의하자.

M: 의학을 전공하다.
E: 돈을 많이 벌 수 있다.
A: 예술을 전공하다.
L: 좋은 삶을 살다.
W: 등록금을 낭비하다.

위의 명제와 논리기호를 사용하여 주어진 가설과 결론을 나타내면 다음과 같다.

H1 $M \to E$
H2 $A \to L$
H3 $(E \vee L) \to \sim W$
H4 W
C. $\therefore \sim M \wedge \sim A$

➔ 직접증명

1.	W	(H4에 의해)
2.	$\sim (E \vee L)$	(H3의 대우)
3.	$\sim E \wedge \sim L$	(드모르간 법칙)
4.	$\sim E$	(3에서 단순화 법칙)
5.	$\sim L$	(3에서 단순화 법칙)
6.	$\sim M$	(4와 H1의 대우)
7.	$\sim A$	(5와 H2의 대우)
8.	$\sim M \wedge \sim A$	(6과 7에 의해)

■

기본예제 C.12 주어진 가설을 이용하여 귀류법으로 결론이 참임을 보여라.

H1 $p \vee q \rightarrow r$

H2 $s \rightarrow p \wedge u$

H3 $q \vee s$

C. $\therefore r$

풀이

➜ 귀류법

1. $\sim r$	(결론을 부정)
2. $\sim (p \vee q)$	(H1에 의해)
3. $\sim p \wedge \sim q$	(드모르간 법칙)
4. $\sim p$	(3에서 단순화 법칙)
5. $\sim q$	(3에서 단순화 법칙)
6. s	(H3과 5에서 삼단논법)
7. $p \wedge u$	(H2에 의해)
8. p	(7에서 단순화 법칙)
9. $p \wedge \sim p$: 모순	($p \wedge \sim p \equiv c$: 모순명제)
10. $\therefore r$	(결론을 부정하면 모순이므로 결론이 참)

■

D 논리게임에서의 도식화

I. 배열하기

어떤 회사의 부서 A, B, C, D, E가 하루에 한 부서씩 조사를 받을 때 조사 받는 차례를 생각하여 보자.

(1) 기본 도식

A, B, C, D, E → 1 2 3 4 5

(2) 첫 날에 D는 아니다.

1	2	3	4	5
D̸				

(3) B는 D 각각 바로 전날에, 이틀 전에, 3일 전에 조사를 받는다.

BD	B_D	B_ _D

(4) B는 D 바로 전날에는 조사를 받지 않는다.

~~BD~~

(5) B와 D는 연속해서 조사를 받는다.

BD/DB

(6) B는 D보다 먼저 조사 받는다.

B < D

(7) B와 D 둘 중 하나는 둘째 날에 조사 받는다.

1	2	3	4	5
	B/D			

(8) B는 둘째 날이나 넷째 날에 조사 받는다.

1	2	3	4	5
	B/		/B	

(9) B가 둘째 날에 조사를 받으면 D는 넷째 날에 조사 받는다.

2 : B → 4 : D

II. 그룹 만들기

아홉 명 A, B, C, D, E, F, G, H, I 중에서 여섯 명을 선출하여 몇 개의 그룹으로 만드는 경우를 생각해보자.

(1) 아홉 명 A, B, C, D, E, F, G, H, I 중에서 여섯 명을 선출한다.

> A, B, C, D, E, F, G, H, I → ___ ___ ___ ___ ___ ___

(2) 선출된 여섯 명을 세 명씩 두 그룹으로 나눈다.

—	—
—	—
—	—
1	2

(3) B가 선택되면 D도 선택된다(또는 D가 선택되지 않으면 B도 선택되지 않는다).

$$B \rightarrow D \qquad \not{D} \rightarrow \not{B}$$

(4) B가 선택되면 D는 선택되지 않는다(또는 B와 D가 함께 선택되지는 않는다).

$$B \rightarrow \not{D} \qquad D \rightarrow \not{B}$$

(5) B가 그룹1에 속하면 D는 그룹2에 속한다.

$$B_1 \rightarrow D_2$$

(6) B와 D는 같은 그룹에 속하지 않는다.

1	2
B/D	D/B

III. 순서 정하기

다섯 명 A, B, C, D, E의 수학 성적에 대한 경우를 생각해보자.

(1) A의 점수가 B의 점수보다 높다.

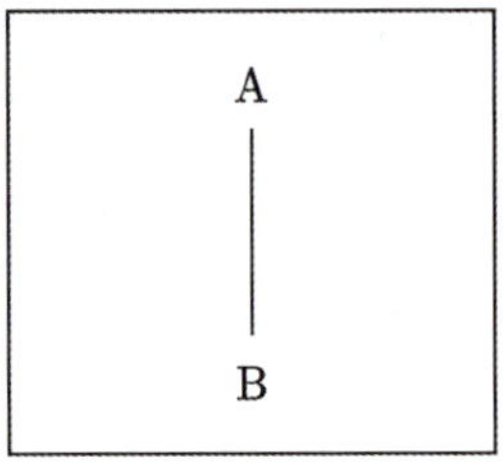

(2) A의 점수는 B와 C의 점수보다 높다.

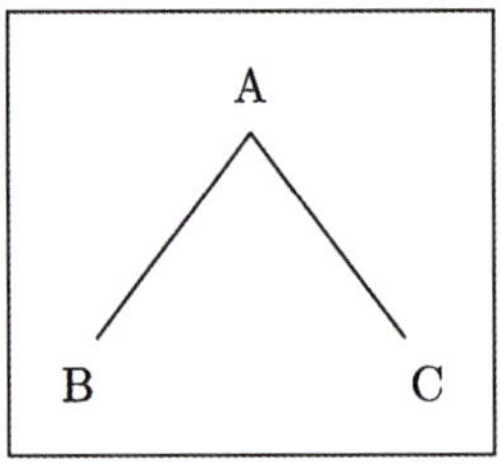

(3) C의 점수는 A와 B의 점수 보다 낮다.

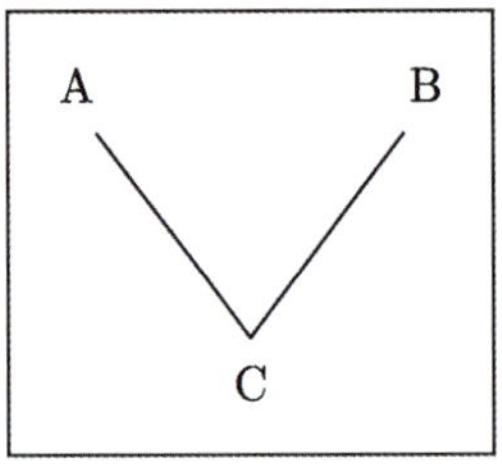

문제 해답

0. 맛보기

[문제 0.1] 주어진 상황을 그림으로 나타내보자.

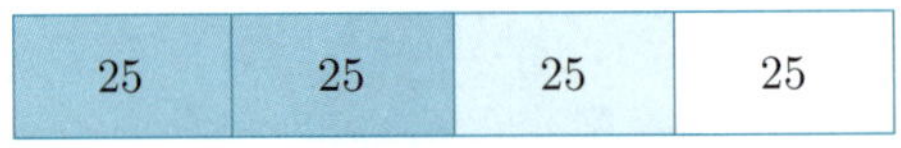

올라갈 때는 절반을 땄으므로 그림의 진한 파랑색 부분만큼 땄고, 내려올 때 나머지의 절반을 땄으니 그림의 연한 파랑색 부분만큼 땄다. 전체의 $\frac{1}{4}$인 흰색 부분이 25개이므로 원래 전체 감의 개수는 100이다.

[문제 0.2] 이 벌레는 하루에 2cm씩 말뚝을 기어오르는 셈이다. 따라서 23일 지나면 말뚝의 46cm까지 오른다.

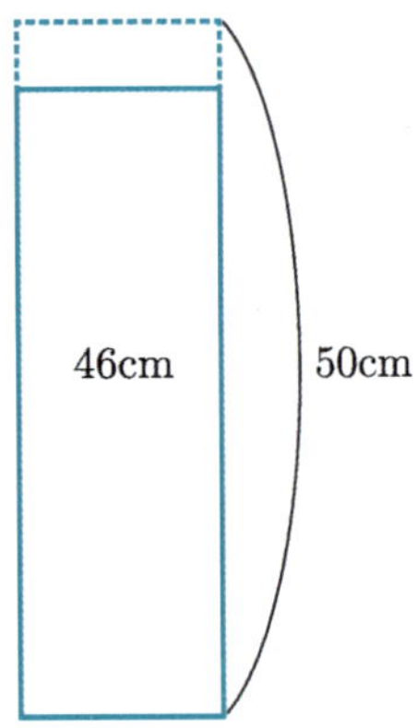

그 다음날 낮에 5cm를 오르면 50cm 끝까지 오르게 된다. 그러므로 이 벌레는 24일이면 말뚝의 끝까지 오를 수 있다.

[문제 0.3] 다음 그림과 같이 유리병을 거꾸로 놓으면 병의 부피는 왼쪽 물이 찬 부분과 오른쪽 물이 비어있는 부분의 부피의 합이다.

따라서 주어진 자로 a와 b, 병 밑 원의 반지름 r을 재면 병의 부피 V는 밑변의 반지름이 r, 높이가 $a+b$인 원기둥의 부피와 같으므로 $V=\pi r^2(a+b)$이다.

[문제 0.4] 수나가 찢은 마지막 쪽 번호는 183보다 큰 짝수이므로 318이다. 따라서 수나가 찢은 쪽의 수는 $318-183+1=136$이고, 수나는 68장을 찢었다.

[문제 0.5] 다음 그림처럼 두 널빤지를 놓아 운하를 건널 수 있다.

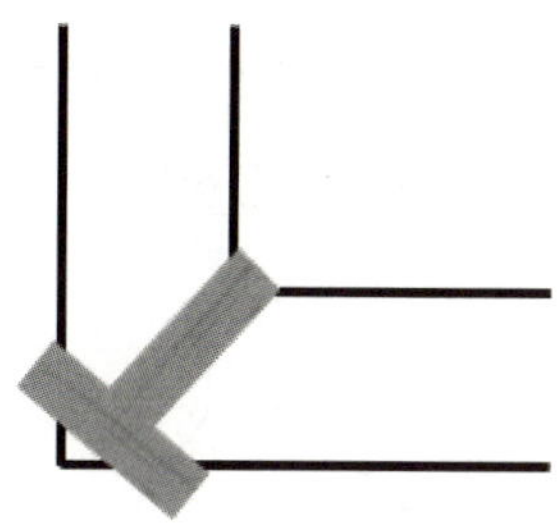

[문제 0.6] 어떤 사람 A가 1997년 12월 31일에 태어났고 오늘이 2019년 1월 1일이라고 하자.

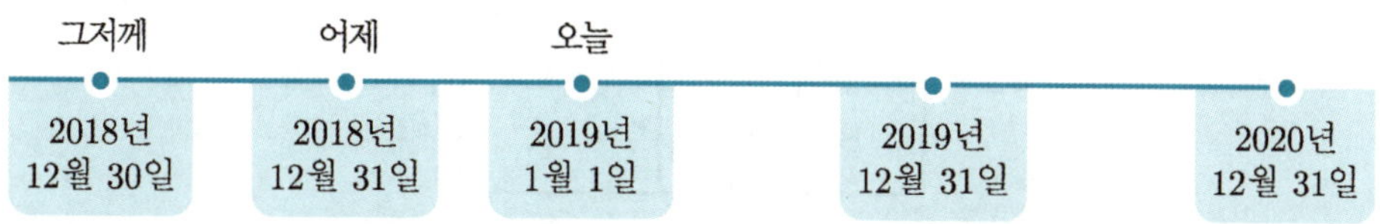

그러면 A는 그저께(12월 30일)에는 20살이었고 어제(12월 31일)는 21살이었으며 2019년 12월 31일에는 22살, 2020년 12월 31일에는 23살이 된다. 2020년 12월 31일은 내년이므로 내년에 23살이 될 수 있다.

[문제 0.7] 다음 주어진 순서대로 T와 R을 취한다.

$$\frac{3}{5} \xrightarrow{\mathrm{R}} \frac{5}{3} \xrightarrow{\mathrm{T}} \frac{2}{3} \xrightarrow{\mathrm{R}} \frac{3}{2} \xrightarrow{\mathrm{T}} \frac{1}{2} \xrightarrow{\mathrm{R}} 2 \xrightarrow{\mathrm{T}} 1 \xrightarrow{\mathrm{T}} 0$$

[문제 0.8] 오남이와 하나가 t초 후에 만난다고 하자. 그 때까지 오남이가 걸은 거리는 $6t$, 하나가 걸은 거리는 $4t$이다.

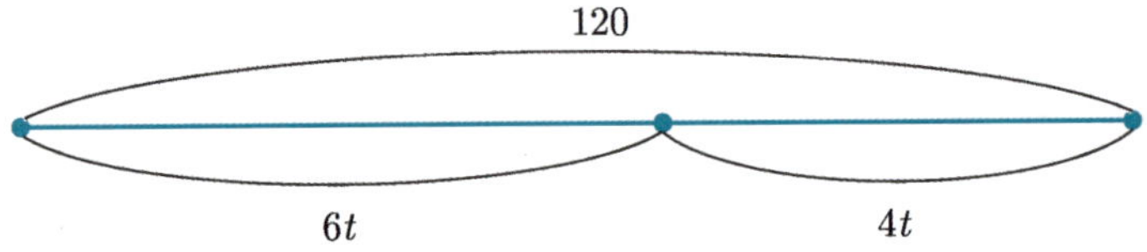

따라서 $6t+4t=120$이고 $t=12$이다. 파리는 12초 동안 초속 12m로 계속 날아다녔으므로 파리가 난 총 거리는 $12\times 12=144$m이다.

[문제 0.9] 다음 그림처럼 한 변이 각각 3cm, 4cm인 정사각형을 네 조각 A, B, C, D로 나누고 A, B, C, D를 윗부분의 큰 정사각형을 만들면 한 변이 5cm인 정사각형이 된다. 이 방법을 세 변이 각각 x, y, z인 직각삼각형에 적용하면 $x^2+y^2=z^2$이 되어 피타고라스 정리가 성립함을 알 수 있다.

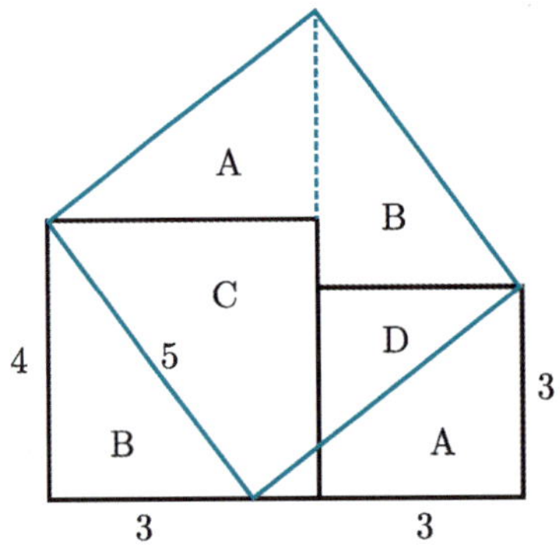

[문제 0.10] 종이 위에 색깔이 같은 두 점을 각각 A와 B라 하고 선분 AB를 지름으로 하는 원을 그리자.

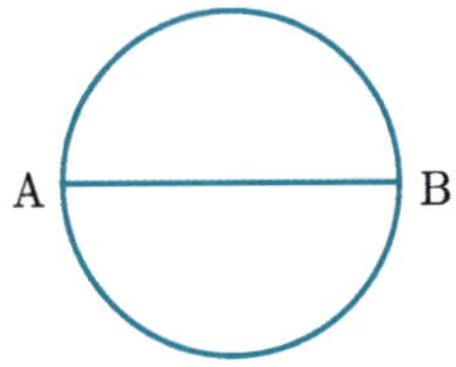

① 원 위에 A와 같은 색인 점 C가 있는 경우: △ABC은 세 꼭짓점의 색이 같은 직각삼각형이다.

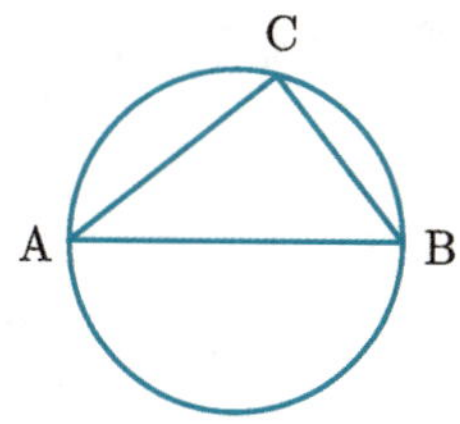

② 점 A, B를 제외한 원 위에 모든 점의 색이 A와 다른 경우: 지름 AB와 다른 지름 DE를 잡고 원 위에서 A, B와 다른 임의의 한 점 F를 잡으면 D, E, F는 모두 A와 다른 색이므로 △DEF는 세 꼭짓점의 색이 같은 직각삼각형이다.

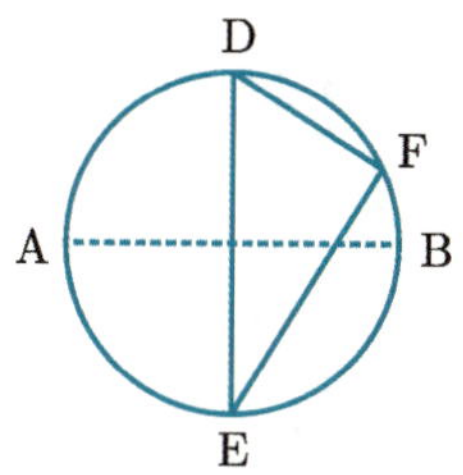

연습문제 1

[문제 1.1] 여러 숫자가 나타나는 상황에서 보통 사람들이 자주 겪는 오류이다. 문제에서 주어진 $900 \times 3 + 200 = 2900$원은 어떤 의미를 갖는지 살펴보자. 자세히 생각해보면 단지 문제에서 나오는 여러 숫자를 교묘하게 이용하여 등식을 만들었을 뿐 아무런 의미가 없고, 그러기에 그것이 세 명이 낸 돈의 합 3000원과 같을 필요도 없다. 물건을 사고 팔 때에는 구매한 물건의 값과 지불한 금액이 같아야 한다.

$$\text{지불한 금액} = 2700\text{원}$$
$$\text{떡볶이 값} + \text{거스름돈} = 2500 + 200 = 2700$$

[문제 1.2] (1) A는 한 번에 1000원씩 30번 팔아야 하고 그 금액의 합은 30000원이다. 한편 B는 한 번에 2000원씩 20번 팔아야 하고 그 금액의 합은 40000원이다. 따라서 A와 B가 팔아서 얻은 돈의 합은 $30000 + 40000 = 70000$원이다.

(2) 한 번에 3000원씩 24번 팔게 되므로 판 금액은 72000원이다.

(3) 위 (2)처럼 팔 때 20번을 팔면 B의 사과는 없고 A의 사과만 남는다. 따라서 21번째부

터는 6개에 3000원을 받아야 하는데 5개에 3000원을 받았으므로 (1)의 경우보다 돈이 남게 된다.

[문제 1.3] 주어진 정사각형을 실제로 오려 붙이면 아래와 같다.

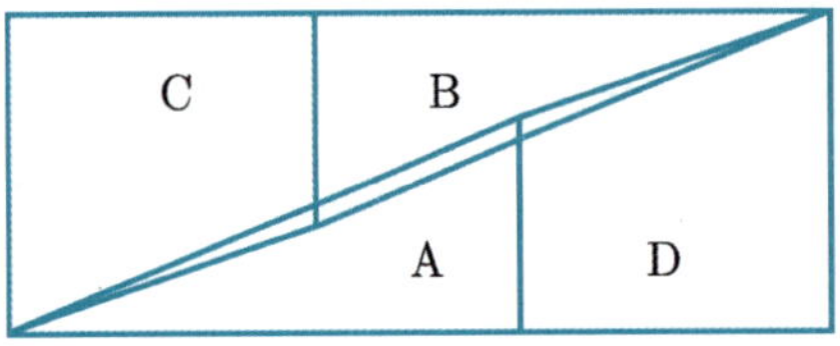

정사각형을 오려서 직사각형에 붙이면 겹쳐지는 부분이 있으므로 정사각형의 넓이는 직사각형의 넓이보다 더 크다.

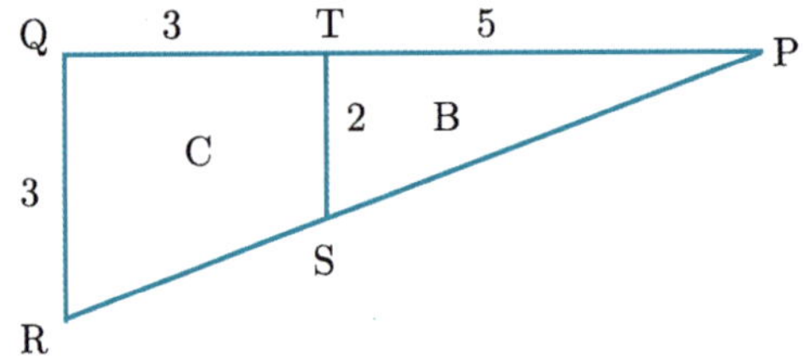

정사각형을 네 조각으로 오려서 붙일 때 위처럼 선분 $\overline{RS}$와 선분 $\overline{SP}$가 한 직선 위에 있다면 $\triangle PTS$와 $\triangle PQR$는 닮은 삼각형이고 닮음비는 같으므로 $\overline{PT} : \overline{TS} = \overline{PQ} : \overline{QR}$이다. 그러나 $5:2 \neq 8:3$이므로 선분 $\overline{RS}$와 선분 $\overline{SP}$는 같은 직선에 있을 수 없다.

[문제 1.4] (1) 수나의 집에서 할머니 댁까지의 거리를 x라고 하자. 수나가 갈 때 걸린 시간은 $x/6$이고, 올 때 걸린 시간은 $x/4$이다. 따라서 갈 때와 올 때의 거리의 합 $2x$를 $(x/6+x/4)$시간 동안 걸었으므로 평균속력은

$$\frac{2x}{\frac{x}{6}+\frac{x}{4}} = \frac{2 \times 6 \times 4}{4+6} = 4.8$$

(2) 재작년에 오남이가 산 주식 가격을 a라고 하면 작년의 주식 가격은 $2a$이고 올해의 주식 가격은 $2a \times 3 = 6a$이다. 이 주식이 매년 p배 올랐다고 하면 재작년, 작년, 올해의 주식 가격은 다음과 같다.

$$a \to pa \to p^2 a$$

따라서 $p^2 a = 6a$이고 $p = \sqrt{6} = 2.45$(배)이다.

[문제 1.5] 등식의 양변에 같은 수를 더하거나 빼거나 곱하여도 등식은 여전히 성립한다. 그러나 등식의 양변을 나눌 때 등식이 성립하기 위해서는 반드시 0이 아닌 수로 나누어야 한다. 이 문제에서 $a - b = 0$이므로 4단계에서 등식의 양변을 0으로 나누었고, 그것 때문에 오류가 생겼다.

[문제 1.6] 정수의 집합이 자연수의 집합을 포함하므로 정수의 개수는 자연수의 개수보다 작지 않다. 수나의 말대로 모든 정수를 자연수를 이용하여 셀 수 있으므로 자연수의 개수가 정수의 개수보다 작지 않다. 따라서 자연수 집합의 원소의 수는 정수 집합의 원소의 수와 같다.

[문제 1.7] 한 변의 길이가 각각 $a$cm, $b$cm인 정육면체에서 두 정육면체의 부피의 평균은 $\frac{a^3 + b^3}{2}$이다. 한편 두 정육면체의 한 변의 평균은 $\frac{a+b}{2}$이고 이것을 한 변으로 만들어진 정육면체의 부피는 $\left(\frac{a+b}{2}\right)^3$이다. 일반적으로

$$\left(\frac{a+b}{2}\right)^3 = \frac{a^3 + 3a^2 b + 3ab^2 + b^3}{8} \neq \frac{a^3 + b^3}{2}$$

이므로 위의 두 값은 다르다.

[문제 1.8] 4단계에서 A와 C의 색이 다를 경우에 D를 색칠할 수 있는 방법의 수는 8이나 A와 C의 색이 같을 경우에 D를 색칠할 수 있는 방법의 수는 9이다.

[문제 1.9] 경우 ②에서 『변 BC의 수직이등분선이 선분 AY와 만나는 점을 X라 하자』라는 부분이 잘못되었다. 실제로는 아래 그림처럼 변 BC의 수직이등분선과 각 A의 이등분선은 삼각형 내부에서 만나지 않으므로 점 X를 잡을 수 없다.

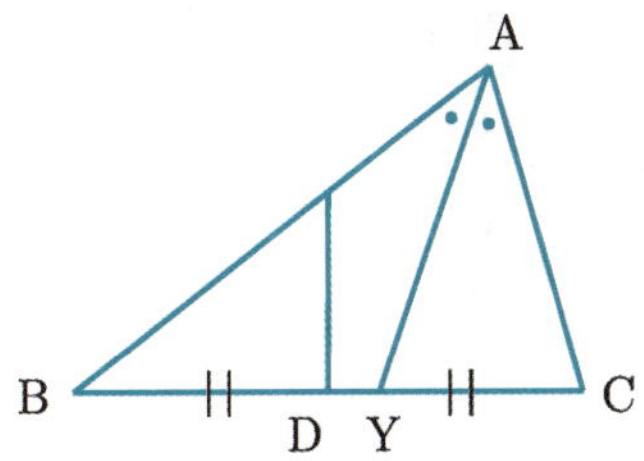

연습문제 2

[문제 2.1] 좋아하면 ○, 그렇지 않으면 ×로 표시하여 주어진 사실을 표에 나타내면 다음과 같다.

	축구	농구	야구	배구
하나		×		
두나				○
세나			×	
수나	×		×	

(i) 두나는 배구를 좋아하므로 다른 구기 종목은 좋아하지 않는다.
(ii) 두나, 세나, 수나는 야구를 좋아하지 않으므로 하나가 야구를 좋아한다.
(iii) 수나는 축구, 야구, 배구를 좋아하지 않으므로 수나는 농구를 좋아한다.
(iv) 남은 사람 세나는 남은 구기인 축구를 좋아한다.

	축구	농구	야구	배구
하나	×	×	○	×
두나	×	×	×	○
세나	○	×	×	×
수나	×	○	×	×

[문제 2.2] 세 사람 화이트, 블랙, 그린이 매고 있는 넥타이의 색깔은 다음과 같다.

경우	화이트	블랙	그린
1	하양	검정	초록
2	하양	초록	검정
3	**검정**	**초록**	**하양**
4	검정	하양	초록
5	초록	검정	하양
6	초록	하양	검정

(i) 경우1, 2, 4, 5는 초록 넥타이를 맨 사람의 말에 어긋난다.
(ii) 화이트와 초록 넥타이를 맨 사람은 서로 다르므로 경우6은 아니다.

따라서 경우3만 주어진 조건을 만족하며 화이트는 검정, 블랙은 초록, 그린은 하양색 넥타이를 매고 있다.

[문제 2.3] 각 학교의 득점의 합과 실점의 합은 같으므로 A의 실점은 29점이다.

$$\mathrm{A}:\mathrm{B}=a+1:a,\quad \mathrm{A}:\mathrm{C}=b:c,\quad \mathrm{B}:\mathrm{C}=d:e$$

라고 하자.

	A	B	C	득점	실점
A		$a+1:a$	$b:c$	39	29
B	$a:a+1$		$d:e$	35	38
C	$c:b$	$e:d$		42	49
합				116	116

그러면

$$\begin{aligned} (a+1)+b&=39 \qquad & a+c&=29 \\ a+d&=35 \qquad & (a+1)+e&=38 \\ c+e&=42 \qquad & b+d&=49 \end{aligned}$$

위의 방정식을 풀면 $a=12$, $b=26$, $c=17$, $d=23$, $e=25$이다. 따라서 각 학교의 득실점과 각 경기의 스코어는 다음과 같다.

	A	B	C	득점	실점
A		13 : 12	26 : 17	39	29
B	12 : 13		23 : 25	35	38
C	17 : 26	25 : 23		42	49
합				116	116

[문제 2.4] 승리했을 때는 ○, 패배했을 때는 ×, 비겼을 때는 Δ 으로 표시하여 주어진 사실을 표에 나타내면 다음과 같다.

	A	B	C	D	전적	득점	실점
A					2승 1무	6	3
B			×			0	7
C		○			1승 2무	4	3
D						8	5
합						18	18

(i) C는 이미 1승이 있으므로 나머지 전적은 2무이다.
(ii) A는 이미 1무가 있으므로 나머지 전적은 2승이다.
(iii) D는 득점이 실점보다 많으므로 적어도 한 번은 승리했으므로 B와의 경기에서 승리했다. 따라서 B의 전적은 3패, D의 전적은 1승 1무 1패이다.

	A	B	C	D	전적	득점	실점
A		○ ∗ : 0	△	○	2승 1무	6	3
B	× 0 : ∗		× 0 : ∗	× 0 : ∗	3패	0	7
C	△	○ ∗ : 0		△	1승 2무	4	3
D	×	○ ∗ : 0	△		1승 1무 1패	8	5
합						18	18

(iv) C의 전적은 1승 2무이고 득점과 실점의 차이가 1이므로 C : B = 1 : 0이다.
(v) C : A = $a:a$라고 하자. 그러면 C : D = $3-a:3-a$이다. 또 A의 실점이 3이고, D의 실

점이 5이므로 D : A= $3-a:2+a$이다.

(vi) A의 득점이 6이므로 A : B= $4-2a:0$이다. 또 B의 실점이 7이므로 B : D= $0:2+2a$이다.

	A	B	C	D	전적	득점	실점
A		○ $4-2a:0$	△ $a:a$	○ $2+a:3-a$	2승 1무	6	3
B	× $0:4-2a$		× $0:1$	× $0:2+2a$	3패	0	7
C	△ $a:a$	○ $1:0$		△ $3-a:3-a$	1승 2무	4	3
D	× $3-a:2+a$	○ $2+2a:0$	△ $3-a:3-a$		1승 1무 1패	8	5
합						18	18

(vii) 위 표에서 승패를 고려하면 $4-2a>0$이고 $3-a<2+a$이므로 $a=1$이다. 따라서 각 팀의 전적과 각 경기의 스코어는 다음과 같다.

	A	B	C	D	전적	득점	실점
A		○ 2 : 0	△ 1 : 1	○ 3 : 2	2승 1무	6	3
B	× 0 : 2		× 0 : 1	× 0 : 4	3패	0	7
C	△ 1 : 1	○ 1 : 0		△ 2 : 2	1승 2무	4	3
D	× 2 : 3	○ 4 : 0	△ 2 : 2		1승 1무 1패	8	5
합						18	18

[문제 2.5] 맞으면 ○, 틀리면 ×로 표시하여 주어진 사실을 표에 나타내면 다음과 같다.

	1루수	2루수	3루수	유격수	홈런왕	타점왕	도루왕	타격왕
하나		×		×	×			
두나			×			×		
세나		×	×		×	×		
수나							×	
홈런왕		×	×	×				
타점왕			×					
도루왕			×					
타격왕								

(i) 3루수는 홈런왕, 타점왕, 도루왕이 아니므로 타격왕이다.

(ii) 홈런왕은 2루수, 3루수, 유격수가 아니므로 1루수이다.

(iii) 세나는 홈런왕이 아니므로 1루수가 아닌 유격수이다. 또 타격왕, 타점왕이 아니므로 도루왕이다. 따라서 2루수는 타점왕이다.

(iv) 두나는 타점왕인 2루수가 아니므로 1루수이다. 따라서 수나는 2루수이다.

(v) 마지막으로 하나는 3루수이다.

위의 사실을 종합하면 다음과 같다.

	1루수	2루수	3루수	유격수	홈런왕	타점왕	도루왕	타격왕
하나	×	×	○	×	×	×	×	○
두나	○	×	×	×	○	×	×	×
세나	×	×	×	○	×	×	○	×
수나	×	○	×	×	×	○	×	×
홈런왕	○	×	×	×				
타점왕	×	○	×	×				
도루왕	×	×	×	○				
타격왕	×	×	○	×				

[문제 2.6] (i) 총 시합 수는 세 사람의 이긴 횟수의 합인 $7+6+2=15$이다.

(ii) 시합에서 패배한 사람은 그 다음에는 기다리거나 경기가 완전히 끝나야 한다. 따라서 a번 패배하면 $(a+1)$번 또는 a번 또는 $(a-1)$번 기다려야 한다.

(iii) 갑은 처음에 시합을 했으므로 a번 패배하면 a번 또는 $(a-1)$번 기다려야 하고, 패배 횟수와 대기 횟수의 합이 $15-7=8$이므로 4번 패배했고 4번 대기했다.

(iv) 병은 처음에 시합을 했으므로 b번 패배하면 b번 또는 $(b-1)$번 기다려야 하고, 패배 횟수와 대기 횟수의 합이 $15-2=13$이므로 7번 패배했고 6번 대기했다.

(v) 세 사람의 패배 횟수와 대기 횟수의 합이 각각 15이므로 을은 4번 패배했고 5번 대기했다.

이를 종합하여 표를 그리면 다음과 같다.

	승리 횟수	패배 횟수	대기 횟수	합
갑	7	4	4	15
을	6	4	5	15
병	2	7	6	15
시합 수 합계	15	15	15	

(vi) 을과 병 사이의 시합 수는 갑의 대기 횟수인 4이고 승리 횟수가 서로 같으므로 두 사람 사이의 전적은 2승 2패이다.

연습문제 3

[문제 3.1] 이 회사 입사 시험의 지원자의 수를 x라 하고 주어진 상황을 그림으로 나타내면 다음과 같다.

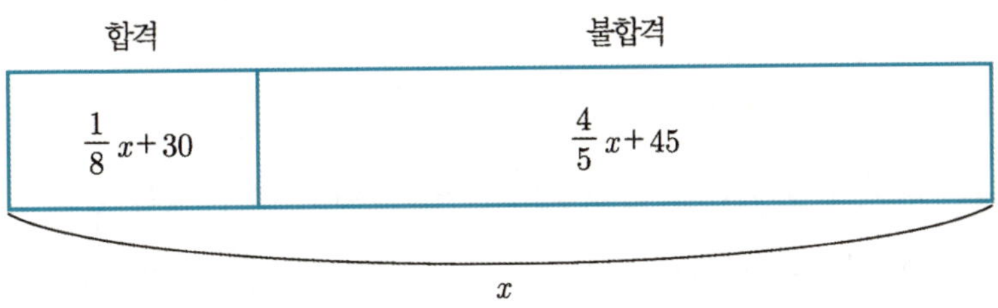

합격자 수와 불합격자 수의 합은 지원자 수 x와 같으므로 $(\frac{1}{8}x+30)+(\frac{4}{5}x+45)=x$이고 이 일차방정식을 풀면 $x=1000$이다.

[문제 3.2] 타이브레이크에 속하는 학생의 집합을 T, 루트에 속하는 학생의 집합을 R, 셔틀콕에 속하는 학생의 집합을 S라고 하자. 이 집합들을 이용하여 주어진 조건을 벤다이어그램으로 나타내면 다음과 같이 일곱 영역으로 나누어진다.

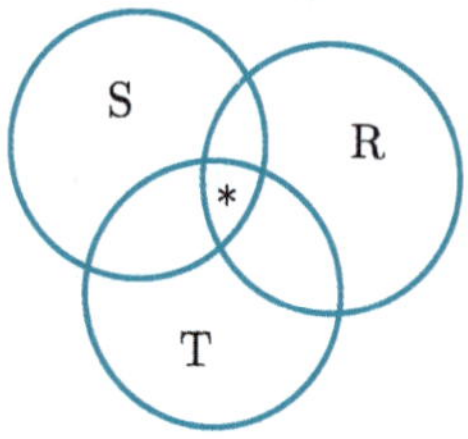

각 학생은 위 일곱 영역 중 세 집합이 공통인 곳(∗)을 제외한 어느 한 곳에 속하므로 6가지 경우가 있다. 따라서 일어날 수 있는 모든 경우의 수는 곱의 법칙에 의하여 $6\times6\times6\times\cdots\times6=6^{40}$이다.

[문제 3.3] 아버지가 60계단을 올랐고 아버지가 세 계단을 오를 때 아들은 한 계단을 오르므로 아들은 20계단을 올랐다. 따라서 현재 아버지와 아들사이에는 40계단이 있다.

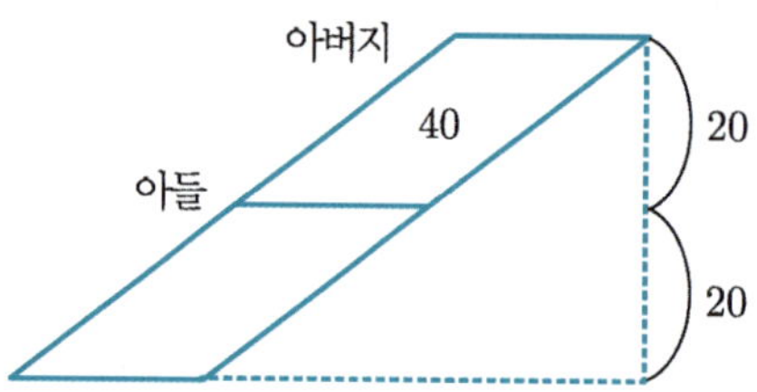

아들은 40계단을 오른 후에 2층에 도착하고 현재는 20계단을 오른 지점에 있으므로 아들은 정확하게 에스컬레이터의 중간 지점에 와 있다. 따라서 이 에스컬레이터의 한 층의 계단 수는 80이다.

[문제 3.4] 짧은 양초의 길이를 x, 긴 양초의 길이를 y라고 하자. 짧은 양초와 긴 양초는 1시간에 각각 $\frac{x}{11}$와 $\frac{y}{7}$만큼 타므로 3시간 후에는 각각 $\frac{3x}{11}$와 $\frac{3y}{7}$만큼 탔다.

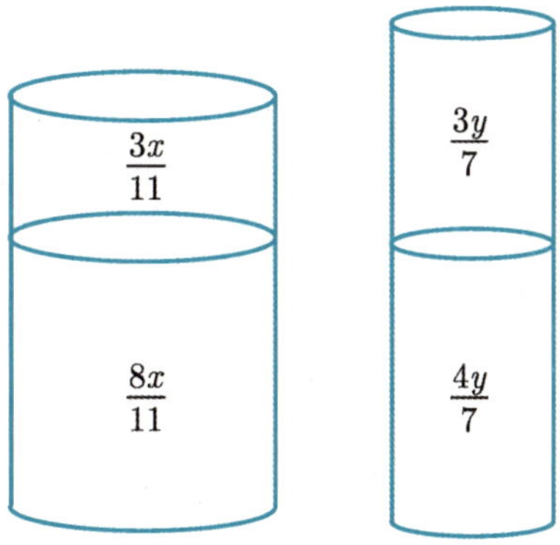

따라서 남은 길이는 각각 $\frac{8x}{11}$과 $\frac{4y}{7}$이고 그 길이가 같으므로 $\frac{8x}{11}=\frac{4y}{7}$이다. 그러므로 $14x=11y$이고 $x:y=11:14$이다.

[문제 3.5] 남편을 ①, ②, ③, ④라 하고 이들의 아내를 각각 1, 2, 3, 4라고 하자. 남편들 밑에 주어진 조건을 만족하게 아내를 배치하면 다음과 같이 9가지 경우가 있다.

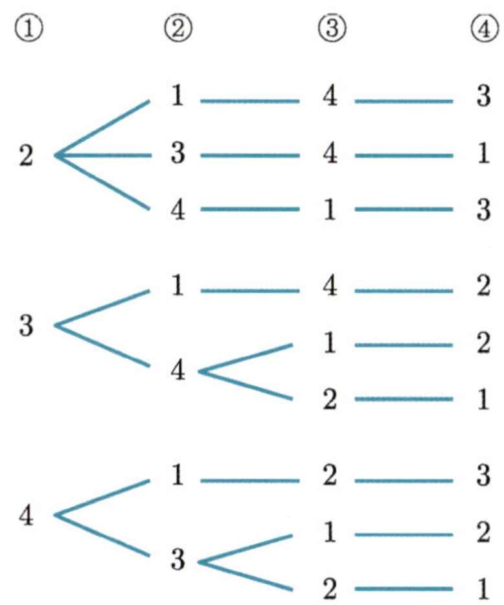

[문제 3.6] 10리터, 7리터, 4리터의 양동이에 물이 각각 x, y, z만큼 차있다면 (x, y, z)로 표시하자. 그러면 물을 비우고 채울 때 각 경우에 나타나는 물의 양은 아래와 같은 그림으로 나타낼 수 있다.

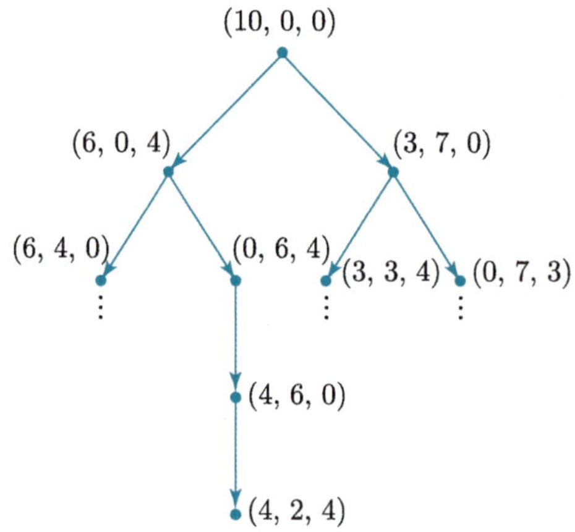

따라서 (10, 0, 0) → (6, 0, 4) → (0, 6, 4) → (4, 6, 0) → (4, 2, 4)의 순서로 작업하면 네 번 만에 7리터 용량의 양동이에 2리터의 물을 남길 수 있다.

[문제 3.7] 500g 참외의 99%가 물이므로 물은 495g이고 나머지는 5g이다.

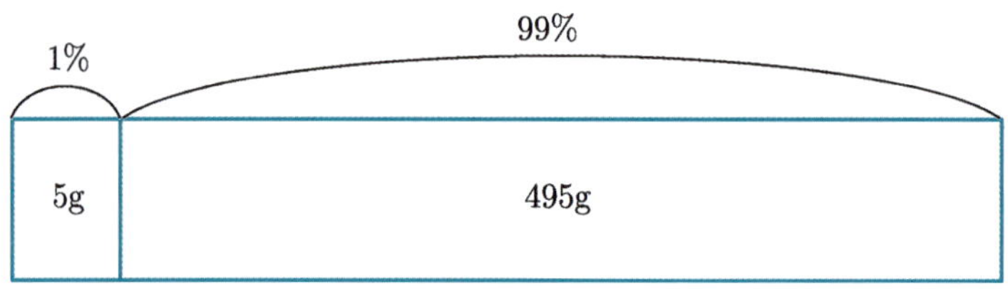

현재 이 참외의 무게를 x라고 하면 x의 98%가 물의 무게이고 2%가 나머지 무게 5g이다.

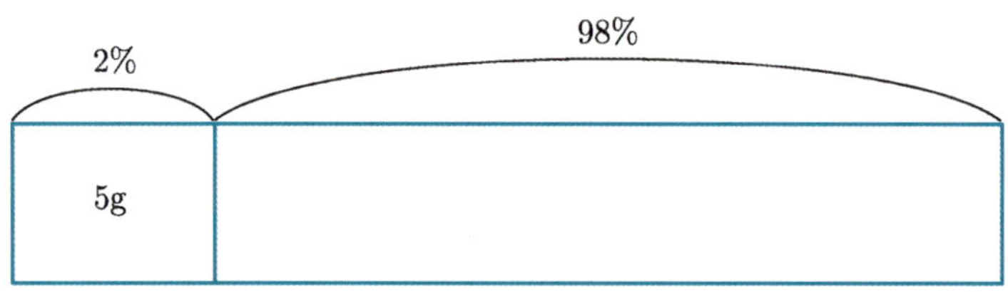

따라서 $2:5=100:x$이므로 $x=250$g이다.

[문제 3.8] A, B, C, D, E를 점으로 나타내고 두 점을 연결하는 비용이 적은 것부터 차례로 선분으로 잇고 그 위에 필요한 비용을 적는다. 이 때 삼각형이나 사각형처럼 회로를 만드는 선분은 선택하지 않는다. 이런 방법으로 모든 점이 연결될 때까지 차례로 선분으로 이으면 다음과 같다.

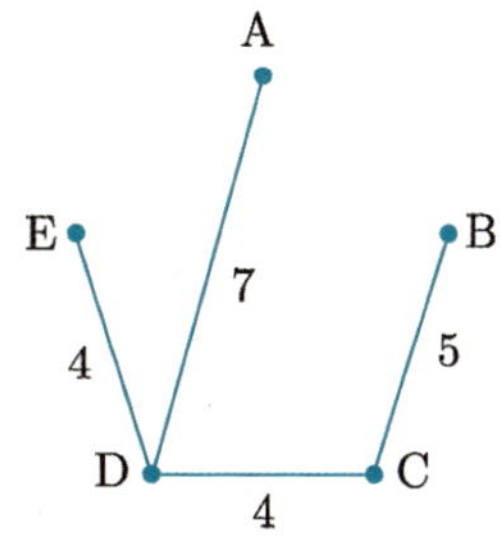

따라서 A, B, C, D, E를 모두 연결하는 데 드는 최소 비용은 $4+4+5+7=20$(억원)이다.

연습문제 4

[문제 4.1] 아빠, 엄마, 동생, 나의 나이를 각각 a, b, c, d라 하고 주어진 조건을 식으로 나타내어 보자.

$$a+b+c+d=83$$
$$6a=7b$$
$$b=3d$$
$$a>d,\ b>d,\ c<d$$

위의 둘째 식으로부터 $a:b=7:6$이므로 a, b, c, d의 값은 다음과 같다.

a	7	14	21	28	35	42
b	6	12	18	24	30	36
c	68	53	38	23	8	−7
d	2	4	6	8	10	12

따라서 위 조건을 모두 만족하는 값을 찾으면 $a=35$, $b=30$, $c=8$, $d=10$이다.

[문제 4.2] 세 꼭짓점에 있는 수를 다음 그림처럼 각각 a, b, c라 하자.

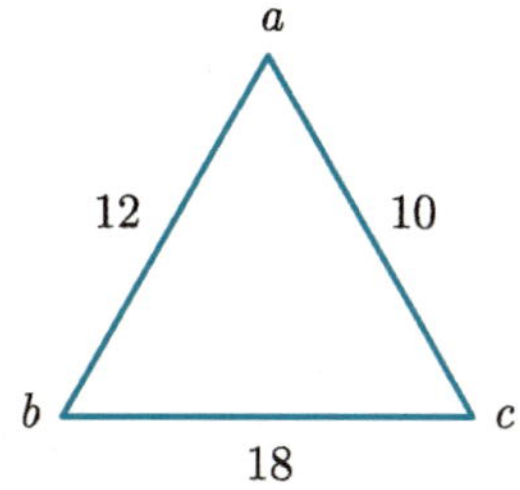

주어진 조건을 식으로 나타내면 다음과 같다.

$$a+b=12$$
$$b+c=18$$
$$a+c=10$$

위의 세 식에서 $2(a+b+c)=40$이므로 $a+b+c=20$이다. 따라서 $a=2$, $b=10$, $c=8$이다. 따라서 꼭짓점 위의 수는 변 위에 있는 수의 합의 절반에서 마주보는 변 위의 수를 빼서 구할 수 있다.

[문제 4.3] 병, 컵, 주전자, 접시의 무게를 각각 a, b, c, d라 하고 주어진 조건을 식으로 나타내어 보자.

$$a+b=c$$
$$b+d=a$$
$$2c=3d$$

위 둘째와 셋째의 식에서 $3b+2c=3a$이고, 이 식과 첫째 식으로부터 $a=5b$이다. 따라서 한 개의 병의 무게는 다섯 개의 컵의 무게와 같다.

[문제 4.4] 도마뱀, 딱정벌레, 지렁이의 수를 각각 a, b, c라 하고 주어진 조건을 식으로 나타내어 보자.

$$a+b+c=12$$
$$4a+6b=26$$
$$c>a+b$$

위의 처음 두 식에서 $a+3c=23$이므로 a, b, c의 값은 다음과 같다.

a	2	5	8
b	3	1	-1
c	7	6	5

따라서 위 조건을 모두 만족하는 값을 찾으면 $a=2$, $b=3$, $c=7$이다.

[문제 4.5] 샤프펜슬 한 자루의 가격을 x, 72개의 구입가격을 $a679b$라고 하자. 그러면 $72x = a679b$이다. $72x$는 8의 배수이므로 $a679b$의 마지막 세 자리 $79b$도 8의 배수이다. 따라서 $b = 2$이다. 다시 $72x$는 9의 배수이므로 $a679b$도 9의 배수이고 각 자리 수의 합 $(a+6+7+9+b)$도 9의 배수이다. 따라서 $a = 3$이고, 샤프펜슬 72개의 구입가격은 36792원이다. 그러므로 $x = 36792/72 = 511$원이다.

[문제 4.6] 수남씨의 4년 전 나이를 x라 하고 앞으로 a년 더 보험업에 종사한다고 하자. 수남씨가 보험업에 종사할 햇수는 4년 전까지 $\frac{x}{4}$년, 그 후 현재까지 4년, 앞으로 a년이므로 그 합은 $\frac{x}{4}+4+a$이다.

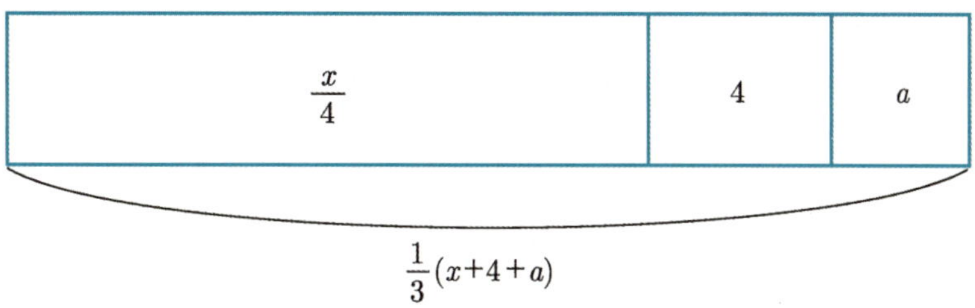

이는 산 생애 $(x+4+a)$의 $\frac{1}{3}$이므로

$$\frac{x}{4}+4+a = \frac{1}{3}(x+4+a)$$

이다. 따라서 $x = 8a+32$이다. 여기서 $50 \le x \le 59$이므로 $a = 3$, $x = 56$이다.

[문제 4.7] 가족 수, 남자 아이 수, 여자 아이 수를 각각 a, b, c라 하고 주어진 조건을 식으로 나타내어 보자.

$$2a > b$$

$$b > c$$

$$c > a$$

$$b+c \ge 3a$$

위의 둘째와 넷째 식에서 $2b = b+b > b+c \ge 3a$이다. 이 식과 위 첫째 식에서

$$\frac{b}{2} < a < \frac{2b}{3} \qquad (*)$$

이다. $(*)$을 만족하는 a의 최솟값은 $b=5$일 때이고, 그 값은 3이다.

[문제 4.8] (1) 원래 17마리의 낙타에 한 마리를 더 하면 18마리가 되고 그것의 $\frac{1}{2}$, $\frac{1}{3}$, $\frac{1}{9}$인 9, 6, 2마리를 각각 장남, 차남, 막내에게 주면 한 마리가 남아 수학자는 손해 보지 않는다.
(2) 원래 11마리의 낙타에 한 마리를 더 하면 12마리가 되고 그것의 $\frac{1}{2}$, $\frac{1}{3}$, $\frac{1}{6}$인 6, 4, 2마리를 각각 장남, 차남, 막내에게 주면 한 마리도 남지 않아 결국 수학자는 한 마리를 손해 보게 된다.
(3) (1)에서 낙타의 수가 얼마일 때 수학자가 손해 보지 않고 유언대로 나누어 줄 수 있는지 살펴보자. 원래 낙타의 수를 x라 하자. 수학자가 손해 보지 않고 유언대로 나누어주려면 나누어 준 후 한 마리가 남아야 하므로 다음 식을 만족해야 한다.

$$(x+1)\times\frac{1}{2}+(x+1)\times\frac{1}{3}+(x+1)\times\frac{1}{9}=x$$

위의 방정식을 풀면 $x=17$이다. 즉 원래의 낙타 수가 17이면 손해 보지 않고 유언대로 나누어 줄 수 있다.
(2)에서도 낙타의 수가 x일 때 수학자가 손해 보지 않고 유언대로 나누어 줄 수 있는 방법이 있는지 살펴보자. 앞과 마찬가지로 나누어주고 한 마리가 남아야 하므로

$$(x+1)\times\frac{1}{2}+(x+1)\times\frac{1}{3}+(x+1)\times\frac{1}{6}=x$$

이고, 이 식을 정리하면 $6x+6=6x$가 되어 모순이다. 따라서 (2)의 경우에는 손해를 보지 않고 유언대로 나누어 줄 수 있는 방법은 없다.

연습문제 5

[문제 5.1] (1) ① 단순화: 2×2 모양이면 기본예제 1.5.2에서 살펴보았듯이 A가 승리한다.
② 일반화: A는 그림 5.8에서 $*$를 선택하여 다음 그림처럼 만든다.

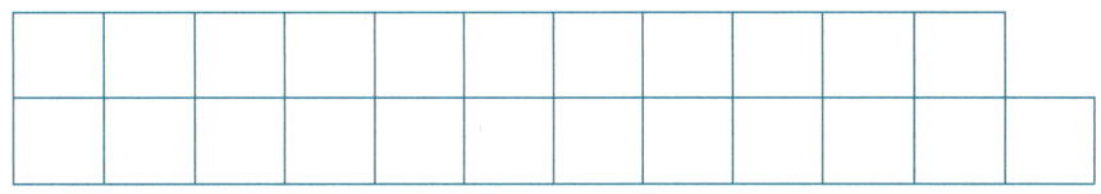

그러면 B는 아래 두 그림 중에 하나로 만들 수밖에 없다.

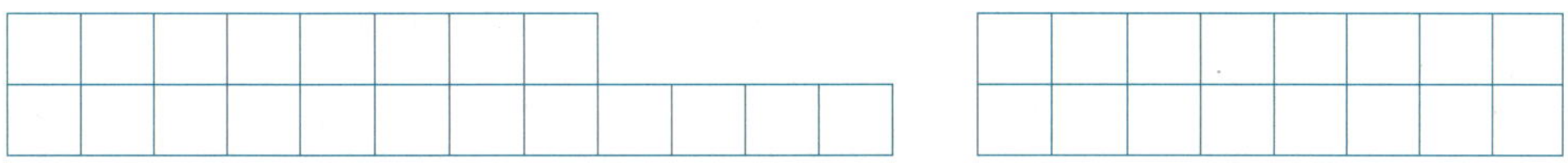

B가 만드는 모양과 관계없이 A는 항상 아래 모양으로 만들 수 있다.

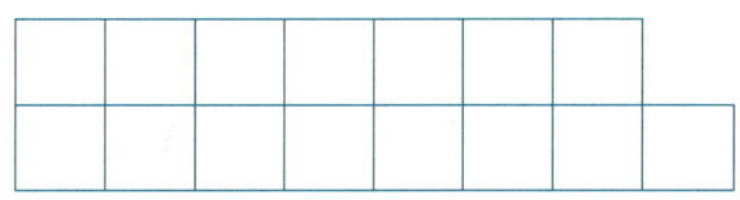

이런 과정을 반복하면 결국 A는 기본예제1.5.2에서 살펴본 세 칸으로 된 L-자 도형을 만들게 되어 승리한다.

(2) A는 아래 두 그림 중에 하나로 만들 수밖에 없다.

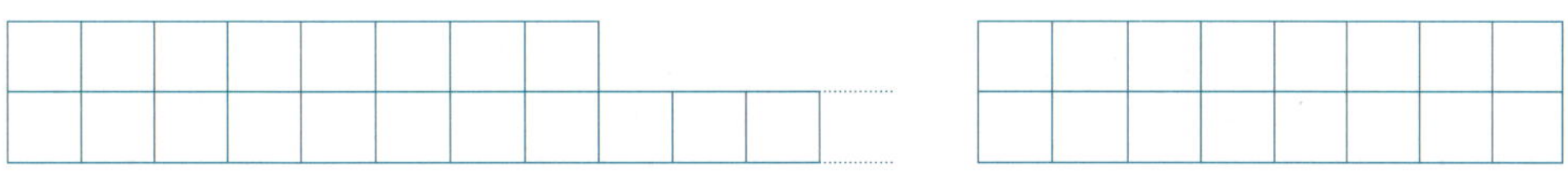

A가 만드는 모양과 관계없이 B는 항상 아래와 같이 만들 수 있고 위 (1)에 의하여 B가 승리한다.

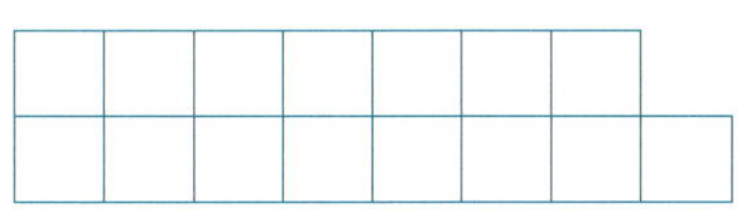

[문제 5.2] 참가한 팀이 2, 3, 4, 5일 때 토너멘트 방식을 살펴보면 우승자가 나올 때까지 총 경기 수는 각각 1, 2, 3, 4이다.

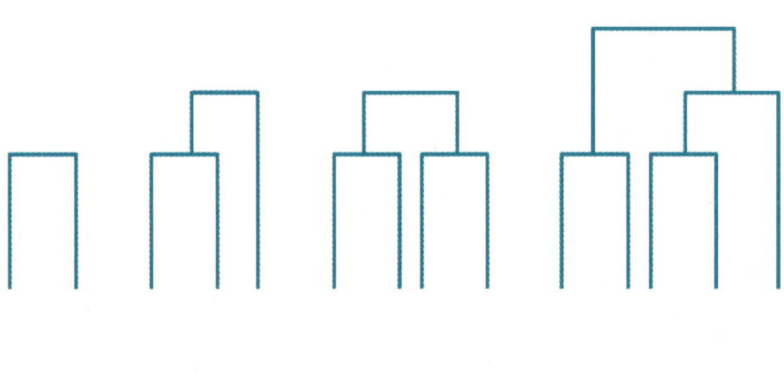

토너먼트 경기에서는 한 경기가 이뤄질 때마다 한 명이 탈락한다. 100명이 참가한 토너먼트 경기에서 우승자가 나올 때까지는 99명이 탈락해야 한다. 따라서 우승자가 나올 때까지의 총 경기 수는 99이다.

[문제 5.3] 주어진 방법으로 A_1에서 B_2, A_1에서 B_3까지 가는 방법을 살펴보자.

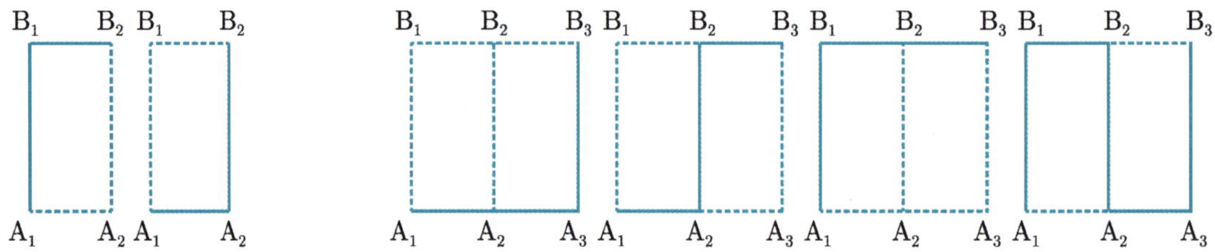

$A_1 \to B_2$　　　　$A_1 \to B_3$

위의 예로부터 주어진 문제를 해결할 어떤 아이디어를 찾지 못했다면 다시 A_1에서 B_4까지 갈 수 있는 방법을 살펴보자.

$A_1 \to B_4$

A_1에서 B_n까지 가는 방법의 수는 $n = 2,\ 3,\ 4$일 때 각각 2, 4, 8이다. 따라서 A_1에서 B_n까지 가는 방법의 수는 2^{n-1}이라 추측할 수 있다.

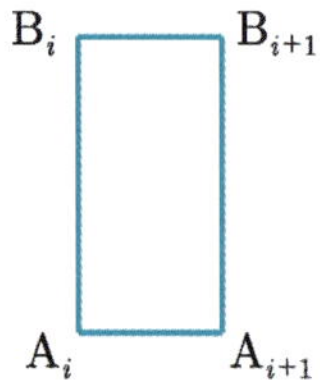

A_1에서 B_n까지 갈 때 위와 같은 작은 직사각형의 윗변(B_iB_{i+1})이나 아랫변(A_iA_{i+1})을 반드시 한 번 지나야 하고 같은 길을 두 번 지나지 않으므로 두 변을 모두 지날 수는 없다. 즉, 이런 직사각형을 통과하는 방법은 B_iB_{i+1}과 A_iA_{i+1} 중에 하나이므로 그 방법의 수는 2이다. 주어진 문제에서는 작은 직사각형이 6개이므로 구하는 방법의 수는 $2 \times 2 \times 2 \times 2 \times 2 \times 2 = 64$이다.

[문제 5.4] 아이디어를 얻기 위해 1부터 한 자리 수, 두 자리 수, 세 자리 수 끝까지 인쇄할 때 필요한 5의 개수를 구해보자.

① 1～9: 5 하나뿐이며 그 개수는 1다.

② 1～99: 5, 15, 25, 35, 45, 50, 51, 52, 53, 54, 55, 56, 57, 58, 59, 65, 75, 85, 95에서 5가 사용되며 그 개수는 20이다.

③ 1～999: ②를 이용하기 위해 일단 백의 자리에 있는 5는 무시하고 세어보자.

(i) 1～99: 위 ②에서 20

(ii) 100～199: 1～99에서 나타나는 5의 개수와 같으므로 20

(iii) 200～299: 1～99에서 나타나는 5의 개수와 같으므로 20

(iv) 마찬가지로 300～399, 400～499, …, 900～999에서도 각 20

따라서 백의 자리에 있는 5는 무시하면 필요한 5의 개수는 $20 \times 10 = 200$이다.
이제 백의 자리에 5가 있는 수는 500, 501, …, 599이고 필요한 5의 개수는 100이다.
그러므로 1부터 999까지 인쇄할 때 필요한 5의 개수는 $200 + 100 = 300$이다.
1～9, 1～99, 1～999까지 인쇄할 때 필요한 5의 개수는 각각 1, 20, 300이다. 어떤 것을 추측할 수 있나? 또 그런 추측이 참이라고 어떻게 밝힐 수 있을까?
1부터 100000까지 5의 개수는 1부터 99999까지 5의 개수와 같다. 2는 00002로, 210은 00210으로 표기하여 모든 수를 다섯 개의 숫자를 이용하여 나타내자. 그렇더라도 물론 필요한 5의 개수는 변하지 않는다. 이제 5가 위치하는 경우를 살펴보자.
5○○○○: ○마다 0부터 9까지 10가지 경우가 있으므로 이런 수의 개수는 10^4이다.
○5○○○: 위와 마찬가지이고 이런 수의 개수는 10^4이다.
○○5○○: 위와 마찬가지이고 이런 수의 개수는 10^4이다.
○○○5○: 위와 마찬가지이고 이런 수의 개수는 10^4이다.
○○○○5: 위와 마찬가지이고 이런 수의 개수는 10^4이다.
따라서 1부터 100000까지 인쇄할 때 필요한 5의 개수는 $5 \times 10^4 = 50000$이다.

[문제 5.5] 두 자리 수, 세 자리 수에서 각 자리 수의 합이 짝수인 자연수의 개수를 각각 구해보자.

① 10～99:

(i) 10～19: 각 자리 수의 합이 홀수와 짝수가 번갈아 나타나므로 합이 짝수인 것의 개수는 전체 개수 10의 절반인 5이다.

(ii) 20 ~ 29: 각 자리 수의 합이 짝수와 홀수가 번갈아 나타나므로 합이 짝수인 것의 개수는 전체 개수 10의 절반인 5이다.

(iii) 같은 방법으로 30 ~ 39, 40 ~ 49, ⋯, 90 ~ 99에서도 각 자리 수의 합이 짝수인 것의 개수는 각각 5이다.

따라서 10 ~ 99에서 각 자리수의 합이 짝수인 것은 $5 \times 9 = 45$이다.

② 100 ~ 999: 100 ~ 109, 110 ~ 119, 120 ~ 129, ⋯, 990 ~ 999와 같이 100 ~ 999의 자연수를 연속으로 10개씩 나누면 각 나누어진 부분에서 정확히 절반이 각 자리수의 합이 짝수이므로 100 ~ 999에서도 정확히 900개의 절반인 450개가 각 자리수의 합이 짝수이다.

위의 예에서 어떤 사실을 알 수 있는가? 여섯 자리 수를 ○○○○○○로 나타내고 각 자리 수의 합이 짝수인 경우를 살펴보자.

① 첫 번째 ○에는 1, 2, ⋯, 9 중 어느 한 수이므로 그 경우의 수는 9이다.

② 두 번째 ○에서 다섯 번째 ○까지는 0, 1, 2, ⋯, 9 중 어느 한 수이므로 그 경우의 수는 각각 10이다.

③ 여섯 번째 ○에서는 앞 ①, ②에서 결정된 다섯 개의 숫자의 합이 짝수이면 0, 2, 4, 6, 8 중에 하나이고 그 합이 홀수이면 1, 3, 5, 7, 9 중에 하나이므로 그 경우의 수는 항상 5이다.

따라서 각 자리 수의 합이 짝수인 여섯 자리 수의 개수는 $9 \times 10^4 \times 5 = 450000$이다.

[문제 5.6] 문제에서 주어진 방법으로 아래 그림에서 A_1에서 B_3로 가는 방법을 생각하여 보자.

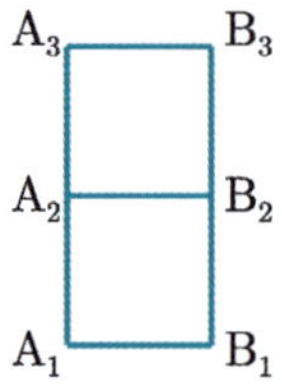

어떤 경로를 선택하든 $A_1 \to B_1$ 또는 $A_2 \to B_2$ 또는 $A_3 \to B_3$ 중에서 반드시 한 길을 이용해야 하고 위의 어떠한 두 길을 이용할 수는 없으므로 A_1에서 B_3로 가는 방법은 세 가지이다. 같은 방법을 적용하면 구하는 방법의 수는 $3 \times 3 \times 3 \times 3 = 81$이다.

연습문제 6

[문제 6.1] 자연수는 무한히 많지 않다고 하자. 가장 큰 자연수 N이라고 하면 N+1은 N보다 더 큰 자연수이므로 가정에 모순이다. 따라서 자연수는 무한히 많다.

[문제 6.2] 해운대 백사장의 모래는 무한히 많다고 하자. 모래알의 부피는 0보다 크고 그런 수를 무한 번 더하면 무한히 크므로 해운대 백사장의 모래의 부피의 합은 무한히 크다. 그러나 해운대 백사장의 부피는 지구의 부피보다 작고 지구의 부피는 유한하므로 해운대 백사장의 부피도 유한하고, 위의 사실에 모순이다. 따라서 해운대 백사장의 모래는 유한하고 셀 수도 있다.

[문제 6.3] 어떤 한 양동이에 3리터의 물을 남길 수 있을 수 있다고 하자. 10리터, 8리터, 6리터 용량의 세 양동이를 이용하여 아무리 채우거나 비우더라도 짝수만큼 차이가 나므로 홀수인 3은 만들 수 없어 모순이다. 따라서 위의 양동이로는 한 양동이에 3리터의 물을 남길 수는 없다.

[문제 6.4] 모든 사람이 똑같이 분배받지는 않는다고 하자. 가장 적게 분배 받은 사람 A가 a원을 받았다고 하자. A와 이웃하는 두 사람이 각각 b원과 c원을 받았다면

$$a \le b,\ a \le c,\ a = \frac{b+c}{2} \qquad (*)$$

이다. $a = \frac{b+c}{2}$이므로 $b > a$이면 $a > c$이고, $c > a$이면 $a > b$이 되어 모순이다. 따라서 $(*)$의 조건을 모두 만족하면 $a = b = c$이다. A가 아닌 다른 사람에게 위의 방법을 계속하여 적용하면 모든 사람은 1,000원씩 똑같이 분배받는다.

[문제 6.5] $\mathrm{I} = a_1a_2a_3a_4 + a_2a_3a_4a_5 + a_3a_4a_5a_6 + a_4a_5a_6a_1 + a_5a_6a_1a_2 + a_6a_1a_2a_3$이라 하고 a_1의 부호를 바꿀 때 I에서 어떤 변화가 있는지 살펴보자. a_1의 부호를 바꾸면 a_1이 포함된 네 항 $a_1a_2a_3a_4$, $a_4a_5a_6a_1$, $a_5a_6a_1a_2$, $a_6a_1a_2a_3$의 값도 아래처럼 바뀐다.

	바꾸기 전	바꾼 후
$a_1a_2a_3a_4$	1	-1
	-1	1
$a_4a_5a_6a_1$	1	-1
	-1	1
$a_5a_6a_1a_2$	1	-1
	-1	1
$a_6a_1a_2a_3$	1	-1
	-1	1

위 사실을 이용하면 네 항의 합 $\mathrm{J} = a_1a_2a_3a_4 + a_4a_5a_6a_1 + a_5a_6a_1a_2 + a_6a_1a_2a_3$과 I도 다음 표와 같이 변한다.

① 바꾸기 전 J	② 바꾼 후 J	②−①
4	-4	-8
2	-2	-4
0	0	0
-2	2	4
-4	4	8

위의 표에서 알 수 있듯이 a_1의 부호를 바꾸면 I는 4의 배수만큼 줄거나 늘어난다. 이제

$$a_1a_2a_3a_4 + a_2a_3a_4a_5 + a_3a_4a_5a_6 + a_4a_5a_6a_1 + a_5a_6a_1a_2 + a_6a_1a_2a_3 = 0 \qquad (*)$$

이 되도록 $a_1, a_2, \cdots, a_6$을 선택했다고 하자. $(*)$에서 $a_1, a_2, \cdots, a_6$ 중에 -1인 것을 모두 1로 바꾸면 $\mathrm{I} = 6$이다. 그러나 처음 $\mathrm{I} = 0$에서 4의 배수만큼 빼거나 더하여 6을 만들 수 없으므로 모순이다. 따라서 $\mathrm{I} = 0$이 되도록 $a_1, a_2, \cdots, a_6$을 선택할 수는 없다.

[문제 6.6] 사람이 앉은 좌석 번호와 그 사람의 번호를 합한 수의 끝자리가 모두 다르다고 하자. 그러면 그런 끝자리는 0, 1, 2, 3, 4, 5, 6, 7, 8, 9이며 그 합은 45이고 10으로 나눌 때 그 나머지는 5이다. 한편 모든 사람이 앉은 좌석 번호와 그 사람의 번호를 합하여 보자. 어떤 사람이 어떤 번호의 좌석에 앉았는지 알 수 없지만 번호와 좌석 번호 모두 1, 2,

3, 4, 5, 6, 7, 8, 9, 10이므로 그 합은

$$(1+2+3+4+5+6+7+8+9+10)+(1+2+3+4+5+6+7+8+9+10)=110$$

이다. 따라서 이 합을 10으로 나눌 때 그 나머지는 0이고, 이는 앞의 사실에 모순이다. 따라서 사람이 앉은 좌석 번호와 그 사람의 번호를 합한 수 중에는 끝자리가 같은 두 수가 있다.

[문제 6.7] 1, 1, 2, 2, 3, 3, 4, 4, 5, 5, 6, 6를 일렬로 나열할 때 모든 i에 대하여 두 i 사이에 $i-1$개의 수가 있도록 나열할 수 있다고 하자. 숫자가 나열되는 자리에 처음부터 순서대로 ①부터 ⑫까지 부호를 붙이자. 첫째 1이 배열되는 자리의 번호가 a_1이면 둘째 1이 배열되는 자리의 번호는 (a_1+1)이다. 계속하여 첫째 2가 a_2번째 배열되면 둘째 2는 (a_2+2)번째 배열된다. 일반적으로 첫째 i가 배열되는 자리의 번호가 a_i이면 둘째 i가 배열되는 자리의 번호는 (a_i+i)이다. 따라서 나열되는 모든 숫자의 번호를 합하면

$$[a_1+(a_1+1)]+[a_2+(a_2+2)]+\cdots+[a_6+(a_6+6)]=2(a_1+a_2+\cdots+a_6)+21$$

이다. 한편 숫자가 나열되는 자리의 번호 ①부터 ⑫까지의 합은 $1+2+\cdots+12=78$이다. 따라서 $2(a_1+a_2+\cdots+a_6)+21=78$이며 좌변은 홀수, 우변은 짝수가 되어 모순이다. 그러므로 모든 i에 대하여 두 i 사이에 $i-1$개의 수가 있도록 나열할 수는 없다.

[문제 6.8] 볼록 오각형을 모두 평행사변형이 되도록 나눌 수 있다고 하자.

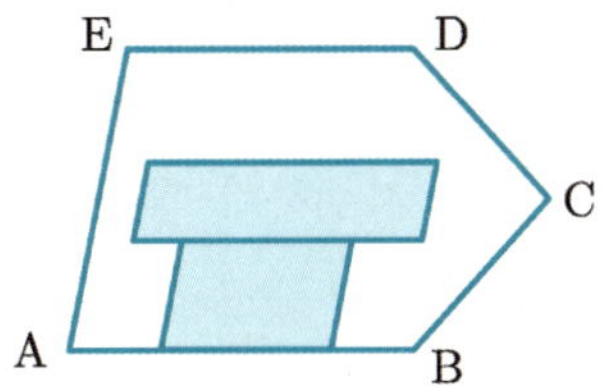

위 그림에서 보듯이 채워지는 어떤 평행사변형의 한 변은 반드시 변 AB의 일부와 겹치고 그 위에 채워지는 병행사변형의 한 변은 변 AB와 평행하다. 이런 방법으로 평행사변형을 위로 계속 쌓으면 채워지는 평행사변형의 한 변은 결국 변 ED의 일부와 겹치게 되고, 따라서 변 AB와 변 ED는 평행하다. 이처럼 오각형이 평행사변형으로 채워진다면 모든 변은 평행인 다른 변을 가져야 하나 오각형은 변이 홀수이므로 모순이다. 따라서 볼록 오각형 모양의 종이를 모두 평행사변형이 되도록 나눌 수는 없다.

[문제 6.9] 0, 1, 2, 3, 4, 5를 모두 한 번씩만 사용하여 만든 자연수의 합이 50이 되었다고 하자. 어떤 수를 9로 나눌 때 나머지는 그 수의 각 자리수의 합을 9로 나눌 때 나머지와 같다. 따라서 0, 1, 2, 3, 4, 5를 모두 한 번씩만 사용하여 만든 자연수의 합을 9로 나눌 때 나머지는 $0+1+2+3+4+5=15$를 9로 나눌 때 나머지 6과 같다. 그러나 50은 9로 나눌 때 나머지가 5이므로 위의 사실에 모순이다. 따라서 0, 1, 2, 3, 4, 5를 모두 한 번씩만 사용하여 만든 자연수의 합이 50이 될 수는 없다.

연습문제 7

[문제 7.1] (1) 비교하는 대상이 달라 단순히 사망률만 낮다고 하여 생존할 가능성이 더 크다고 말할 수 없다. 즉, 스페인 전쟁에 참여한 사람들이 그 전쟁에 참여하지 않고 뉴욕에 거주했다면 그 사람들의 사망률이 전쟁에 참여한 사람들의 사망률보다 높다고 말 할 수는 없다.
(2) 고등학교 A와 B의 문과, 이과의 정원과 합격생수가 다음과 같다고 하자.

	A 고등학교			B 고등학교		
	정원	합격생수	합격률	정원	합격생수	합격률
문과	300	180	60%	40	20	50%
이과	100	80	80%	300	210	70%
합	400	260	65%	340	230	67.6%

문과와 이과 모두 A 고등학교의 합격률이 B 고등학교의 합격률보다 높으나 전체 합격률은 오히려 B 고등학교가 A 고등학교보다 높다.
(3) 고속도로보다는 집 근처에서 운전을 자주하기 때문에 집 근처에서 사고가 많다. 따라서 집 근처에서 사고가 많다고 하여 집 근처보다는 고속도로에서 운전이 더 안전하다고 말할 수는 없다.
(4) 과체중 되는 사람이 해마다 같은 비율로 증가하는 것은 아니므로 2048년에 우리나라 모든 사람이 과체중일 것이라고는 말할 수 없다.
(5) 반드시 비례식이 성립하는 것이 아니기에 그렇게 말할 수 없다.

[문제 7.2] 네 개의 문을 A, B, C, D라 하고, 참가자가 문 A를 선택했다고 하자. 스포츠카가 있는 문에는 ○, 없는 문에는 ×로 표시하여 모든 경우를 나열하면 다음과 같다.

	A	B	C	D
경우 1	○	×	×	×
경우 2	×	○	×	×
경우 3	×	×	○	×
경우 4	×	×	×	○

참가자가 처음의 선택을 고수하면 스포츠카를 획득할 확률은 $\frac{1}{4}$이다. 이제 사회자가 B, C, D 중에서 스포츠카가 없는 두 개의 문을 열었다고 하면 위의 네 경우는 다음과 같이 바뀌게 된다.

	A	B(또는 C 또는 D)
경우 1	○	×
경우 2	×	○
경우 3	×	○
경우 4	×	○

따라서 참가자가 A가 아닌 다른 문으로 바꾸면 스포츠카를 획득할 확률은 $\frac{3}{4}$이 되어 원래의 선택을 고수하는 것보다 더 유리하게 된다.

[문제 7.3] 다른 봉투에는 45,000원 또는 5,000원이 들어있고 각각의 확률은 $\frac{1}{2}$이므로 봉투를 바꿀 때 기대금액은 $45,000 \times \frac{1}{2} + 5,000 \times \frac{1}{2} = 25,000$원이다. 바꿀 때의 기대금액이 현재 선택한 봉투의 금액 15,000원보다 더 크므로 바꾸는 것이 더 유리하다.

[문제 7.4] 주어진 사실로부터 다음과 같이 추론할 수 있다.

① C가 자신의 모자의 색깔을 모른다 → A와 B의 모자는 모두 빨간 색은 아니다
→ A나 B의 모자는 흰색이다.

② B가 자신의 모자의 색깔을 모른다 → A의 모자는 빨간 색이 아니다.

따라서 A의 모자는 흰색이다.

[문제 7.5] 두 아이의 성별을 나타내면 다음 네 가지 경우가 있다.

(남, 남), (남, 여), (여, 남), (여, 여)

위에서 한 아이가 여자이므로

(남, 여), (여, 남), (여, 여)

의 세 경우뿐이고 여기서 나머지가 남자인 경우는 (남, 여), (여, 남)의 두 가지이므로 구하는 확률은 $\frac{2}{3}$이다.

[문제 7.6] 주어진 문장 중에 몇 개의 문장이 참인지 살펴보자.
① 나열된 50개의 문장 중에 참이 하나도 없다면 『이 종이에 쓰인 문장 중에서 꼭 50개가 거짓이다』가 참이 되어 모순이다.
② 나열된 50개의 문장 중에 두 개 이상이 참이라면 『이 종이에 쓰인 문장 중에서 꼭 i개가 거짓이다』와 『이 종이에 쓰인 문장 중에서 꼭 j개가 거짓이다』처럼 거짓인 문장의 개수가 서로 달라 모순이다. $(i \neq j)$
③ 위 ①과 ②로부터 나열된 50개의 문장 중에 참이 하나며 거짓이 49개다.
따라서 49번 문장이 참이고 나머지는 모두 거짓이다.

[문제 7.7] (1) $1234567 \times 1234569 = (12345678-1)(12345678+1)$
$= 12345678^2 - 1 < 12345678^2$
(2) $2^{300} = (2^3)^{100} = 8^{100} < 9^{100} = (3^2)^{100} = 3^{200}$
(3) $31^{11} < 32^{11} = (2^5)^{11} = 2^{55} < 2^{56} = (2^4)^{14} = 16^{14} < 17^{14}$
(4) $2^{100} + 3^{100} < 3^{100} + 3^{100} = 2 \times 3^{100}$이다. 한편
$$\frac{4^{100}}{3^{100}} = \left(\frac{4}{3}\right)^{100} = \left(\frac{4}{3}\right)^3\left(\frac{4}{3}\right)^{97} = \frac{64}{27} \times \left(\frac{4}{3}\right)^{97} > 2$$
이므로 $4^{100} > 2 \times 3^{100}$이다. 위 두 사실을 결합하면 $2^{100} + 3^{100} < 4^{100}$이다.

[문제 7.8] 강의 폭을 h라고 하고 A와 B에서 강 쪽 방향으로 수직하게 h만큼 떨어진 점을 각각 A′과 B′이라고 하자. 선분 AB′과 강의 오른쪽 뚝과 만나는 점을 C, 선분 A′B와 강의 왼쪽 뚝과 만나는 점을 D라고 하자. 그러면 선분 CD로 다리를 건설하면 A에서 B로 갈 때 이동거리가 최소가 된다. 이를 알아보기 위하여 다른 곳에서 선분 EF로 다리를 건설하였다고 하자.

① 다리 CD를 이용할 때 최소거리: 선분 AB′의 길이+h
② 다리 EF를 이용할 때 최소거리: 선분 AE의 길이+선분 EB′의 길이+h

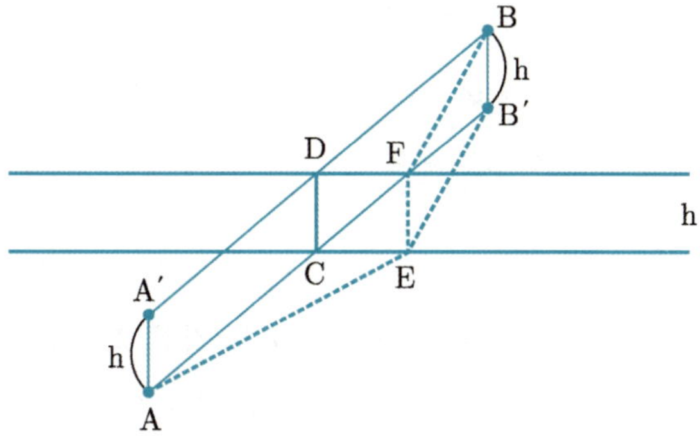

△AEB′에서 두 변의 길이의 합은 나머지 한 변보다 크므로

선분 AE의 길이+선분 EB′의 길이>선분 AB′의 길이

이다.
따라서 다리 CD를 이용할 때 A에서 B로의 이동거리가 최소이다.

[문제 7.9] 예를 들어 상행선이 매시 0분, 10분, 20분, 30분 40분, 50분에 도착하고 하행선이 매시 1분, 11분, 21분, 31분 41분, 51분에 도착한다고 하자. 그러면 오남이는 0분~1분, 10분~11분, 20분~21분, 30분~31분, 40분~41분, 50분~51분에 도착할 때만 하행선을 타고 나머지 경우에는 상행선을 타게 되므로 반드시 상행선과 하행선을 같은 비율로 탄다고 말할 수 없다.

연습문제 8

[문제 8.1] ③
명제 p와 q를 다음과 같이 정의하자.

p: 우리 교수님이다
q: 안경을 썼다

그러면 주어진 명제는 $p \to q$이다. $p \to q$는 $\sim q \to \sim p$와 동치이므로 주어진 명제는 『안경을 쓰지 않았다면 우리 교수님이 아니다』와 동치이다.

[문제 8.2] ①

성공한 사람, 거짓말 하는 사람, 영리한 사람의 집합을 각각 P, Q, R로 나타내자. 그러면 전제1은 $P \subseteq Q^C$, 결론은 $R \cap P^C \neq \varnothing$이다. 전제1은 $Q \subseteq P^C$와 같으므로 $R \cap Q \subseteq R \cap P^C$이다. 따라서 $R \cap Q \neq \varnothing$이면 $R \cap P^C \neq \varnothing$이므로 $R \cap Q \neq \varnothing$의 전제가 필요하다.

[문제 8.3] ②

금속, 전기가 통하는 물체, 광택이 나는 물체의 집합을 각각 M, E, G라고 하면 주어진 조건은 $M \subseteq E$, $G \not\subseteq M$, $E^C \cap G \neq \varnothing$, $G^C \cap E \neq \varnothing$, $M \cap G \neq \varnothing$이다. 이 조건에 맞게 벤다이어그램을 그리면 아래와 같다.

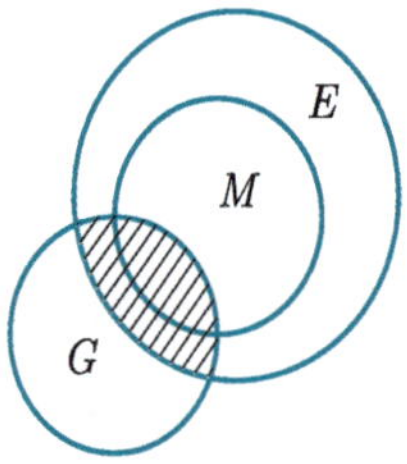

따라서 위 벤다이어그램의 빗금 친 부분처럼 전기도 통하고 광택도 나는 물질이 존재한다.

[문제 8.4] ④

① 양성자는 전하가 0이 아니므로 A에서 휘고 무거운 입자이므로 C에서 멈춘다.
② 광자는 전하가 0이므로 A에서 휘지 않고 가벼운 입자이므로 B에서 멈춘다.
③ A에서 휘고 B에서 멈추었다면, 전하가 0이 아니고 가벼운 입자인 전자이다.
④ A에서 휘지 않고 C에서 멈추었다면, 그것은 중성자나 K입자이다.
⑤ 위의 사실만으로는 K 입자와 그 밖의 무거운 입자들을 구별할 수 없다.

[문제 8.5] ②

지시문을 요약하면 다음과 같다.

전제1: 참→배움
전제2: ~책임→~희생
전제3: 지도자→희생
결론: 지도자→배움

전제2는 명제 『희생→책임』와 동치이다. 따라서 지도자→희생→책임→참→배움이므로 『책임→참』의 전제가 더 필요하다.

[문제 8.6] ④

①에서 명제 p, q를 다음과 같이 정의하자.

p: 정치가이다
q: 정직한 사람

그러면 명제 『정치가 중 정직한 사람은 없다』는 $p \to \sim q$이고, 명제 『정직한 사람들은 정치가이다』는 $q \to p$이다. $p \to \sim q$의 부정 $p \wedge q$은 $q \to p$이 아니므로 $p \to \sim q$는 $q \to p$와 모순이 아니다.

②에서 명제 p, q, r을 다음과 같이 정의하자.

p: 핵전쟁이 일어나다
q: 어떤 사람은 살아남다
r: 하늘이 돕다

명제 『핵전쟁이 일어나면 아무도 살아남지 못하다』는 $p \to \sim q$이고, 명제 『핵전쟁이 일어나도 하늘이 돕는 사람은 살아남다』는 $p \wedge r \to q$로 나타내진다. 명제 $p \to \sim q$의 부정 $p \wedge q$은 $p \wedge r \to q$이 아니므로 $p \to \sim q$는 $p \wedge r \to q$와 모순이 아니다.

③에서 명제 p, q를 다음과 같이 정의하자.

p: 완벽한 정부는 있다
q: 모든 국민의 지지를 받는다.

그러면 명제 『완벽한 정부는 없다』는 $\sim p$이고, 『모든 국민의 지지를 받으면, 완벽한 정부이다』는 $q \to p$이다. $\sim p$의 부정 p는 $q \to p$가 아니므로 $\sim p$는 $q \to p$와 모순이 아니다.

④에서 명제 p, q를 다음과 같이 정의하자.

p: 그 문제는 아무도 풀 수 없는 문제이다 q: 그 문제는 잘못된 문제이다

그러면 명제 『그 문제는 아무도 풀 수 없거나 잘못된 문제이다』는 $p \vee q$이고, 명제 『그 문제는 잘못되지 않았고 누군가는 그 문제를 풀 수 있다』는 $\sim q \wedge \sim p$이다. $p \vee q$의 부정은 $\sim q \wedge \sim p$이므로 $p \vee q$와 $\sim q \wedge \sim p$는 서로 모순이다.

⑤에서 명제 p, q를 다음과 같이 정의하자.

p: 경제가 발전하다 q: 노사관계가 안정되다

그러면 명제 『경제가 발전하면 노사관계가 안정된다』는 $p \to q$이고, 『노사관계가 안정되었지만 경제가 발전하지 않았다』는 $q \wedge \sim p$이다. $p \to q$의 부정 $p \wedge \sim q$은 $q \wedge \sim p$이 아니므로 $p \to q$는 $q \wedge \sim p$와 모순이 아니다.

[문제 8.7] ④
주어진 관계를 논리 기호를 사용하여 나타내면 다음과 같다.

(i) $A \vee B \vee C$	(ii) $D \vee E$
(iii) $A \to C \wedge D \equiv \sim C \vee \sim D \to \sim A$	(iv) $B \to \sim E \equiv E \to \sim B$

D의 증언이 참이 아니라고 하자.
ⓐ (ii)에 의하여 $\sim D$이면 E이다.
ⓑ E이므로 (iv)에 의하여 $\sim B$이다.
ⓒ (iii)에 의하여 $\sim D \to \sim C \vee \sim D \to \sim A$에서 $\sim A$이다.
ⓓ $\sim A$이고 $\sim B$이므로 (i)에 의하여 C이다.
따라서 D의 증언이 참이 아니라면 다른 사람의 참 또는 거짓을 모두 알 수 있다.

[문제 8.8] ③

각 주를 점으로 나타내고 두 주가 접경을 이루면 해당되는 두 점을 선분으로 잇는 그림을 그리고, 그림의 각 점에 조건에 맞게 색칠하면 다음과 같다.

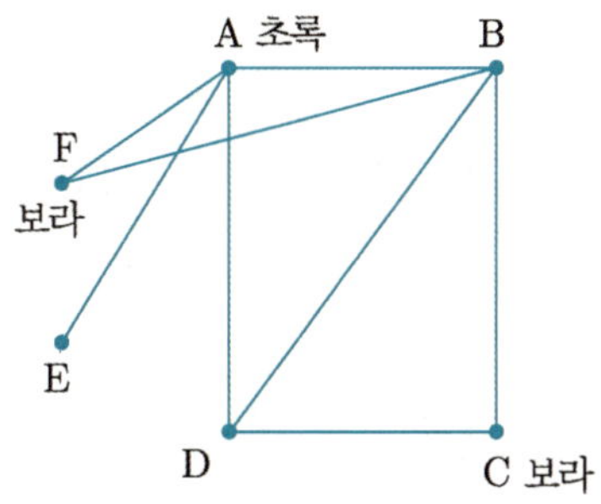

〈조건4〉에 의하여 B와 D는 파랑일 수 없으므로 E가 파란색이다. 또 5개의 색이 모두 사용해야 하므로 B가 주황색이면 D는 빨간색이다. 그러나 〈조건5〉를 없애더라도 B와 D는 같은 색일 수 없으므로 최소 4개의 색이 필요하다.

[문제 8.9] ①

지원자 A, C, D의 평가 결과를 점수로 나타내면 다음과 같다.

	어학능력	적성시험	학점	전공적합성	합
A	2	3	2	3	10
B					
C	3	2	3	3	11
D	1	1	3	3	8

주어진 사실을 논리기호로 나타내면 다음과 같다.

$$\sim B \wedge C \rightarrow A \qquad \sim D \rightarrow A \wedge B \wedge C$$

(i) A가 선발되지 못한다면 $\sim A \rightarrow (\sim A) \vee (\sim B) \vee (\sim C) \rightarrow D$이므로 D가 선발되고 이는 D의 점수가 A의 점수보다 낮으므로 모순이다. 따라서 A는 선발된다.

(ii) C의 점수가 A의 점수보다 높으므로 C도 선발된다.

(iii) 두 명이 선발되면 B와 D는 탈락된다. 그러나 $\sim B \wedge \sim D \rightarrow \sim D \rightarrow A \wedge B \wedge C \rightarrow B$가 되어 B는 선발되고, 이는 모순이다. 따라서 두 명만 선발될 수는 없다.

(iv) 위에서 A, B, C가 선발되고 B의 점수는 9점 이상이다. 어학능력, 적성시험, 학점, 전공 적합성에서 각각 중, 중, 중, 상이면 9점이나 상, 중, 하로 평가 받은 영역이 최소한 하나씩은 아니다.

[문제 8.10] ③

두 부서끼리 비교하여 우월하면 ○, 열등하면 ×, 동등하면 △으로 표시하여 주어진 사실을 표에 나타내면 다음과 같다. 여기서 점수를 고려하면 A와 C, B와 C는 동등한 평가를 받았음을 알 수 있다.

	A	B	C	D	전적	점수
A			△		1승1무1패	7
B			△		1승1무1패	7
C	△	△		×	2무1패	4
D			○		2승1패	10

(i) A와 C의 비교에서 두 부서는 동등하다고 평가되었다.
(ii) 위 사실만으로는 B와 D의 비교의 결과를 알 수 없다.
(iii) A와 B의 비교에서 A가 더 나은 평가를 받았다면 위의 표를 다음과 같이 모든 결과를 알 수 있다.

	A	B	C	D	전적	점수
A		○	△	×	1승1무1패	7
B	×		△	○	1승1무1패	7
C	△	△		×	2무1패	4
D	○	×	○		2승1패	10

연습문제 9

[문제 9.1] ④

갑과 을, A와 B, 나와 다는 같은 팀에 속할 수 없으므로 규칙에 맞게 수강생을 두 그룹으로 나누면 다음과 같이 네 경우가 있다.

	경우1	경우2	경우3	경우4
그룹1	A(2)	A(2)	A(2)	A(2)
	나(1)	다(1)	나(1)	다(1)
	갑(1)	갑(1)	을(2)	을(2)
	가(2)	가(2)	C(1)	C(1)
그룹2	B(2)	B(2)	B(2)	B(2)
	다(1)	나(1)	다(1)	나(1)
	을(2)	을(2)	갑(1)	갑(1)
	C(1)	C(1)	가(2)	가(2)

갑과 을, A와 B, 나와 다는 같은 팀에 속할 수 없으므로 따라서 가와 갑은 항상 서로 같은 팀에 속해 있다.

[문제 9.2] ③

(i) 9, 8, 6, 4, 1, 0에서 세 숫자를 지워 만든 네 자리 번호이다.

(ii) 짝수로 시작하므로 9는 사용되지 않는다.

(iii) 6과 8 중에 단 하나만 사용되므로 비밀번호는 8410 또는 6410이다.

[문제 9.3] ④

(i) 보기 ㄴ에서 제1번 팀~제4번 팀의 승자와 제5번 팀 간의 승자는 제5번 팀이다.

(ii) 보기 ㄷ에서 제1번 팀~제6번 팀의 승자와 제7번 팀 간의 승자는 제7번 팀이다.

(iii) 제1번 팀과 제2번 팀의 경기에서 제2번 팀이 이겼다고 하자. 이 후 제3번 팀과의 경기에서 제2번 팀이 이겼으면 제2번 팀과 제4번 팀은 시합을 가졌고 보기 ㄹ에 모순이다. 또 제3번 팀이 이겼으면 한 번이라도 이긴 팀은 제2, 3, 5, 7번 팀이 되어 보기 ㄱ에 모순이다. 따라서 제1번 팀과 제2번 팀의 경기에서 제1번 팀이 이겼다.

(iv) 위의 사실을 종합하면 각 경기에서 이긴 팀은 제1, 1, 1, 5, 5, 7, 7, 7, 7팀이다.

[문제 9.4] ④

빨강, 파랑, 노랑, 검정을 각각 R, B, Y, Bl으로 나타내고 보기에 맞게 표를 만들면 다음과 같다.

	족두리	치마	고무신
콩쥐		R	~ B
팥쥐		~ Y	Bl
향단		~ Bl	
춘향	~ R	~ R	~ R

(i) 팥쥐의 치마는 R, Y, Bl이 될 수 없으므로 B이다.

(ii) 향단의 치마는 R, B, Bl이 될 수 없으므로 Y이고, 따라서 춘향의 치마는 Bl이다.

(iii) 콩쥐의 고무신은 R, B, Bl이 될 수 없으므로 Y이고, 춘향의 고무신은 R, Y, Bl이 될 수 없으므로 B이며, 따라서 향단의 고무신은 R이다.

(iv) 춘향의 족두리는 R, B, Bl이 될 수 없으므로 Y이고, 팥쥐의 족두리는 Y, B, Bl이 될 수 없으므로 R이다.

	족두리	치마	고무신
콩쥐		R	Y
팥쥐	R	B	Bl
향단		Y	R
춘향	Y	Bl	B

[문제 9.5] ③

주어진 사실을 표로 작성하면 다음과 같다.

	이름	포지션	나이
김씨	~ 대은 ~ 선호	~ 2루수	
박씨	~ 대은	~ 1루수	24
서씨			

(i) 김씨와 박씨는 이름이 대은이가 아니므로 서씨의 이름이 대은이고, 대은이 가장 어리므로 대은의 나이는 18세이다. 따라서 김씨의 나이는 21세이다.
(ii) 김씨의 이름이 대은과 선호가 아니므로 김씨의 이름이 정덕이고, 따라서 박씨의 이름은 선호이다.
(iii) 대은과 김씨가 2루수가 아니므로 박씨가 2루수이고, 대은은 1루수도 아니고 2루수도 아니므로 3루수이다. 따라서 김씨가 1루수이다.
위의 사실을 종합하면 다음과 같다.

	이름	포지션	나이
김씨	정덕	1루수	21
박씨	선호	2루수	24
서씨	대은	3루수	18

[문제 9.6] ⑤
예선 결과 각 팀의 전적, 득점, 실점, 득실차를 표로 나타내면 다음과 같다.

	A	B	C	D	전적	득점	실점	득실차
A		7:3	2:1	2:1	3승	11	5	6
B	3:7		4:3	1:2	1승2패	8	12	-4
C	1:2	3:4		7:2	1승2패	11	8	3
D	1:2	2:1	2:7		1승2패	5	10	-5

3승인 A는 본선에 진출하고 A를 제외하고 다시 표를 작성하면 다음과 같다.

	B	C	D	전적	득점	실점	득실차
B		4:3	1:2	1승1패	5	5	0
C	3:4		7:2	1승1패	10	6	4
D	2:1	2:7		1승1패	4	8	-4

위의 결과를 이용하여 규칙1~규칙5를 적용하면 본선 진출국은 다음과 같다.

적용	본선 진출국	
규칙1	A	C
규칙2	A	C
규칙3	A	C
규칙4	A	C
규칙5	A	B

[문제 9.7] ⑤

1과 2 사이의 자리를 ㉮, 2와 3 사이의 자리를 ㉯, 3과 4 사이의 자리를 ㉰, 4와 5 사이의 자리를 ㉱, 5와 1 사이의 자리를 ㉲라고 하자.

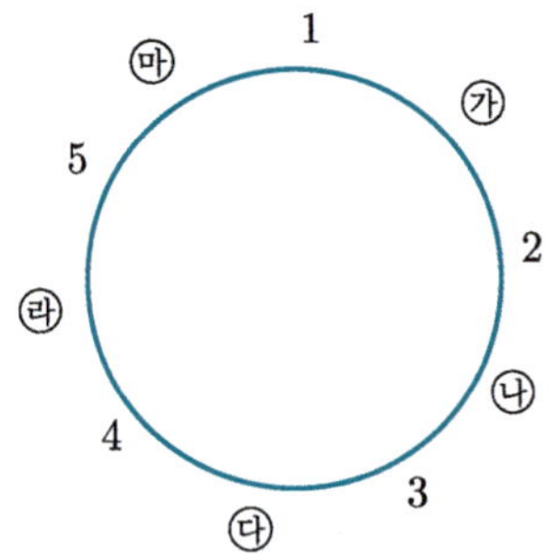

앉을 수 있으면 ○, 그렇지 못하면 ×로 표시하여 주어진 조건을 표로 나타내면 다음과 같다. 여기서 B는 ㉮, ㉯, ㉰, ㉱에 앉을 수 없으므로 ㉲에 앉아야 한다.

	㉮	㉯	㉰	㉱	㉲
A				×	×
B	×	×	×	×	○
C					×
D					×
E		×	×		×

① A가 1과 2 사이(㉮)에 앉는다면 다음과 같다.

	㉮	㉯	㉰	㉱	㉲
A	○	×	×	×	×
B	×	×	×	×	○
C	×			×	×
D	×			×	×
E	×	×	×	○	×

따라서 C는 ㉯ 또는 ㉰에 앉아야 하므로 3 열에 앉는다. 조건3에 의하여 D는 1 열에 앉아야 하는데 위의 표에서 그렇게 앉는 것은 불가능하다.

② D가 4와 5 사이(㉱)에 앉는다면 다음과 같다.

	㉮	㉯	㉰	㉱	㉲
A	×			×	×
B	×	×	×	×	○
C	×			×	×
D	×	×	×	○	×
E	○	×	×	×	×

C는 ㉯ 또는 ㉰에 앉아야 하므로 3 열에 앉는다. 조건3에 의하여 D는 1 열에 앉아야 하는데 위의 표에서 그렇게 앉는 것은 불가능하다.

③ C가 2와 3 사이(㉯)에 앉으면 D는 1과 2 사이에 앉아야 하며 아래처럼 A는 반드시 3과 4 사이(㉰)에 앉는다.

	㉮	㉯	㉰	㉱	㉲
A	×	×	○	×	×
B	×	×	×	×	○
C	×	○	×	×	×
D	○	×	×	×	×
E	×	×	×	○	×

④ E가 1과 2 사이(㉮)에 앉으면 D는 1 열에 앉지 않는다. 따라서 C는 3 열에 앉지 않으므로 4와 5 사이(㉱)에 앉는다.

	㉮	㉯	㉰	㉱	㉲
A	×			×	×
B	×	×	×	×	○
C	×	×	×	○	×
D	×			×	×
E	○	×	×	×	×

⑤ E가 4와 5 사이(㉱)에 앉더라도 아래처럼 A는 3과 4 사이(㉰)에 앉을 수도 있다.

	㉮	㉯	㉰	㉱	㉲
A	×	×	○	×	×
B	×	×	×	×	○
C	×	○	×	×	×
D	○	×	×	×	×
E	×	×	×	○	×

[문제 9.8] ③

제시문에서 A가 참이면 C는 강좌를 맡지 않으므로 B는 거짓이고, B가 참이면 A가 거짓이다. 또 B가 참이면 E는 거짓이고 E가 참이면 B는 거짓이다. 한 명의 진술만 거짓이므로 B의 진술이 거짓이고 나머지 진술은 모두 참이다. 이런 사실을 이용하여 표로 나타내면 다음과 같다.

	수학사	정수론	위상수학	조합수학
A	×			×
B	○	×	×	×
C	×	×	×	×
D	×			×
E	×	×	×	○

[문제 9.9] ③

A가 B에 이전이면 $A < B$, A가 B의 바로 이전이면 $A \ll B$으로 나타내자.

갑 을 병 정 → 관주 금주 한주 평주

(i) 한주 ≪ 평주 (ii) 관주 ≪ 금주 < 정

(iii) ○ < 병 < 갑 (iv) ~ (병 ≪ 정)

(v) ~ (정 ≪ 병)

위 (i)과 (ii)에서 관주 ≪ 금주 ≪ 한주 ≪ 평주이고 정의 수도는 한주이거나 평주이다. 정의 수도가 한주라면 병은 정과 연이어 존재하지 않으므로 병은 가장 먼저 있었던 나라이고 이는 모순이다. 따라서 정의 수도는 평주이고 병의 수도는 금주이다. (iii)에 의하여 갑과 을의 수도는 각각 한주와 관주이다.

나라	수도
갑	한주
을	관주
병	금주
정	평주

[문제 9.10] ⑤

주어진 정보로 방을 배정하면 다음과 같다.

1호			6호	G
2호			7호	X
3호			8호	
4호			9호	
5호	○		10호	○

(i) A의 방 양옆에는 B와 C의 방이고 C의 옆방 가운데 하나는 비어 있으므로 다음 둘 중에 하나이다.

B	X
A	C
C	A
X	B

(ii) D와 E는 마주 보고 있으므로 A, B, C는 1호~5호에 배정되어야 하며 다음과 같이 세 경우가 있다.

1호	B		6호	G
2호	A		7호	X
3호	C		8호	
4호	X		9호	
5호	○		10호	○

1호			6호	G
2호	X		7호	X
3호	C		8호	
4호	A		9호	
5호	B		10호	○

1호	X		6호	G
2호	C		7호	X
3호	A		8호	
4호	B		9호	
5호	○		10호	○

B와 마주 보는 방은 비어 있어야 하나 앞 두 경우는 조건을 만족하지 못하므로 적절하지 않다. 따라서 세 번째 그림과 같이 방을 배정할 수 있다. 이럴 경우 아래처럼 D의 방은 5호 또는 10호이므로 반드시 10호라고 말할 수는 없다.

1호	X		6호	G
2호	C		7호	X
3호	A		8호	F
4호	B		9호	X
5호	D		10호	E

1호	X		6호	G
2호	C		7호	X
3호	A		8호	F
4호	B		9호	X
5호	E		10호	D

연습문제 10

[문제 10.1] 수미의 아버님과 어머님을 각각 A와 a라 하고 초대 받은 한 쌍의 부부를 B와 b, 다른 쌍의 부부를 C와 c, 또 다른 쌍의 부부를 D와 d라고 하자. 배우자를 제외한 사람과 악수를 하였고 a를 제외한 사람들이 모두 다른 대답을 했으므로 A, B, b, C, c, D, d는 0, 1, 2, 3, 4, 5, 6 중에 한 숫자만큼 악수했고 그 숫자도 모두 달라야 한다.

① 6번 악수한 사람을 X라고 하자. 그러면 X는 자기 배우자를 제외한 모든 사람과 악수했으므로 X의 배우자 x는 0번 악수하게 된다.

② 5번 악수한 사람을 Y라고 하자. Y는 x와 자기 배우자를 제외한 모든 사람과 악수했으므로 Y의 배우자 y는 1번 악수하게 된다.

③ 4번 악수한 사람을 Z라고 하자. Z는 x, y와 자기 배우자를 제외한 모든 사람과 악수했으므로 Z의 배우자 z는 2번 악수하게 된다.

④ 3번 악수한 사람을 U라고 하자. U는 x, y, z와 자기 배우자를 제외한 모든 사람과 악수했으므로 U의 배우자 u는 3번 악수하게 된다.

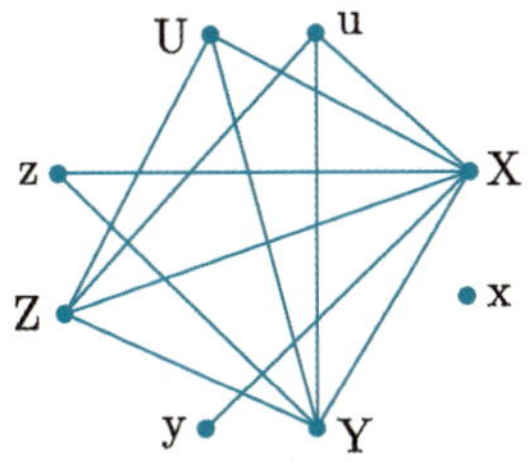

여기서 U가 B, b, C, c, D, d 중 한 사람이라면 U는 그의 배우자 u와 같은 수만큼 악수하게 되어 모순이다. 따라서 U는 A, u는 a이다. 그러므로 수미의 아버님과 어머님은 각각 3번씩 악수했다.

[문제 10.2] 다음과 같이 세 경우로 나누어 생각하여 보자.
① A가 선생님인 경우: A가 한 말은 참이므로 C는 정치가가 아니다. C는 선생님도 정치가도 아니므로 상인이고, 따라서 B는 정치가다. B가 한 말은 거짓이므로 주어진 조건을 모두 만족한다.
② B가 선생님인 경우: C가 한 말은 참이므로 C는 선생님이 아니므로 C는 상인이다.
따라서 A는 정치가이나 A가 한 말은 참이므로 모순이다.
③ C가 선생님인 경우: C가 한 말은 참이므로 B는 선생님이 되어 모순이다.
그러므로 A는 선생님, B는 정치가, C는 상인이다.

[문제 10.3] 진실을 말하는 사람이 누구인가에 따라 다음과 같이 네 경우가 있다.
① A가 진실을 말하는 경우: A가 진실을 말하기에 B는 범인이다. 그러나 C는 거짓을 말하기에 C도 범인이다. 따라서 범인이 둘이므로 모순이다.
② B가 진실을 말하는 경우: C가 거짓을 말하기에 C는 범인이다.
③ C가 진실을 말하는 경우: B가 거짓을 말하기에 B는 범인이다. 그러면 A도 진실을 말하게 되어 모순이다.
④ D가 진실을 말하는 경우: D가 진실을 말하기에 A가 범인이다. 그러나 C는 거짓을 말하기에 C도 범인이다. 따라서 범인이 둘이므로 모순이다.
위 ①~④에서 진실을 말하는 사람은 B이며 범인은 C이다.

[문제 10.4] 섬 A와 연결되는 다리 수에 따라 다음과 같이 세 경우로 나누어 생각할 수 있다.
① 섬 A와 연결되는 다리 수가 1인 경우: 다시 아래와 같이 두 경우가 있다.

(i)

(ii)

(i) A 바로 아래 세 점에 차례로 BCD, BDC, CBD, CDB, DBC, DCB의 순서로 놓을 수 있으므로 6가지 방법이 있다.
(ii) A 바로 아래에 B, C, D를 놓을 수 있으므로 3가지 방법이 있다. 이 점이 결정되면 그 아래 두 점은 자동적으로 결정된다.
따라서 이 경우에는 9가지 방법이 있다.
② 섬 A와 연결되는 다리 수가 2인 경우: 아래 그림에서 A 아래 세 점에 차례로 BCD, BDC, CBD, CDB, DBC, DCB를 놓을 수 있으므로 6가지 방법이 있다.

③ 섬 A와 연결되는 다리 수가 3인 경우: 아래와 같은 1가지 경우 밖에 없다.

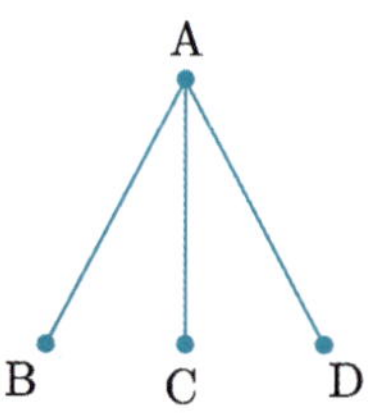

위 ①, ②, ③에서 섬을 연결할 수 있는 방법의 수는 $9+6+1=16$이다.

[문제 10.5] 문제에서 주어진 ②과 ③으로부터 네 사람이 맞춘 카드 수는 각각 1, 2, 3, 4이다. 따라서 네 사람이 맞춘 카드 수의 합은 10이다. 또, 첫째 카드, 둘째 카드, 셋째 카드, 넷째 카드, 다섯째 카드를 맞춘 사람은 많아야 각각 2, 3, 2, 2, 2명이다.
(i) 둘째 카드가 C라면 네 사람이 맞춘 카드 수의 합은 많아야 9이므로 모순이다.

따라서 둘째 카드는 J이다.

○ J ○ ○ ○

(ii) 다섯째 카드가 C라면 넷째 카드는 D이고, 첫째 카드는 H이며 셋째 카드는 S이다. 즉 H J S D C의 순서로 나열되고 이럴 경우 네 카드를 맞춘 사람이 없으므로 다섯째 카드가 C는 아니다. 따라서 다섯째 카드는 S이다.

○ J ○ ○ S

(iii) 셋째 카드가 C라면 넷째 카드는 D이고, 첫째 카드는 H이다. 즉 H J C D S의 순서로 나열되고 이럴 경우 카드 하나를 맞춘 사람이 없으므로 셋째 카드가 C는 아니다. 따라서 셋째 카드는 H이다.

○ J H ○ S

(v) 넷째 카드가 C라면 첫째 카드는 D이다. 즉 D J H C S의 순서로 나열되고 이럴 경우 두나가 다섯 카드를 맞추게 되어 넷째 카드는 C가 아니다. 따라서 넷째 카드는 D이다.
그러므로 다섯 카드는 C J H D S의 순서로 배열되었다.

[문제 10.6] 녹색 우표를 G, 빨간 색 우표를 R로 표시하자.
① 우선 B의 우표를 GG라고 하자. A와 C의 우표는 각각 GG, GR, RR 중에 하나이므로 다음 표와 같이 9가지 경우가 있다.

경우	A	B	C	
1	RR	GG	RR	B가 첫 번째 질문에서 자기 우표의 색을 알 수 있다
2	RR	GG	GG	A가 첫 번째 질문에서 자기 우표의 색을 알 수 있다
3	RR	GG	GR	C가 첫 번째 질문에서 자기 우표의 색을 알 수 있다
4	GG	GG	RR	C가 첫 번째 질문에서 자기 우표의 색을 알 수 있다
5	GG	GG	GG	G의 개수가 5 이상으로 불가능하다
6	GG	GG	GR	G의 개수가 5 이상으로 불가능하다
7	GR	GG	RR	A가 두 번째 질문에서 자기 우표의 색을 알 수 있다
8	GR	GG	GG	G의 개수가 5 이상으로 불가능하다
9	GR	GG	GR	A가 두 번째 질문에서 자기 우표의 색을 알 수 있다

(i) 경우3에서 C가 RR이면 B가 자기 우표 색을 알고, GG이면 A가 자기 우표색을 안다. A와 B 모두 모른다고 했기에 C의 우표 색은 GR이다.
(ii) 경우7에서 A가 RR이면 B가 자기 우표 색을 알고, GG이면 C가 자기 우표색을 안다. B와 C 모두 모른다고 했기에 A의 우표 색은 GR이다.
(iii) 경우9에서 A가 RR이면 경우3에 의해 C가 자기 우표 색을 알고, GG이면 C가 첫 번째 질문에 자기 우표 색을 안다. C는 모른다고 했기에 A의 우표 색은 GR이다.
따라서 위 9가지 어떤 경우도 주어진 조건을 만족할 수 없으므로 B의 우표는 GG가 아니다.
② 위 ①과 같은 방법을 이용하면 B의 우표는 RR은 아니다.
위 ①과 ②에 의하여 B의 우표는 GG도 아니고 RR도 아니므로 GR이다.

[문제 10.7] ③
2차 공연에서 A의 등수에 따라 다음과 같이 두 경우로 나누어 표로 나타내면 다음과 같다.

(i) 2차 경연에서 A가 3등일 경우:

	1차 경연		2차 경연		합
	득표수	등수	득표수	등수	
A	30	1	16 ~ 24	3	46 ~ 54
B	26 ~ 29	2	30	2	56 ~ 59
C	25	3	31 ~ 39	1	56 ~ 64
D	16 ~ 19	4	15	4	31 ~ 34
합	100		100		200

(ii) 2차 경연에서 A가 4등일 경우:

	1차 경연		2차 경연		합
	득표수	등수	득표수	등수	
A	30	1	15	4	45
B	26 ~ 29	2	30	2	56 ~ 59
C	25	3	31 ~ 39	1	56 ~ 64
D	16 ~ 19	4	16 ~ 24	3	32 ~ 43
합	100		100		200

ㄱ. 두 경우 모두 D의 최대 득표수는 A, B, C의 최소 득표수보다 적으므로 탈락자는 D이다

ㄴ. 두 경우 모두 A의 최대 득표수는 B와 C의 최소 득표수보다 적으므로 A의 최종 순위는 3등이다.

ㄷ. 위 표에서 보듯이 2차 경연에서 C는 39표까지 표를 받을 수 있다.

연습문제 11

[문제 11.1] 777^{777}의 마지막 자리 수는 7^{777}의 마지막 자리 수와 같으므로 7의 거듭제곱의 마지막 수를 살펴보자.

n	1	2	3	4	5	6	7	8	9	10
7^n의 마지막 수	7	9	3	1	7	9	3	1	7	9

따라서 7^n의 마지막 자리 수는 7, 9, 3, 1이 계속 반복된다. 7^{777}의 지수 777은 4로 나누면 나머지는 1이므로 777^{777}의 마지막 자리 수는 7, 9, 3, 1의 첫 번째 숫자 7이다.

[문제 11.2] 중간에 빠진 두 식을 첨가하면 다음과 같다.

$$2 \times 3 \times 4 + 4 \times 10 = 64 = 4^3$$
$$3 \times 4 \times 5 + 5 \times 13 = 125 = 5^3$$
$$4 \times 5 \times 6 + 6 \times 16 = 216 = 6^3$$
$$5 \times 6 \times 7 + 7 \times 19 = 343 = 7^3$$

일반적으로 맨 처음 수를 $x-1$라고 하면 다음과 같은 등식이 성립됨을 알 수 있다.

$$\begin{aligned}&(x-1)x(x+1)+(x+1)[(x-1)+x+(x+1)+1]\\&=x(x^2-1)+(x+1)(3x+1)=x^3+3x^2+3x+1=(x+1)^3\end{aligned}$$

[문제 11.3] (1) 정사각형 전체이므로 그 넓이는 1

(2) 정사각형 절반이므로 그 넓이는 $\frac{1}{2}$

(3) 정사각형 $\frac{1}{3}$이므로 그 넓이는 $\frac{1}{3}$

[문제 11.4] a와 b를 $a+b-1$로 대체하면 칠판에 써진 숫자의 개수는 하나씩 줄고 그런 숫자의 합도 1씩 감소한다. 따라서 주어진 과정을 9번 반복하면 한 숫자가 남고 그것은 원래 칠판에 써진 수의 합 $1+2+\cdots+10=55$에서 9가 감소한 46이다.

[문제 11.5] 주어진 방법으로 n번 접을 때 생기는 금과 영역의 수를 살펴보자.

(i) 그림 11.5에서 보듯이 $n=1$, 2, 3일 때는 금의 수는 각각 1, 3, 7이고 영역의 수는 각각 2, 4, 8이다.

(ii) $n=4$: 한 번 접을 때마다 영역의 수만큼 새로운 금과 영역이 더 생기므로 4번 접을 때 금의 수는 $7+8=15$이고 영역의 수는 $2\times8=16$이다.

(iii) $n=5$: 위 (ii)와 같은 방법을 이용하면 금의 수는 $15+16=31$이고 영역의 수는 $2\times16=32$이다.

n번 접을 때	금의 수	영역의 수
1	1	2
2	$1+2=3$	$2\times2=4$
3	$3+4=7$	$4\times2=8$
4	$7+8=15$	$8\times2=16$
5	$15+16=31$	$16\times2=32$
6	$31+32=63$	$32\times2=64$
7	$63+64=127$	$64\times2=128$
8	$127+128=255$	$128\times2=256$
9	$255+256=511$	$256\times2=512$
10	$511+512=1023$	$512\times2=1024$

[문제 11.6] 그림 11.6에 나타난 점의 개수는 n^2이다.

(1) 그림 11.6에 나타난 점을 아래 그림 왼쪽에 실선이 그어져 있는 대로 세면 $n+n+n+n+n+n+\cdots+n=n^2$이다.

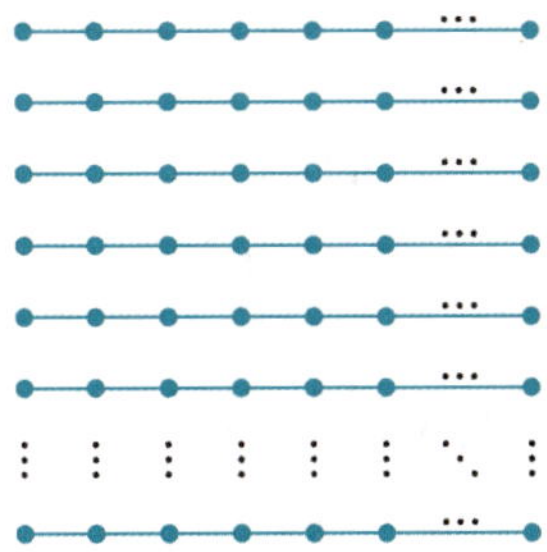
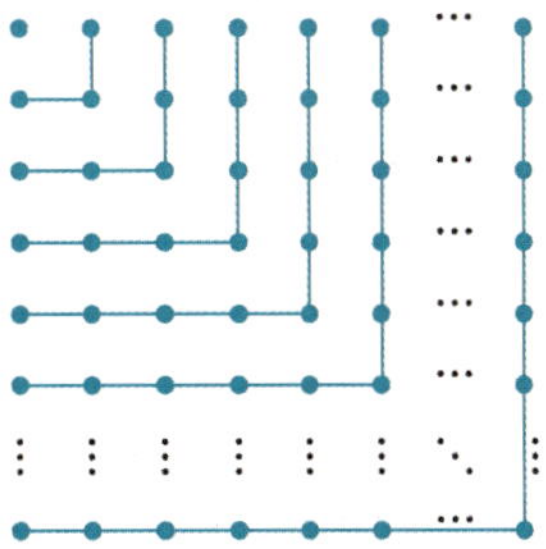

(2) 그림 11.6에 나타난 점을 위 오른쪽 그림처럼 ⅃모양을 따라 세어 보면 $1+3+5+7+9+11+\cdots+2n-1=n^2$이다.

(3) 아래 그림처럼 위 삼각형 모양을 ①이라 하고 주대각선을 ②라고 하자.

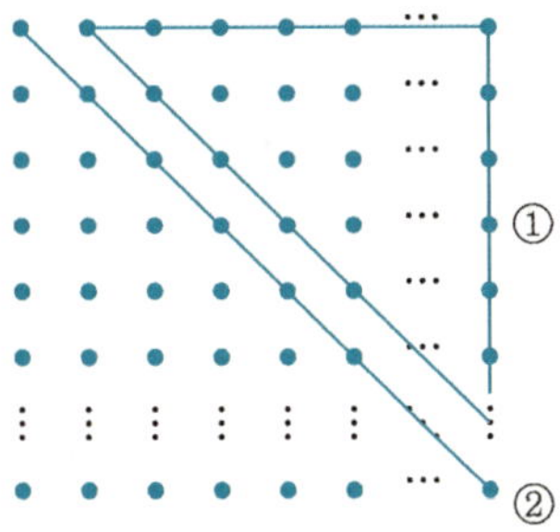

그러면 ①에 있는 점의 개수는 $1+2+\cdots+n-1$이고 ②에 있는 점의 개수는 n이다. 한편 ①에 있는 점의 개수의 두 배에 ②에 있는 점의 개수를 합하면 n^2이다. 즉

$$(\text{①에 있는 점의 개수})\times 2+(\text{②에 있는 점의 개수})=n^2$$

그러므로 ①에 있는 점의 개수$=\dfrac{n^2-n}{2}$이다. 따라서

$$1+2+\cdots+(n-1)=\text{①에 있는 점의 개수}=\frac{n^2-n}{2}=\frac{n(n-1)}{2}$$

[문제 11.7] $ab+a+b=(a+1)(b+1)-1$이다. 이제 a와 b를 지우고 $ab+a+b$로 대체하면 칠판에 써진 숫자의 개수는 하나씩 줄고 $(a+1)(b+1)-1$이 새로 생긴다. 다시 $(a+1)(b+1)-1$과 c를 선택하면 선택한 두 수 대신에 $(a+1)(b+1)(c+1)-1$이 새로 생긴다. 이런 과정을 9번 반복하면 맨 마지막에는 한 숫자가 남으며 그것은 $(1+1)(2+1)\cdots(10+1)-1=11!-1$이다.

[문제 11.8] 그림 11.8에 나타난 모든 수의 합 N을 다음과 같이 두 가지 방법으로 구해보자.

① (i) 첫째 가로줄의 합은 $1+2+3+\cdots+n=\dfrac{n(n+1)}{2}$이다.

(ii) 둘째 가로줄의 합은 첫째 가로줄의 합의 두 배인 $\dfrac{n(n+1)}{2}\times 2$이다.

(iii) n번째 가로줄의 합은 첫째 가로줄의 합의 n배인 $\dfrac{n(n+1)}{2}\times n$이다.

따라서
$$N=\frac{n(n+1)}{2}+\frac{n(n+1)}{2}\times 2+\cdots+\frac{n(n+1)}{2}\times n$$
$$=\frac{n(n+1)}{2}\times(1+2+\cdots+n)=\frac{n(n+1)}{2}\times\frac{n(n+1)}{2}=\left[\frac{n(n+1)}{2}\right]^2$$

② 아래 그림처럼 ＿┘모양을 따라 수를 합하여 보자.

(i) 첫째 줄의 합은 $1=1^3$이다.

(ii) 둘째 줄의 합은 $2+4+2=8=2^3$이다.

(iii) 셋째 줄의 합은 $3+6+9+6+3=27=3^3$이다.

(iv) n번째 줄의 합은

$$[n+2n+3n+\cdots+(n-1)n]+n^2+[n+2n+3n+\cdots+(n-1)n]$$
$$=2\times[n+2n+3n+\cdots+(n-1)n]+n^2=2n\times[1+2+3+\cdots+n-1]+n^2$$
$$=2n\times\frac{n(n-1)}{2}+n^2=n^3$$

1	2	3	4	5	⋯	n
2	4	6	8	10	⋯	$2n$
3	6	9	12	15	⋯	$3n$
4	8	12	16	20	⋯	$4n$
5	10	15	20	25	⋯	$5n$
⋮	⋮	⋮	⋮	⋮	⋱	⋮
n	$2n$	$3n$	$4n$	$5n$	⋯	n^2

따라서 $N=1^3+2^3+3^3+\cdots+n^3$이다.

위 ①과 ②는 같은 것을 합한 것이므로 그 값은 같아야 한다. 따라서

$$1^3+2^3+3^3+\cdots+n^3=\left[\frac{n(n+1)}{2}\right]^2$$

이다.

[문제 11.9] 정삼각형 한 변에 각각 5개와 6개의 공이 있을 때 주어진 모양을 만들기 위해서는 몇 개의 공의 이동이 필요한 지 알아보자.

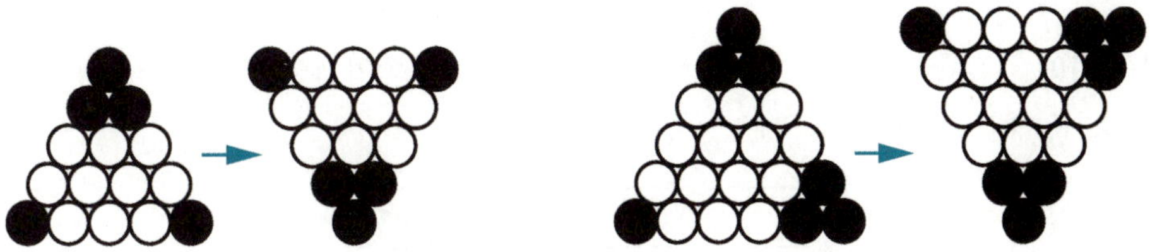

위 그림에서 알 수 있듯이 한 변에 각각 5개와 6개의 공이 있을 때 공의 최소 이동 개수는 각각 5와 7이다. 어떤 규칙이 있는지 알아보기 위하여 위에서 구한 결과를 표로 정리하여 보자.

$$1,\ 1+2=3,\ 1+2+3=6,\ 1+2+3+4=10,\ 1+2+3+4+5=15, \cdots$$

와 같이 1부터 연속된 몇 개의 수를 합하여 얻어진 수를 삼각수라고 한다.
아래 표에서 알 수 있듯이 최소로 공을 이동하려면 모서리에서 연속으로 몇 개를 이동해야 하므로 한 모서리에서 이동하는 공의 수는 삼각수일 수밖에 없다.

한 변에 있는 공의 수 n	세 모서리에서 이동하는 공의 수	공의 최소 이동 수
1	0,0,0	0
2	0,0,1	1
3	0,1,1	2
4	1,1,1	3
5	1,1,3	5
6	1,3,3	7
7	3,3,3	9
8	3,3,6	12
9	3,6,6	15
10	6,6,6	18

위에서 $n=6$일 때 세 모서리에서 이동하는 공의 수가 각각 1, 3, 3이므로 $n=7$일 때는 1을 그 다음 삼각수 3으로 대체하여 모서리에서 3, 3, 3씩 이동하게 되고 이 때 공의 최소 이동수는 9이다. 다시 $n=8$일 때는 $n=7$일 때의 3을 그 다음 삼각수 6으로 대체하여 모

서리에서 3, 3, 6씩 이동하게 되고 공의 최소 이동수는 12이다. 이런 방법으로 $n = 10$까지 공의 최소 이동수를 구하면 위의 표와 같다.

[문제 11.10] (1) 아래 그림은 가로 8칸, 세로 5칸인 모눈종이에서 대각선이 지나는 모눈을 빗금으로 표시한 것이다.

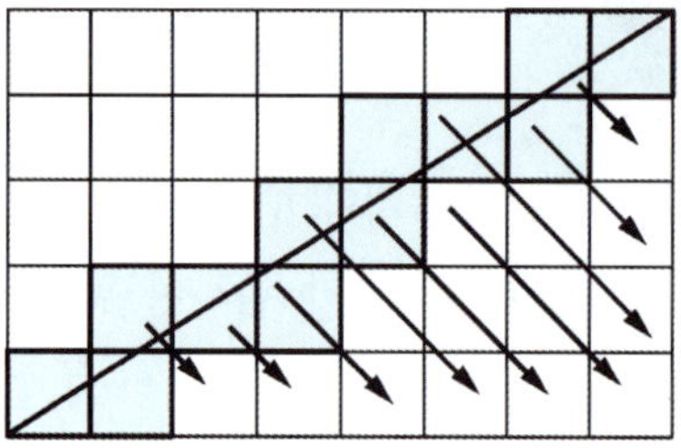

빗금 친 칸을 화살표 끝의 위치로 이동하면 모눈종이의 맨 아래나 맨 오른쪽에 있는 칸을 빠짐없이 메운다. 따라서 대각선이 지나는 모눈의 수는 맨 아래나 맨 오른쪽에 있는 칸 수의 합인 $8 + 5 - 1 = 12$이다.

(2) 16과 12의 최대공약수는 4이므로 아래 그림처럼 가로 4칸, 세로 3칸인 모눈종이를 오른쪽 위 모서리에 연이어 4번 쌓은 것이다. 가로 4칸, 세로 3칸인 모눈종이에서 대각선이 지나는 모눈의 수는 $(4 + 3 - 1) = 6$이므로 가로 16칸, 세로 12칸인 모눈종이에서 대각선이 지나는 모눈의 수는 $6 \times 4 = 24$이다.

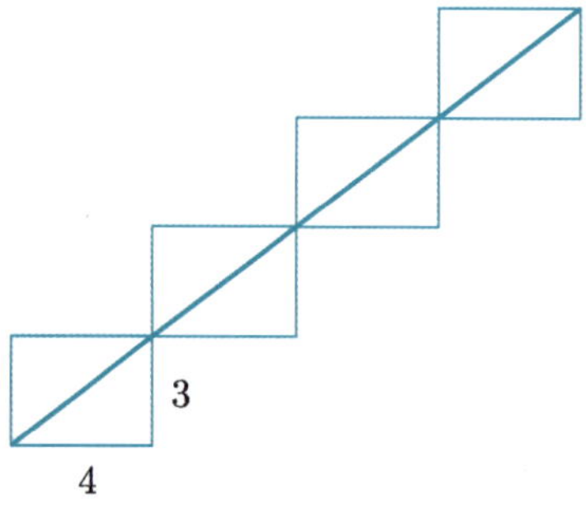

(3) m과 n의 최대공약수를 d라고 하자. 그러면 가로 m칸, 세로 n칸인 모눈종이는 위 (2)처럼 가로 m/d칸, 세로 n/d칸인 모눈종이를 오른쪽 위 모서리에 연이어 d번 쌓은 것이다. 위 (1)에 의하여 가로 m/d칸, 세로 n/d칸인 모눈종이에서 대각선이 지나는 모눈의 수는 $(m/d + n/d - 1)$이므로 가로 m칸, 세로 n칸인 모눈종이에서 대각선이 지나는 모눈의 수는 $d \times (m/d + n/d - 1) = m + n - d$이다.

[문제 11.11] n개의 원에 의해 만들어지는 영역의 수를 살펴보자.

(i) 그림 1.11.11에서 보듯이 $n=1$, 2, 3일 때는 각각 2, 4, 8개의 영역이 있다.

(ii) $n=4$: 3개의 원이 그어져 있는 평면에 네 번째 원 O을 추가하여 보자. O가 다른 원을 만날 때마다 두 개의 새로운 영역이 생긴다. 따라서 4개의 원이 만드는 영역은 3개의 원이 만드는 영역보다 6개의 영역이 더 생기므로 $8+6=14$개이다.

(iii) $n=5$: 위 (ii)와 같은 방법을 이용하면 5개의 원이 만드는 영역의 수는 4개의 원이 만드는 영역보다 8개 많은 22이다.

같은 방법을 이용하면 $n=8$까지 n개의 원이 만드는 영역의 수는 다음과 같다.

원의 수(n)	영역의 수
1	2
2	$2+2\times1=4$
3	$4+2\times2=8$
4	$8+2\times3=14$
5	$14+2\times4=22$
6	$22+2\times5=32$
7	$32+2\times6=44$
8	$44+2\times7=58$

연습문제 12

[문제 12.1] 어떤 가로줄이나 세로줄에서 흰 칸이 a개 있으면 검은 칸은 $6-a$개 있고, 이 줄의 흑백을 서로 바꾸면 흰 칸이 $6-a$개, 검은 칸이 a개이다. 바꾸기 전과 후의 검은 칸의 수의 차이를 살펴보면 짝수인 $|2a-6|$이므로 검은 칸의 수의 홀짝은 바뀌기 전과 항상 같다. 따라서 어떤 줄의 흑백을 바꾸더라도 판에 있는 검은 칸의 수의 홀짝은 처음 상태와 같은 홀수이다.

만약 정사각형을 모두 흰색으로 만들 수 있다면 그때 검은 칸의 수는 짝수로 모순이므로 주어진 방법으로 정사각형의 색을 모두 흰색으로 만들 수 없다.

[문제 12.2] 흰색 칸을 0, 검은 색 칸을 1로 표시하고 아래와 같이 모서리 네 칸에 번호를 붙이자.

①		④
②		③

칸 ①, ②, ③, ④에 표시된 수의 합을 I라고 하자. 예를 들어 그림 12.5에서 I $=1$이다. 이제 한 줄을 선택하여 색깔을 바꾸더라도 I의 값은 변함이 없거나 2만큼 줄거나 늘어나 그것의 홀짝은 바꾸기 전의 홀짝과 같다. 따라서 I의 값의 홀짝은 처음 상태와 같은 홀수이다. 만약 정사각형을 모두 흰색으로 만들 수 있다면 그 때의 I의 값은 짝수이므로 모순이다. 따라서 주어진 방법으로 정사각형의 색을 모두 흰색으로 만들 수는 없다.

[문제 12.3] 칠판에 써진 수의 합을 I라고 하자. 처음 상태의 I는

$$\mathrm{I} = 1+2+3+\cdots+10 = 55$$

이다. a와 b를 $|a-b|$로 대체할 때 I는 $a \geq b$이면 $2b$만큼 줄고, $b > a$이면 $2a$만큼 줄어서 위와 같이 대체하더라도 I의 홀짝은 변하지 않는다. 처음 상태의 I는 홀수이므로 마지막에 짝수인 0이 될 수는 없다.

[문제 12.4] $a_1 \times a_2 \times a_3 \times \cdots \times a_{10} = 1$이므로 a_1, a_2, a_3, $\cdots$, a_{10}는 1이거나 -1이고 -1의 개수는 짝수이다. 만약 $a_1 + a_2 + a_3 + \cdots + a_{10} = 0$이면 a_1, a_2, a_3, $\cdots$, a_{10} 중에서 1의 개수와 -1의 개수는 같으므로 1이 5개, -1이 5개이다. 이는 앞의 사실에 모순이므로 곱이 1인 10개의 정수의 합은 0이 될 수 없다.

[문제 12.5] 식 $\pm 1 \pm 2 \pm 3 \pm \cdots \pm 10$에 나타난 각 $\pm$ 중에서 $+$나 $-$의 하나를 선택하여 0을 만들었다고 하자. 이제 식에 나타난 모든 $-$를 $+$로 바꾸더라도 그 값의 홀짝은 바뀌지 않는다. 식에 나타난 모든 $-$를 $+$로 바꾸면

$$1+2+3+\cdots+10 = \frac{10 \times (10+1)}{2} = 55$$

이 되어 홀수이므로 모순이다. 따라서 1부터 10까지 연달아 쓰고 그 사이에 $+$나 $-$를 끼워서 계산한 결과가 0이 될 수는 없다.

[문제 12.6] 숫자가 나열되는 자리에 처음부터 순서대로 ①부터 ⑥까지 부호를 붙이자. 1과 2, 2와 3, 3과 4, 4와 5, 5와 6 사이에 모두 홀수개의 숫자가 들어있도록 나열할 수 있다고 하자. 그러면 1이 위치하는 번호와 2가 위치하는 번호의 홀짝은 같다. 마찬가지로 i가 위치하는 번호와 $i+1$이 위치하는 번호의 홀짝은 같다. 그러므로 1, 2, 3, …, 6가 위치하는 번호의 홀짝은 모두 같다. 그러나 1부터 6까지 수 중에는 3개의 짝수와 3개의 홀수가 있으므로 1, 2, 3, …, 6이 모두 같은 홀짝일 수는 없다. 따라서 1, 2, 3, …, 6를 일렬로 나열할 때 1과 2, 2와 3, 3과 4, 4와 5, 5와 6 사이에 모두 홀수개의 숫자가 들어있도록 나열할 수는 없다.

[문제 12.7] 진품의 1개의 무게를 x라고 하면 위조품 1개의 무게는 $x\pm1$이다. 하나의 금화 A를 선택하고 나머지 금화를 10개씩 둘로 나누어 양팔저울의 두 접시에 올려놓자. A가 진품인지 위조품인지에 따라 두 가지로 나누어 생각할 수 있다.

① A가 진품인 경우:

	왼쪽 접시	오른쪽 접시
진품	a개	$10-a$개
위조품	b개	$10-b$개

양쪽 접시에 있는 전체 무게의 차이는

$$(10-a-a)x+(10-b-b)(x\pm1)=(10-2a)x+(10-2b)(x\pm1)$$

이므로 짝수이다.

② A가 위조품인 경우:

	왼쪽 접시	오른쪽 접시
진품	a개	$11-a$개
위조품	b개	$9-b$개

양쪽 접시에 있는 전체 무게의 차이는

$$(11-a-a)x+(9-b-b)(x\pm1)=(11-2a)x+(9-2b)(x\pm1)$$

이다. 여기서 x와 $x\pm1$의 홀짝이 서로 다르므로 양쪽 접시에 있는 전체 무게의 차이는 홀수이다.

위 ①과 ②에서 두 접시에 있는 무게의 차이가 짝수이면 선택한 금화는 진품, 홀수이면 선택한 금화는 위조품임을 알 수 있다.

[문제 12.8] 사각형의 개수를 x, 원의 개수를 y라 할 때 (x, y)로 나타내자. 선택하는 도형에 따라 (x, y)가 어떻게 변하는지 다음과 같이 세 경우로 나누어 생각할 수 있다.

도형 선택	
사각형과 사각형	$(x, y) \to (x-1, y)$
사각형과 원	$(x, y) \to (x-1, y)$
원과 원	$(x, y) \to (x+1, y-2)$

위에서 알 수 있듯이 어떤 도형을 선택하더라도 원의 개수의 홀짝은 바뀌지 않는다. 처음에 원이 짝수인 4개가 있으므로 위의 과정을 반복하면 결국 0개의 원이 남게 되어 A가 이기게 된다.

연습문제 13

[문제 13.1] 아래처럼 벽면을 색칠하여 보자.

도미노로 위 벽면을 붙일 때 도미노는 흰색과 파랑색의 정사각형을 각각 하나씩 포함한다. 따라서 벽면을 도미노로 빠짐없이 붙였다면 흰색 정사각형의 수는 파랑색 정사각형의 수와 같아야 하나 위 그림에서 흰색 정사각형의 수는 16이고 파랑색 정사각형의 수는 18이므로 모순이다. 그러므로 도미노로 위 벽면을 빠짐없이 붙일 수 없다.

[문제 13.2] 아래처럼 주어진 벽면을 흰색과 파랑색으로 색칠하여 보자. 그러면 흰색과 파랑색의 칸의 수는 각각 12이다.

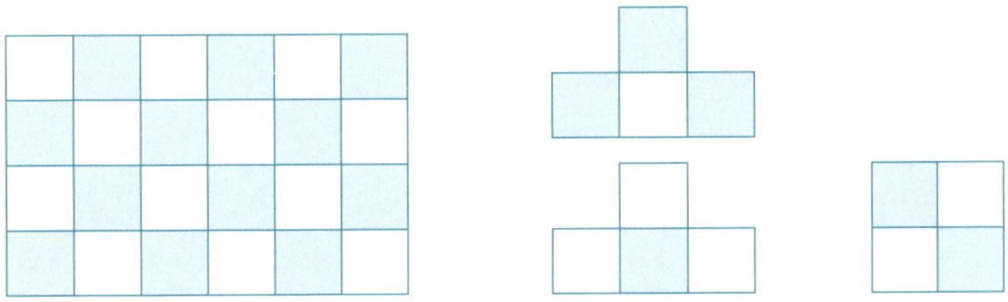

위의 그림에서 보듯이 어떻게 붙이더라도 T-자 타일은 홀수개의 파랑색 칸을 포함하며 2×2 타일은 짝수개의 파랑색 칸을 포함한다. 따라서 5개 T-자 타일과 1개의 2×2 타일로 위의 벽면을 빠짐없이 붙인다면 벽면에는 홀수개의 파랑색 칸이 있어야 하나 실제로는 짝수개가 있으므로 5개 T-자 타일과 1개의 2×2 타일로 위의 벽면을 빠짐없이 붙일 수는 없다.

[문제 13.3] 아래처럼 주어진 벽면을 흰색과 파랑색으로 색칠하여 보자. 그러면 흰색과 파랑색의 칸의 수는 각각 10이다.

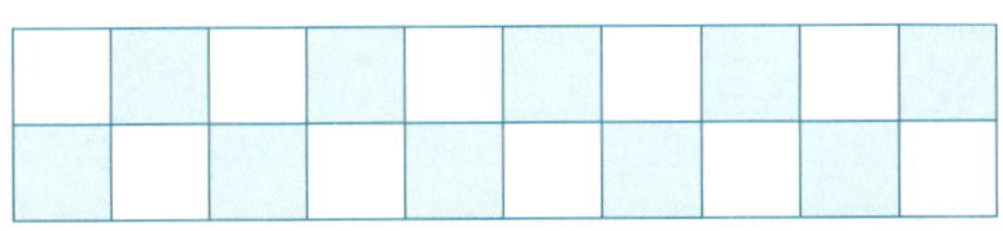

아래 그림에서 알 수 있듯이 T-자 타일은 홀수개의 파랑색 칸을 포함하고 나머지는 모두 짝수개의 파랑색 칸을 포함한다.

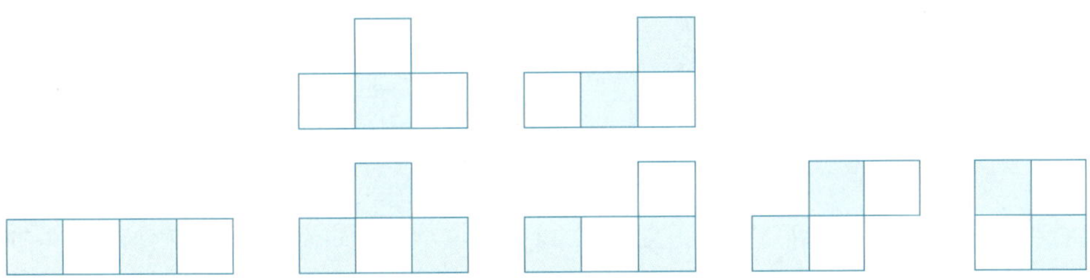

따라서 주어진 모양의 타일을 모두 하나씩만 이용하여 벽면을 빠짐없이 붙인다면 홀수개의 파랑색 칸이 있어야 하나 2×10의 벽면에는 짝수개의 파랑색 칸이 있으므로 주어진 모양의 타일을 모두 하나씩만 이용하여 2×10의 벽면을 빠짐없이 붙일 수 없다.

[문제 13.4] 아래처럼 벽면의 가로줄을 교대로 파랑색과 흰색으로 색칠하여 보자. 그러면

흰색과 파랑색의 칸의 수는 각각 16이다.

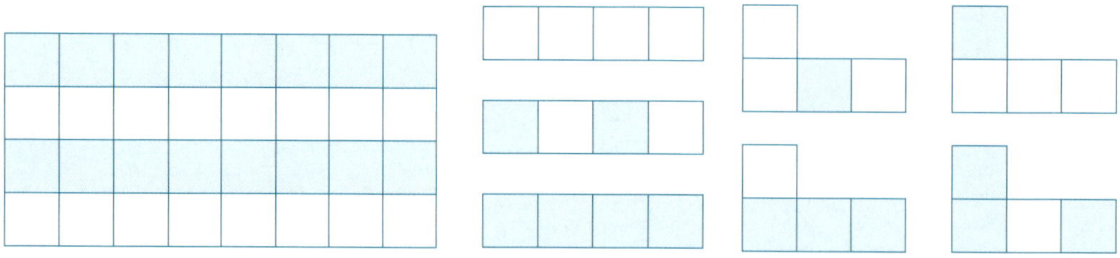

위의 그림에서 보듯이 어떻게 붙이더라도 1×4 타일은 짝수개의 파랑색 칸을 포함하며 L-자 타일은 홀수개의 파랑색 칸을 포함한다. 따라서 7개 1×4 타일과 1개의 L-자 타일로 위의 벽면을 빠짐없이 붙인다면 벽면에는 홀수개의 파랑색 칸이 있어야 하나 실제로는 짝수개가 있으므로 위의 벽면을 7개 1×4 타일과 1개의 L-자 타일로 위의 벽면을 빠짐없이 붙일 수 없다.

[문제 13.5] 아래처럼 주어진 벽면의 가로줄을 교대로 파랑색과 흰색으로 색칠하여 보자. 그러면 흰색과 파랑색의 칸의 수는 각각 30이다.

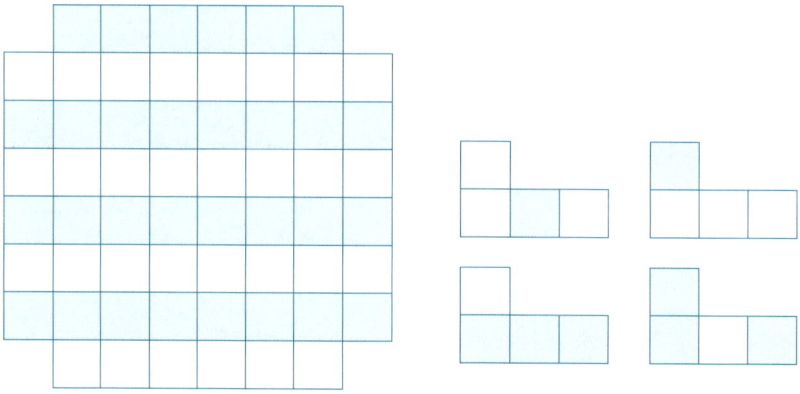

위의 그림에서 보듯이 어떻게 붙이더라도 L-자 타일은 홀수개의 파랑색 칸을 포함한다. 따라서 15개의 L-자 타일로 위의 벽면을 빠짐없이 붙인다면 벽면에는 홀수개의 파랑색 칸이 있어야 하나 실제로는 짝수개가 있으므로 15개의 L-자 타일로 위의 벽면을 빠짐없이 붙일 수 없다.

[문제 13.6] 직사각형 모양의 벽면이 하나의 가로줄만 있다면 2×2 타일은 사용할 수 없으므로 당연히 깨진 하나의 타일을 다른 모양의 타일로 대체할 수 없다. 이제 벽면이 두 개 이상의 가로줄이 있다고 하고 아래 그림처럼 칸에 1, 2, 3, 4를 넣어보자.

2	3	2	3	2	3	2	3	2	3
1	4	1	4	1	4	1	4	1	4
2	3	2	3	2	3	2	3	2	3
1	4	1	4	1	4	1	4	1	4
2	3	2	3	2	3	2	3	2	3
1	4	1	4	1	4	1	4	1	4

위의 그림에서 보듯이 어떻게 붙이더라도 1×4 타일은 짝수개의 1을 포함하며 2×2 타일은 홀수개의 1을 포함한다. 따라서 어떤 모양의 타일을 다른 모양의 타일로 대체한다면 벽면에 있는 1의 개수의 홀짝이 바뀌므로 한 모양의 타일 하나를 다른 모양의 타일로 대체할 수는 없다.

[문제 13.7] 아래 그림처럼 주어진 도형을 교대로 ○와 ×로 표시하여 보자.

○	×	○	×
×	○	×	○
○	×	○	×
×	○	×	○

A칸에서 출발하여 모든 칸을 단 한 번씩만 지나 B칸까지 간다면 A와 B 모두 ○로 표시되므로

$$○ \to × \to ○ \to × \to ○ \to × \to ○ \to \cdots \to × \to ○ \to × \to ○ \to × \to ○$$

의 순서로 이동해야 하므로 ○의 개수가 ×의 개수보다 하나 더 많아야 한다. 그러나 위 그림에서 ○의 개수와 ×의 개수는 서로 같으므로 모순이다. 따라서 주어진 방법으로는 A칸에서 출발하여 모든 칸을 단 한 번씩만 지나 B칸까지 갈 수 없다.

[문제 13.8] 아래 그림처럼 작은 정육면체를 교대로 ○와 ×로 표시하여 보자.

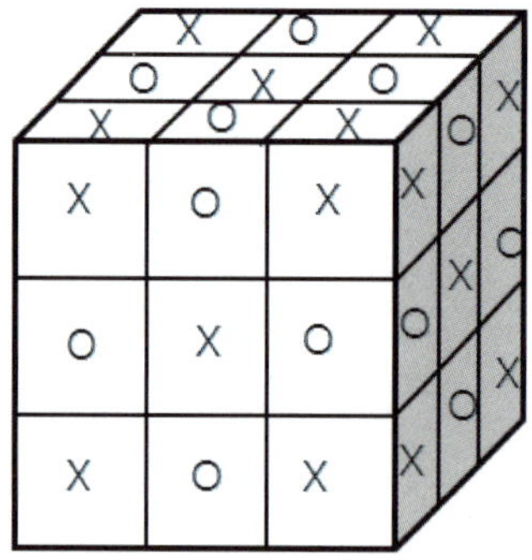

그러면 이 벌레가 어떻게 먹더라도 ○와 ×로 표시된 치즈를 교대로 먹어야 한다. 위 그림에서 보듯이 보이지 않는 속의 치즈는 ○로 표시된다. 이 치즈를 마지막에 먹는다면 전체 개수가 27이므로 처음 먹는 치즈도 ○로 표시된다. 즉 벌레는

$$\bigcirc \to \times \to \bigcirc \to \times \to \bigcirc \to \times \to \bigcirc \to \cdots \to \times \to \bigcirc \to \times \to \bigcirc \to \times \to \bigcirc \qquad (*)$$

의 순서로 치즈를 먹게 된다. (∗)에 나타난 ○는 14개, ×는 13개이나 그림에서는 ○가 13개, ×가 14개이므로 이런 방법으로 벌레는 보이지 않는 속의 치즈를 맨 마지막에 먹을 수 없다.

연습문제14

[문제 14.1] ① A는 모양이 똑같게 주어진 초콜릿을 두 개의 5×5 모양으로 나눈다.

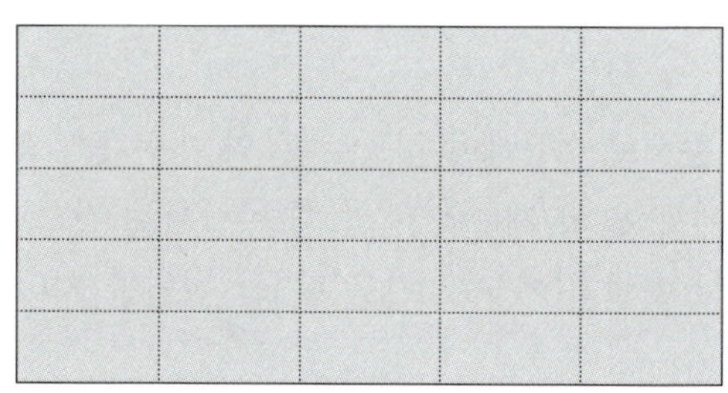

② B는 위 두 조각 중 한 조각을 선택하여 두 조각으로 나누게 된다.
③ A는 B와 다른 조각을 B가 나눈 방법과 똑같게 두 조각으로 나눈다.
위 과정에서 B가 나누면 A는 항상 나눌 수 있으므로 A가 승리한다.

[문제 14.2] 주어진 도형은 점 O에 관하여 점대칭이다.

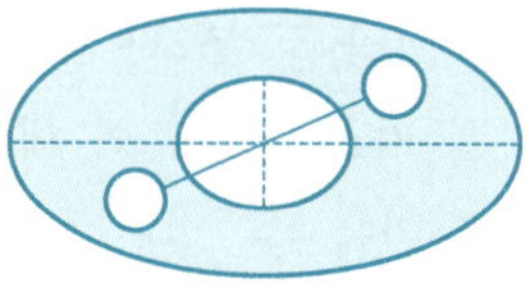

A가 주어진 도형에 동전을 놓으면 B는 그 동전의 점대칭 점을 찾아 그곳에 동전을 놓는다. 따라서 A가 동전을 놓으면 B는 항상 놓을 수 있으므로 나중에 놓는 B가 승리한다.

[문제 14.3] 주어진 8×8 체스 판은 점대칭 도형이다. A가 주어진 체스 판에 도미노를 놓으면 B는 그 도미노에 점대칭인 두 칸을 찾아 그곳에 도미노를 놓는다. 따라서 A가 도미노를 놓으면 B는 항상 놓을 수 있으므로 나중에 놓는 B가 승리한다.

[문제 14.4] 가로줄과 세로줄이 각각 19인 바둑판은 각각 10번째 가로줄과 세로줄이 만나는 교차점(바둑에서는 천원이라고 부름)에 대하여 점대칭이다. A가 먼저 천원에 있는 하나의 바둑돌을 가져간다. 그 다음부터는 B가 어떤 곳에서 바둑돌을 연이어 가져가면 A는 그것과 점대칭인 곳을 찾아 B가 가져간 만큼 가져온다. 이 과정에서 B가 가져가면 A는 항상 가져올 수 있으므로 먼저 가져가는 A가 승리한다.

[문제 14.5] 처음에 A가 1개(또는 2개)의 공을 가져가면 B는 A가 가져간 공 맞은편에서 2개(또는 1개)의 공을 가져와 남은 10개의 공이 5개씩 두 부분으로 나뉘도록 만든다. 이제 A가 한 부분에서 얼마의 공을 가져가면 B는 A가 가져간 방법과 똑같게 다른 부분에서 같은 개수의 공을 가져온다. 이 과정에서 A가 가져가면 B는 항상 가져올 수 있으므로 B가 승리한다.

[문제 14.6] 가로와 세로가 각각 11칸의 작은 정사각형으로 되어 있는 판은 가로와 세로가 각각 6번째인 칸 $*$에 대하여 점대칭이다. A가 먼저 칸 $*$에 X로 표시한다. 이제 B가 어떤 곳에 O로 표시하면 A는 그것과 칸 $*$에 대하여 점대칭인 곳을 찾아 X로 표시한다. 이런 방법으로 A가 계속 X로 표시하면 X가 더 많은 가로줄이나 세로줄의 수는 O가 더 많은 가로줄이나 세로줄의 수보다 작지 않다. 예를 들어 첫째 가로줄에 O가 더 많다면 11번째 가로줄에는 X가 더 많다. 특히 칸 $*$를 포함하는 가로줄이나 세로줄에서는 X가 O보다 하나 더 많으므로 먼저 표시하는 A가 승리한다.

연습문제 15

[문제 15.1] 높이 방향으로 가운데를 잘라 두 조각으로 만든 다음 한 조각을 다른 조각 위에 올려 다시 높이 방향으로 가운데를 자른다. 가로와 세로 방향으로도 같은 방법을 사용하면 6번의 칼질로 64개의 정육면체를 만들 수 있다.

[문제 15.2] 거꾸로 생각하면 1개의 바둑돌을 남기면 이길 수 있다. 1개를 제외하고 또 몇 개를 남겨야 이길 수 있는지 살펴보자.
두 사람이 각각 한 번씩 바둑돌을 가져갈 때 그 합을 항상 4개로 만들 수 있다. 즉, 상대가 각각 1개, 2개, 3개를 가져가면 다음 사람은 각각 3개, 2개, 1개를 가져와 합이 항상 4가 되게 할 수 있다. 이 원리를 계속 적용하여

$$21 \leftarrow 17 \leftarrow 13 \leftarrow 9 \leftarrow 5 \leftarrow 1$$

의 바둑돌을 남기면 이기게 된다. 따라서 A가 처음에 2개를 가져와 21개를 남기면 이 게임에서 이긴다.

[문제 15.3] 갑과 을이 모두 합리적이라면 가장 원하지 않는 것을 먼저 선택하지는 않는다. 또 자기가 지금 선택하지 않더라도 다음 자기 차례까지 남아있을 것을 지금 자기 차례에 선택하지도 않는다. 을이 먼저 F를 선택하지 않을 것이므로 갑은 맨 마지막 차례에 F를 선택한다. 을도 갑이 먼저 P를 선택하지 않을 것이므로 을의 맨 마지막 차례에 P를 선택한다. 이제 위의 표에서 F와 P를 지우면 다음과 같다.

	갑	을
1위	소파(S)	컴퓨터(C)
2위	정수기(W)	정수기(W)
3위	책상(D)	소파(S)
4위	컴퓨터(C)	책상(D)

같은 방법을 이용하여 그 다음 마지막 차례에 갑과 을은 각각 D와 C를 선택한다. 이제 남은 두 개에서 갑은 S를, 을은 W를 선택한다. 위의 결과를 정리하면 다음과 같다.

	첫 번째	두 번째	세 번째
갑	S	D	F
을	W	C	P

[문제 15.4] 거꾸로 생각하면 1개의 바둑돌을 남기면 이길 수 있다. 1개를 제외하고 또 몇 개를 남겨야 이길 수 있는지 살펴보자.

① 3개를 남기면 상대방이 1개를 가져가 2개가 남고 내 차례에 1개를 남길 수 있다.

② 7개를 남기면 상대방이 많아야 3개를 가져가 내 차례에 3개를 남길 수 있다.

③ 15개를 남기면 상대방이 많아야 7개를 가져가 내 차례에 7개를 남길 수 있다.

이 과정을 되풀이하면

$$63 \leftarrow 31 \leftarrow 15 \leftarrow 7 \leftarrow 3 \leftarrow 1$$

의 바둑돌을 남기면 이기게 된다. 따라서 A가 처음에 37개를 가져와 63개를 남기면 이 게임에서 이긴다.

[문제 15.5] A부터 번호를 붙여 짝수인 사람이 탈락하고 A가 남았으므로 원에 있던 사람의 수 a는 짝수이다. 원에 있던 사람의 수의 정확히 절반 $\frac{a}{2}$명이 탈락했다. 이제 탈락한 사람을 제외하고 A부터 번호를 붙여 짝수인 사람이 탈락하고 A가 남았으므로 $\frac{a}{2}$도 짝수이다. 이 과정을 계속하면 a, $\frac{a}{2}$, $\frac{a}{2^2}$, $\frac{a}{2^3}$, $\cdots$가 모두 짝수이고 이런 수는 점점 작아져 결국 $\frac{a}{2^n}=1$이 된다. 즉 a는 2의 거듭제곱수이고 100과 200 사이의 수이므로 $a=128$이다.

[문제 15.6] A부터 번호를 붙일 때 1번부터 9번까지 번호 중 2, 4, 6, 8의 4명이 탈락했다. 이제 B가 마지막까지 남았으므로 문제 15.5를 이용하면 이미 탈락한 4명을 제외하고 128명이 있다. 따라서 처음 원에 있던 사람의 수는 $128+4=132$명이다.

[문제 15.7] 주어진 방법을 계속하여 원 위의 모든 수를 0으로 만들었다고 하자. 바로 전 단계는 원 위의 모든 수가 1일 때이다.

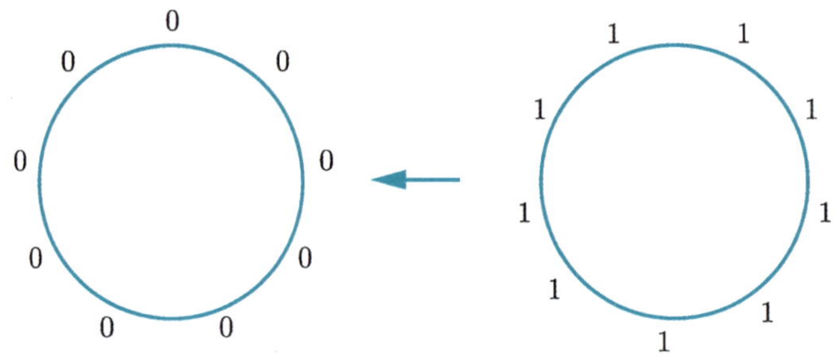

원 위의 모든 수가 1인 바로 전 단계는 이웃하는 두 수가 달라야 하므로 0, 1, 0, 1, ⋯처럼 0과 1이 번갈아 나타나야 한다. 그러나 원 위에 홀수 개의 0과 1이 번갈아 나타날 수는 없으므로 주어진 방법을 계속하여 원 위의 모든 수를 0으로 만들 수는 없다.

[문제 15.8] 주어진 수열의 처음 몇 항을 구하면 다음과 같다.

$$1, 9, 9, 3, 2, 3, 7, 5, 7, 2, 1, 5, 5, 3, 4, 7, 9, 3, 3, 2, 7, \cdots$$

주어진 방법으로 500번째 항까지 구해도 7, 3, 6, 7은 나오지 않는다. 이제 7, 3, 6, 7부터 같은 방법으로 다음 몇 항을 구해보자.

$$7,\ 3,\ 6,\ 7,\ 3,\ 9,\ 5,\ 4,\ 1,\ 9,\ 9,\ 3,\ \cdots$$

즉, 거꾸로 구하면 비교적 쉽게 7, 3, 6, 7을 찾을 수 있다.

[문제 15.9] 주어진 조건을 만족하게 나열할 때 여섯 자릿수

○○○○○○

의 마지막 ○은 어떤 수인지 살펴보자. 이 수는 앞의 모든 수보다 항상 작거나 항상 크므로 1 또는 6이다. 따라서 마지막 ○에 올 수 있는 방법의 수는 2이다. 여기서 마지막 수가 1이면 마지막 두 번째 ○에 올 수 있는 수는 2 또는 6이고, 또 마지막 수가 6이면 마지막 두 번째 ○에 올 수 있는 수는 1 또는 5이다. 어떤 경우이든 마지막 두 번째 ○에 올 수 있는 경우의 수는 2이다. 이런 과정을 반복하면 첫째 ○만 제외하고 모든 ○에 올 수 있는 경우의 수는 2이며 뒤의 다섯 개의 ○가 정해지면 첫째 ○는 자동으로 결정되므로 주어진 조건을 만족하게 나열하는 방법의 수는 $2 \times 2 \times 2 \times 2 \times 2 = 2^5$이다.

[문제 15.10] 거꾸로 생각하여 A가 이길 수 있는 전략을 살펴보자.

① A는 1000보다 큰 수를 불러야 한다.

② B에게 112 이상의 수를 부르게 해야 한다.

③ A는 56부터 111까지 불러야 한다.

④ B에게 7부터 55까지의 수를 부르게 해야 한다.

⑤ A는 4부터 6까지 불러야 한다.

따라서 A는 처음에 1에 4 또는 5 또는 6을 곱하여 각각 4 또는 5 또는 6을 만들고 위의 과정을 거꾸로 진행하면 승리할 수 있다.

연습문제 16

[문제 16.1] 작은 정사각형 안에 적당한 수를 넣어 모든 가로줄과 세로줄의 합이 1이 되도록 만들었다고 하자. 이제 모든 칸에 있는 수의 합 I를 다음과 같이 두 가지 방법으로 구해보자.

① I =(첫 번째 가로줄의 합+두 번째 가로줄의 합+⋯+일곱 번째 가로줄의 합)= 7

② I =(첫 번째 세로줄의 합+두 번째 세로줄의 합+⋯+여덟 번째 세로줄의 합)= 8

모든 칸에 있는 수의 합 I가 ①에서는 7, ②에서는 8로 서로 다르므로 모순이다. 따라서 작은 정사각형 안에 적당한 수를 넣어 모든 가로줄과 세로줄의 합이 1이 되도록 만들 수는 없다.

[문제 16.2] 한 칼에 용의 머리를 15개를 베면 9개가 더 생기고, 17개를 베면 15개가 줄며, 5개를 베면 12개의 용의 머리가 더 생긴다. 무사가 한 칼에 얼마를 베든 용의 머리는 3의 배수만큼 줄거나 늘어난다. 처음 용의 머리의 수 100에서 3의 배수만큼 빼거나 더하여 0을 만들 수 없으므로 용은 무사의 칼에 죽지 않고 살아남을 수 있다.

[문제 16.3] 자연수 358967의 각 자리수의 합은 $3+5+8+9+6+7=38$이다. 이때 358967을 9로 나눌 때 나머지는 38을 9로 나눌 때 나머지와 같다. 이 원리를 적용하여 위의 과정을 반복할 때 마지막에 남는 수는 8^{11}를 9로 나눌 때 나머지와 같다. 8을 9로 나눌 때 나머지는 8이지만 -1이라고 생각하여 8^{11}를 9로 나눌 때 나머지도 $(-1)^{11}=-1$이라고 생각할 수 있다. 따라서 8^{11}에 위의 과정을 반복하면 마지막에 남는 수는 9로 나눌 때 나머지 -1과 같은 나머지인 8이다.

[문제 16.4] 아래 그림처럼 정육면체의 꼭짓점에 번호를 매겨 보자.

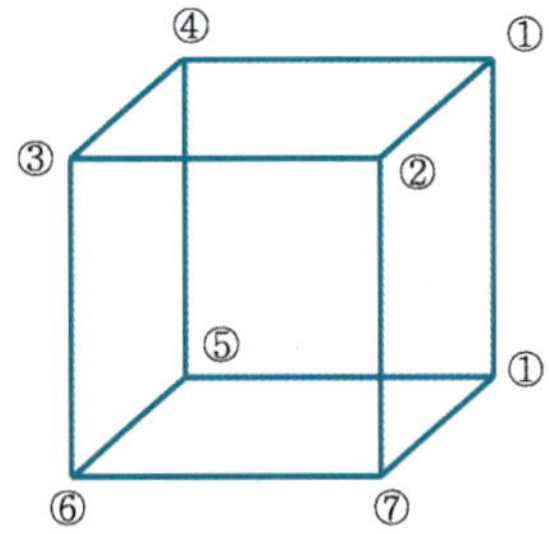

I =(①, ③, ⑤, ⑦에 있는 수의 합) − (②, ④, ⑥, ⑧에 있는 수의 합)
라고 하자. 예를 들어 그림 16.8에서 I = (1 + 0 + 0 + 0) − (0 + 0 + 0 + 0) = 1이다. 이제 한 변의 양 꼭짓점 위의 수에 1씩 더해도 I에서는 하나는 더하고 하나는 뺀 것이 되어 I는 변하지 않는다. 따라서 위의 과정을 반복해도 I는 처음의 값 I = 1이다. 만약 꼭짓점의 위의 수를 모두 같게 만들 수 있다면 I = 0이 되어 I = 1라는 사실에 모순이다. 그러므로 위의 과정을 반복하더라도 모든 꼭짓점의 위의 숫자를 같게 만들 수는 없다.

[문제 16.5] 아래 그림처럼 부채꼴에 차례로 번호를 매겨 보자.

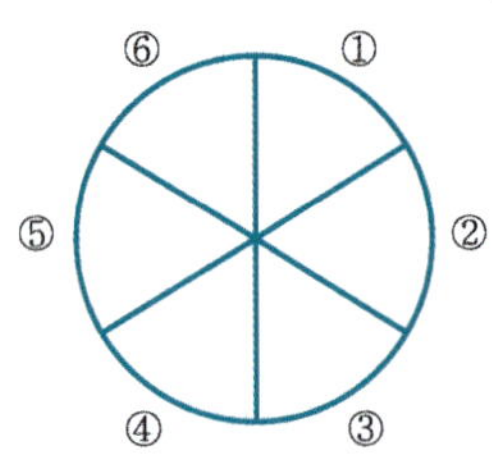

공이 들어있는 부채꼴의 번호의 합을 I라고 하자. 예를 들어 그림 16.9에서 I = 1 + 2 + 3 + 4 + 5 + 6 = 21이다. 선택된 공이 있는 부채꼴 A의 번호가 홀수 또는 짝수인가에 따라 다음과 같이 두 경우로 나누어 생각할 수 있다.

부채꼴 A의 번호	A와 인접한 부채꼴의 번호
홀수	짝수
짝수	홀수

위 표에서 알 수 있듯이 부채꼴의 공을 한 번 옮길 때마다 I의 홀짝이 바뀌게 되고 두 부채

꼴의 공을 옮기면 I의 홀짝은 변함이 없다. 따라서 위의 과정을 반복하더라도 I는 처음 값인 $1+2+3+4+5+6=21$과 홀짝이 같은 홀수이다. 만약 모든 공을 한 부채꼴에 넣을 수 있다면 그 때 I는 6의 배수가 되어 짝수이므로 모순이다. 그러므로 위 과정을 반복하더라도 모든 공을 한 부채꼴에 넣을 수는 없다.

[문제 16.6] 아래와 같이 8개의 작은 정사각형을 선택하여 번호를 붙이자.

	⑧	⑦	
①			⑥
②			⑤
	③	④	

위 ①, ②, ③, ④, ⑤, ⑥, ⑦, ⑧에 있는 수의 곱을 I라고 하자. 예를 들어 그림 16.10에서 $I = 1\times1\times(-1)\times1\times1\times1\times1\times1 = -1$이다. 그러면 어떠한 가로줄과 세로줄을 선택하더라도 ①~⑧ 중에서 두 칸이 선택되고, 따라서 부호가 두 번 바뀌게 되어 I는 변함이 없다. 즉, I는 처음 값 $I = -1$이다. 이런 방법으로 모든 정사각형의 안의 숫자를 1로 만들 수 있다면 $I = 1$이 되어 모순이다. 따라서 위의 방법으로 모든 정사각형의 안의 숫자를 1로 만들 수는 없다.

[문제 16.7] 『홀수의 약수는 모두 홀수』라는 사실과 『모든 자연수에는 항상 홀수인 약수(특히 1)가 있다』는 사실을 이용한다.

① A가 100의 약수 중에서 홀수를 선택하여 100에서 그 수만큼 뺀 홀수를 칠판에 적는다.
② 홀수의 약수는 모두 홀수이므로 B는 짝수를 적을 수밖에 없다.

위의 ①과 ②의 과정을 반복하면 마지막에 A가 1을 쓰고 그 다음 차례에 B는 0을 쓰게 되어 A가 이기게 된다.

[문제 16.8] (1) 아래 그림처럼 8개의 점을 선택하여 검은 색으로 표시하자.

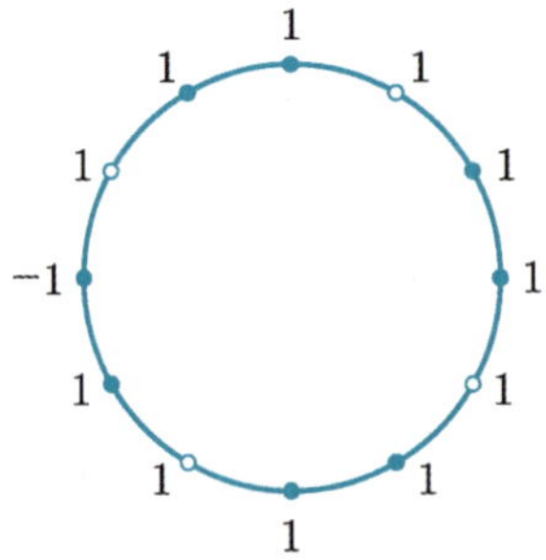

검은 점 위에 있는 수의 곱을 I라고 하자. 예를 들어 위의 그림에서 I =−1이다. 이제 임의로 연속된 3개의 점을 선택하면 그 중에 두 점은 반드시 검은 점이기에 연속된 3개의 점에 있는 수의 부호를 바꾸어도 I는 변하지 않는다. 따라서 I는 처음의 값 I =−1이다. 이런 과정을 반복하여 −1을 시계방향의 바로 옆의 점으로 옮길 수 있다면 I = 1이 되어 모순이다. 따라서 이런 과정을 반복하여 −1을 바로 옆의 점으로 옮길 수 없다.

(2) 아래 그림처럼 4개의 점을 선택하여 검은 색으로 표시하자.

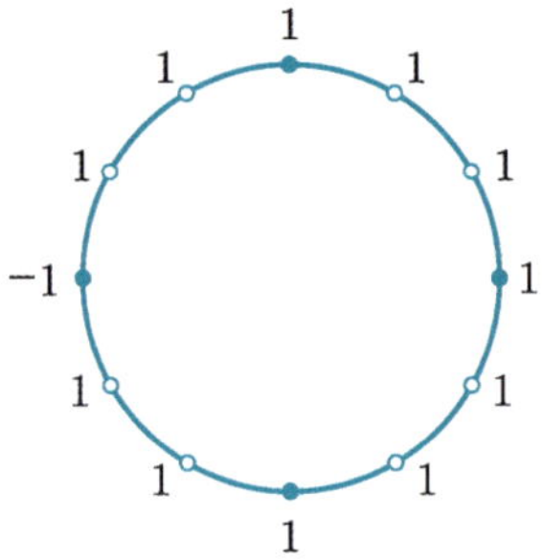

검은 점 위에 있는 수의 곱을 I라고 하자. 예를 들어 위의 그림에서 I =−1이다. 이제 임의로 연속된 6개의 점을 선택하면 그 중에 두 점은 반드시 검은 점이기에 연속된 6개의 점에 써진 수의 부호를 바꾸어도 I는 변하지 않는다. 따라서 I는 처음의 값 I =−1이다. 이런 과정을 반복하여 −1을 바로 옆의 점으로 옮길 수 있다면 I = 1이 되어 모순이다. 따라서 이런 과정을 반복하여 −1을 바로 옆의 점으로 옮길 수 없다.

[문제 16.9] 다음 그림처럼 체스 판의 가로줄과 세로줄에 번호를 붙이고 체스 판의 칸을 좌표로 나타내자. 예를 들어 아래 판의 검은 점은 (5, 6)으로 나타내진다.

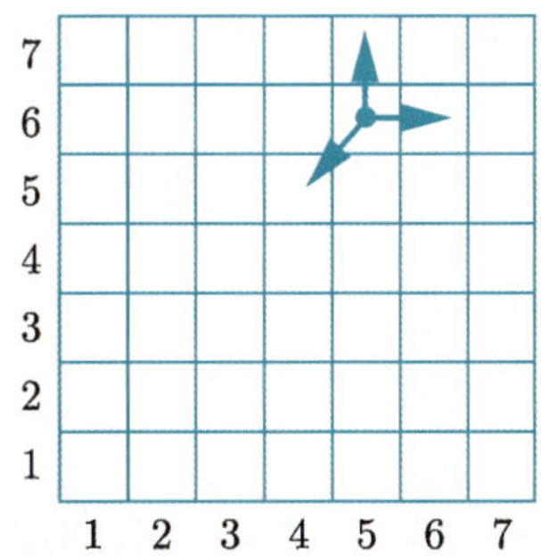

한 번에 한 칸 위쪽으로 이동하는 것을 U, 오른쪽으로 이동하는 것을 R, 아래 왼쪽 대각선으로 이동하는 것을 D로 나타내기로 하자. 즉,

$$\begin{aligned} &U: (i,\ j) \to (i,\ j+1) \\ &R: (i,\ j) \to (i+1,\ j) \\ &D: (i,\ j) \to (i-1,\ j-1) \end{aligned}$$

(x좌표+y좌표)를 3으로 나눌 때의 나머지를 I라고 하자. 예를 들어 위 그림에서 검은 점의 I는 $5+6=11$을 3으로 나눌 때의 나머지 2이다. U, R, D를 취한 후에 I의 변화를 살펴보자.

$$\begin{aligned} &U: i+j \to i+j+1 \\ &R: i+j \to i+j+1 \\ &D: i+j \to i+j-2 = [(i+j)-3]+1 \end{aligned}$$

위에서 알 수 있듯이 U, R, D를 취한 후에 I는 원래 I보다 항상 1만큼 더 늘어난다. 따라서 이런 방법을 48번 계속하면 48는 3으로 나눌 때의 나머지가 0이므로 마지막 바둑돌의 I는 원래 놓인 칸의 I와 같다. 원래 놓인 칸의 바로 오른쪽 칸의 I는 원래와 1만큼 차이가 있으므로 마지막에 바둑돌을 원래의 바로 오른쪽 칸에 놓을 수 없다.

[문제 16.10] 이 섬에 있는 회색, 초록색, 붉은 색 카멜레온의 수가 각각 x, y, z라고 하면 $(x,\ y,\ z)$로 나타내자. 만나는 두 카멜레온의 색깔에 따라 다음과 같이 세 경우가 있다.

① 회색과 초록색 카멜레온이 만나는 경우: $(a, b, c) \to (a-1,\ b-1,\ c+2)$
② 회색과 붉은 색 카멜레온이 만나는 경우: $(a, b, c) \to (a-1,\ b+2,\ c-1)$
③ 초록색과 붉은 색 카멜레온이 만나는 경우: $(a, b, c) \to (a+2,\ b-1,\ c-1)$

색깔이 다른 두 카멜레온이 만나서 제 삼의 카멜레온의 색깔로 바뀔 때

$$(y\text{좌표}-x\text{좌표}),\quad (z\text{좌표}-y\text{좌표}),\quad (z\text{좌표}-x\text{좌표})$$

는 모두 바뀌기 전과 3의 배수만큼 차이가 있음을 알 수 있다. 이제 I_1, I_2, I_3를 다음과 같이 정의하자.

$I_1 = (y\text{좌표}-x\text{좌표})$를 3으로 나눌 때의 나머지
$I_2 = (z\text{좌표}-y\text{좌표})$를 3으로 나눌 때의 나머지
$I_3 = (z\text{좌표}-x\text{좌표})$를 3으로 나눌 때의 나머지

처음에 이 섬의 카멜레온은 (13, 15, 17)로 나타내지고 이 때 $I_1 = 2$, $I_2 = 2$, $I_3 = 1$이다. 어떠한 경우라도 $(y\text{좌표}-x\text{좌표})$는 바뀌기 전의 값에 3의 배수만큼 빼거나 더한 값이므로 3으로 나눌 때 나머지는 변하지 않는다. 즉 I_1은 변하지 않는다. 마찬가지로 아무리 카멜레온의 색깔이 바뀌더라도 I_2, I_3도 변하지 않는다. 이제 모든 카멜레온이 한 색깔이라면 $I_1 = I_2 = I_3 = 0$이고 이는 처음의 값 $I_1 = 2$, $I_2 = 2$, $I_3 = 1$과 같지 않으므로 모순이다. 따라서 이 섬의 카멜레온은 모두 한 색깔이 될 수는 없다.

[문제 16.11] 1, 2, 3, 4, 5, 6을 임의로 자리를 바꾸어 일렬로 나열한 것 중에 하나를 σ라고 할 때

$$I_\sigma = \{(a, b) \mid b > a,\ \sigma\text{에서 } a\text{는 } b\text{의 오른쪽에 위치함}\}$$
$$i_\sigma = \text{집합 } I_\sigma\text{의 원소의 개수}$$

라고 하자. 예를 들어 1, 2, 3, 4를 나열할 때 주어진 σ에 대한 I_σ와 i_σ는 다음과 같다.

σ	I_σ	i_σ
1234	$\varnothing$	0
1324	$\{(2,3)\}$	1
1342	$\{(2,3), (2,4)\}$	2
2413	$\{(1,2), (1,4), (3,4)\}$	3
2143	$\{(1,2), (3,4)\}$	2
4231	$\{(1,2), (1,3), (1,4), (2,4), (3,4)\}$	5
4321	$\{(1,2), (1,3), (1,4), (2,3), (2,4), (3,4)\}$	6

위의 예에서 다음과 같은 두 가지 사실을 알 수 있다.

> ① σ가 1, 2, 3, 4, 5, 6처럼 크기 순서대로 나열된 것이면 $i_\sigma = 0$이다.
> ② 이웃하는 두 수의 자리를 서로 바꿀 때마다 i_σ는 1만큼 줄거나 늘어나서 홀짝이 바뀐다.

처음 1, 2, 3, 4, 5, 6으로 나열된 상태에서 이런 과정을 11번 반복하여 얻어진 나열의 i_σ는 홀수이다. 그러나 원래 주어진 나열 1, 2, 3, 4, 5, 6의 i_σ의 값은 짝수인 0이므로 11번 반복하여 1, 2, 3, 4, 5, 6인 상태로 만들 수는 없다.

[문제 16.12] 2의 거듭제곱수는 $2^0 = 1$, $2^1 = 2$, $2^2 = 4$, $2^3 = 8$, $2^4 = 16$, $2^5 = 32$, $\cdots$이다. 세 무더기의 바둑돌의 수를 각각 x, y, z라고 하면 (x, y, z)로 나타내자. 처음 주어진 바둑돌 (7, 10, 14)를 다음과 같이 각각 2의 거듭제곱수의 합으로 나타내자.

$$7 = 4 + 2 + 1$$
$$10 = 8 + 2$$
$$14 = 8 + 4 + 2$$

① A가 위의 셋째 무더기에서 1개의 바둑돌을 가져가 세 무더기 통틀어 똑같은 2의 거듭제곱수가 정확하게 두 번씩 나타내도록 만든다: (7, 10, 13)

$$7 = 4 + 2 + 1$$
$$10 = 8 + 2$$
$$13 = 8 + 4 + 1$$

② B는 똑같은 2의 거듭제곱수가 두 번씩 나타내도록 만들 수 없다.
예를 들어 셋째 무더기에서 8개의 바둑돌을 가져갔다고 하자: (7, 10, 5)

$$7 = 4 + 2 + 1$$
$$10 = 8 + 2$$
$$5 = 4 + 1$$

③ A는 다시 둘째 무더기에서 8개의 바둑돌을 가져가 똑같은 2의 거듭제곱수가 정확하게 두 번씩 나타내도록 만든다: (7, 2, 5)

$$7 = 4 + 2 + 1$$
$$2 = 2$$
$$5 = 4 + 1$$

위의 과정을 반복하면 결국 A가 (1, 1, 0)로 만들고 B는 (1, 0, 0)로 만들게 되어 마지막 바둑돌은 A가 가져가 이기게 된다.

연습문제 17

[문제 17.1] 정육면체에는 차수가 홀수인 점이 8개 있으므로 철사는 적어도 4조각이 필요하다. 한편 아래 그림처럼 4조각으로 정육면체를 만들 수 있다.

따라서 정육면체를 만들기 위해서는 4조각의 철사가 필요하며, 최소 3번 철사를 잘라야 한다.

[문제 17.2] 직선을 꼭짓점으로 하고 두 직선이 서로 만나면 해당하는 두 꼭짓점 사이에 변이 있는 그래프를 생각해 보자. 예를 들어 아래 왼쪽처럼 평면에서 6개의 직선이 만나면 아래 오른쪽과 같은 그래프로 나타내진다.

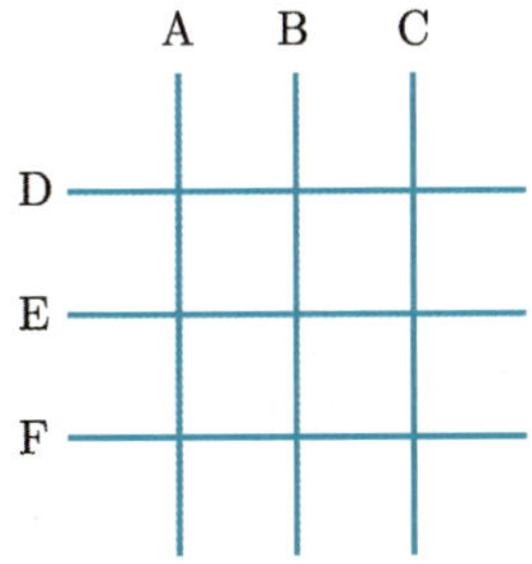

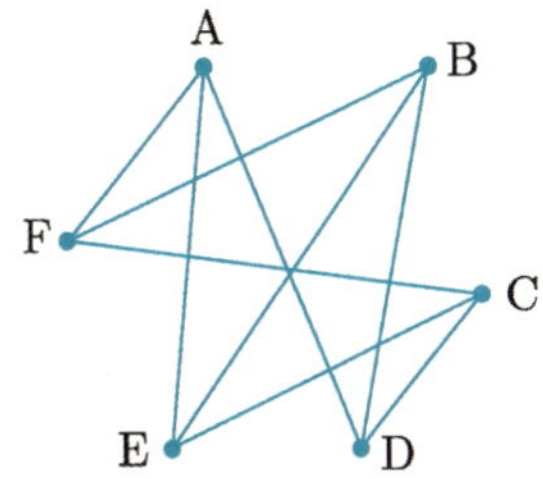

이제 평면에 다른 세 직선과만 만나도록 9개의 직선을 그릴 수 있다고 하자. 그것을 위처럼 그래프로 나타내면 꼭짓점의 수는 9이고 각 꼭짓점의 차수는 3이므로 모든 꼭짓점의 차수의 합은 홀수인 27이 되어 모순이다. 따라서 평면에 주어진 조건을 만족하도록 9개의 직선을 그리는 것은 불가능하다.

[문제 17.3] 이 나라의 각 도시를 꼭짓점으로 나타내고 두 도시 사이에 도로가 있으면 해당되는 두 꼭짓점 사이에 변이 있는 그래프 G를 생각하여 보자. 만약 두 도시 A, B를 잇는 한 도로를 폐쇄하여 A에서 B로의 여행이 불가능하다면 그래프 G는 A에서 여행이 가능한 꼭짓점으로 이루어진 그래프 G_1과 여행이 불가능한 가능한 꼭짓점으로 이루어진 그래프 G_2로 분리된다.

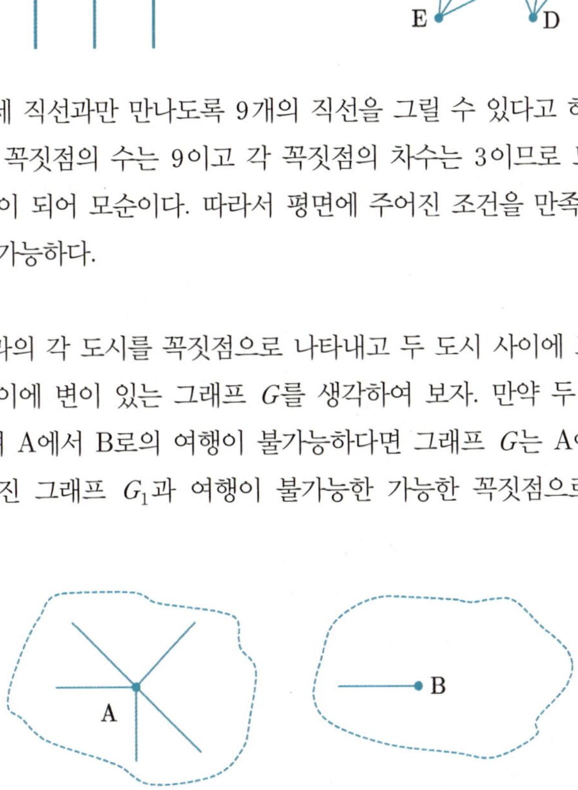

G_1 G_2

G_1에서 A의 차수는 99이고 다른 꼭짓점의 차수는 100이므로 모든 꼭짓점의 차수의 합은 홀수가 되어 모순이다. 따라서 한 도로를 폐쇄하였더라도 모든 도시는 서로 여행이 가능하다.

[문제 17.4] 위에 표에 나타난 작업을 꼭짓점으로 나타내고 작업 X가 작업 Y전에 행해져야 한다면 꼭짓점 X에서 Y로 가는 화살표를 그리면 다음과 같다. 여기서 꼭짓점에 있는 수는 그 작업을 끝내기 위해 필요한 작업일수이다.

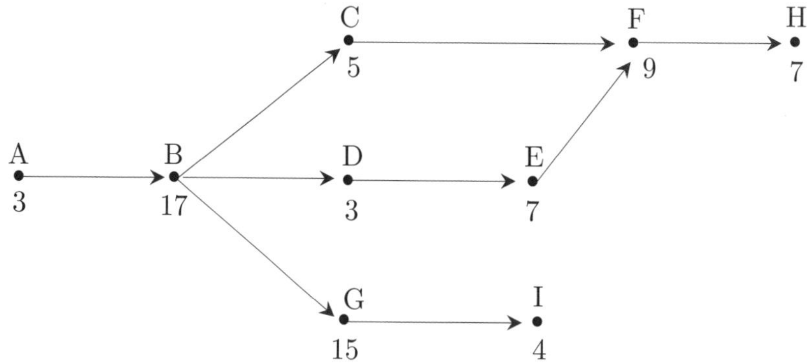

(1) 집짓기에 필요한 모든 작업을 마치기 위해서는 A부터 시작하여 위의 그래프의 화살표를 따라 H나 I까지 일을 마쳐야 한다. 그런 방법은 아래와 같이 세 경우가 있다.

일의 순서	작업 일수
A → B → D → E → F → H	3 + 17 + 3 + 7 + 9 + 7 = 46
A → B → C → F → H	3 + 17 + 5 + 9 + 7 = 41
A → B → G → I	3 + 17 + 15 + 4 = 39

따라서 집짓기를 모두 끝마치려면 적어도 46일이 필요하다.

(2) 위 (1)에서 알 수 있듯이 A → B → D → E → F → H에 나타난 꼭짓점의 순서로 작업을 하게 되고 위의 작업을 하는 동안 여기에 나타나지 않은 꼭짓점의 작업을 병행할 수 있다. 따라서 A → B → D → E → F → H에 있는 꼭짓점의 작업이 늦어지면 전체 작업일수도 늦어지게 되나 그렇지 않은 꼭짓점의 작업은 하루가 늦어져도 전체 일수에는 영향을 주지 않는다. 따라서 C, G, I는 작업일수가 하루 늦어져도 전체 작업 일수에는 영향을 주지 않는다.

[문제 17.5] ① 인사위원회와 교양위원회는 모두 D교수가 소속되어 있으므로 같은 시간에 열릴 수 없다.

② 인사위원회와 도서관위원회는 모두 A교수가 소속되어 있으므로 같은 시간에 열릴 수 없다.

③ 교양위원회와 도서관위원회는 모두 E교수가 소속되어 있으므로 같은 시간에 열릴 수 없다.

따라서 적어도 3시간이 필요하고 아래와 같이 배정하면 세 시간에 모든 회의를 끝낼 수 있다.

시간	위원회
첫째시간	인사위원회, 홍보위원회
둘째시간	교양교육위원회, 복지위원회, 출판위원회, 교과과정위원회
셋째시간	도서관위원회, 대학원위원회

[문제 17.6] 방송국 A, B, C, D, E, F를 꼭짓점으로 하고 두 방송국 사이의 거리가 40km 미만이면 그 두 방송국에 해당하는 꼭짓점 사이에 변이 있는 그래프를 생각하면 아래와 같다.

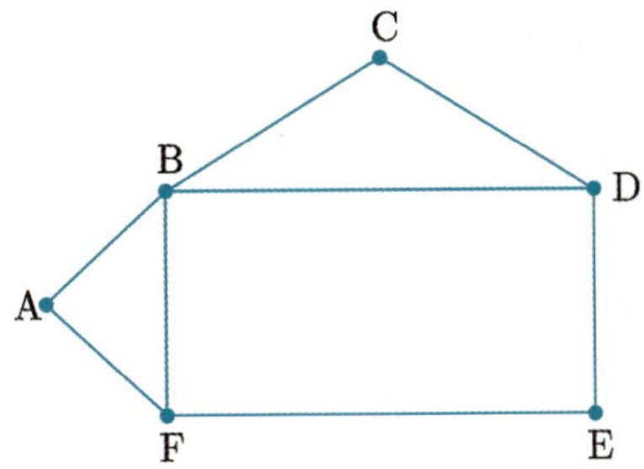

이 그래프에서 인접한 꼭짓점은 같은 주파수를 배정할 수 없으므로 인접한 두 꼭짓점은 번호가 서로 다르게 1부터 번호를 매기면 아래와 같다.

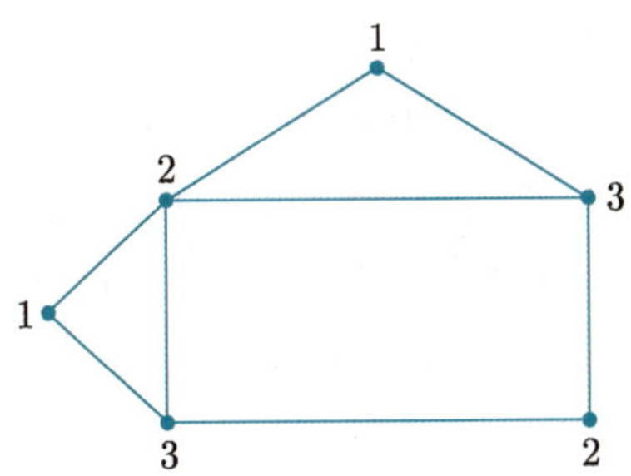

따라서 아래 표와 같이 세 개의 주파수만 있으면 모든 방송국이 서로 전파 간섭 없이 방송을 할 수 있다.

주파수	지역
주파수 1	A, C
주파수 2	B, E
주파수 3	D, F

연습문제 18

[문제 18.1] (i) $n=1$일 때에는 좌변=우변=1로 등식이 성립한다.

(ii) 이제 $n>1$이라 하고 등식이 성립한다고 하자. 즉,

$$1^2+2^2+3^2+\cdots+n^2=\frac{n(n+1)(2n+1)}{6}$$

(iii) $n+1$일 때 등식이 성립하는지 살펴보면

$$\begin{aligned}\text{좌변}&=1^2+2^2+3^2+\cdots+n^2+(n+1)^2=\frac{n(n+1)(2n+1)}{6}+(n+1)^2\\&=\frac{(n+1)(2n^2+7n+6)}{6}=\frac{(n+1)(n+2)(2n+3)}{6}\\&=\text{우변}\end{aligned}$$

이 되어 등식이 성립한다.

따라서 수학적귀납법에 의하여 위의 등식은 모든 자연수 n에 대하여 성립한다.

[문제 18.2] 『$111\cdots1$(1이 3^n개 있음)은 3^n의 배수이다』를 증명한다.

(i) ① $n=1$일 때 111은 3의 배수이다.

② $n=2$일 때 $111111111=111\times1001001$이고 111은 3의 배수, 1001001은 각 자리 수의 합이 3이므로 3의 배수이다. 따라서 111111111은 3^2의 배수이다.

③ $n=3$일 때 $111111111111111111111111111=111111111\times1000000001000000001$이고 111111111은 3^2의 배수, 1000000001000000001은 각 자리 수의 합이 3이므로 3의 배수이다. 따라서 111111111111111111111111111은 3^3의 배수이다.

(ii) 이제 $n>1$이라 하고 $111\cdots1$(1이 3^n개 있음)은 3^n의 배수라고 하자.

(iii) $n+1$일 때

$a=111\cdots1$ (1이 3^{n+1}개 있음)

$b=111\cdots1$ (1이 3^n개 있음)

$c=100\cdots0100\cdots01$ (1과 1 사이에 0이 3^n-1개 있음)

라고 하면 $a=b\times c$이고 b는 가정에 의해 3^n의 배수, c는 각 자리 수의 합이 3이므로 3의 배수이다. 따라서 a는 3^{n+1}의 배수이다.

따라서 수학적귀납법에 의하여 모든 자연수 n에 대하여 $111\cdots1$(1이 3^n개 있음)은 3^n의 배수이다.

[문제 18.3] (i) $n=4$일 때 아래 도형은 정확히 세 내각만 예각인 볼록 4각형이다.

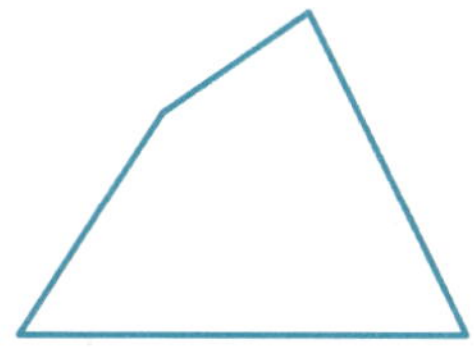

(ii) 이제 $n>4$라고 하고 아래 그림 왼쪽처럼 정확히 세 내각만 예각인 볼록 n각형이 있다고 하자.

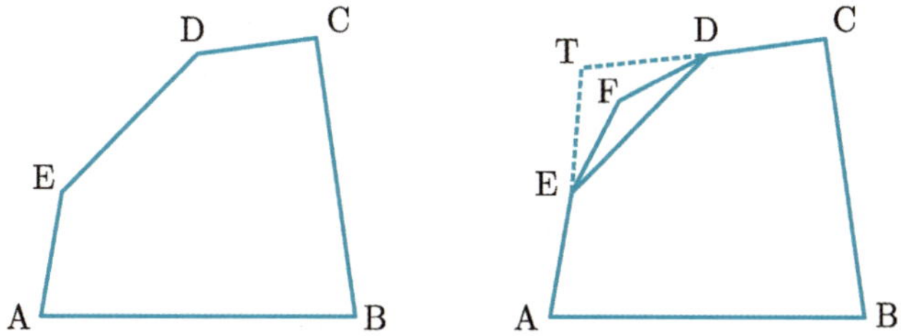

(iii) 변 CD와 변 AE의 연장선이 만나는 점을 T라 하고 $\triangle$DET의 내부에 한 점 F를 잡자. 이제 도형 ABCDE에서 변 DE를 지우고 변 DF와 변 EF를 첨가하면 새로 만들어진 도형은 정확히 세 내각만 예각인 볼록 $(n+1)$각형이다.
따라서 수학적귀납법에 의하여 $n \geq 4$인 모든 자연수 n에 대하여 정확히 세 내각만 예각인 볼록 n각형이 있다.

[문제 18.4] (i) $n=1$일 때는 평면이 두 개의 영역으로 나누어지므로 분명하게 2개의 색으로 색칠할 수 있다.
(ii) $n>1$이라 하고 평면에서 n개의 직선에 의하여 나누어지는 영역은 인접한 것은 다른 색이 되도록 2개의 색으로 색칠할 수 있다고 하자.
(iii) 이제 평면이 $(n+1)$개의 직선으로 나누어진 영역을 생각하여 보자. 여기서 어느 한 직선 ℓ을 제거하면 n개의 직선에 의하여 나누어지는 영역이므로 가정에 의하여 인접한 것은 다른 색이 되도록 2개의 색으로 색칠할 수 있다. 이제 색칠된 영역에 직선 ℓ을 그리고 ℓ의 한 쪽에 있는 모든 영역의 색깔을 원래와 반대로 색칠하면 인접한 것은 다른 색이 되도록

2개의 색으로 색칠할 수 있다.

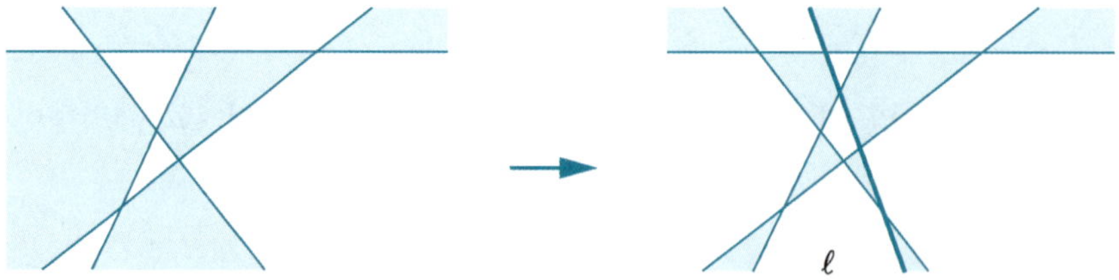

따라서 수학적귀납법에 의하여 모든 자연수 n에 대하여 평면에서 n개의 직선에 의하여 나누어지는 영역은 인접한 것은 다른 색이 되도록 2개의 색으로 색칠할 수 있다.

[문제 18.5] (i) $n=2$이면 2가 자신의 소인수분해이다.

(ii) 이제 $n>2$라 하고 n보다 작은 모든 자연수는 소인수분해 된다고 하자.

(iii) ① n이 소수이면 n이 자신의 소인수분해이다.

② n이 합성수이면 n은

$$n=cd \ \ (1<c,\ d<n)$$

로 나타낼 수 있다. $c<n$이고 $d<n$이므로 가정에 의하여 c와 d는 소인수분해 된다. 즉

$$c=p_1^{e_1}p_2^{e_2}\cdots p_r^{e_r},\ d=q_1^{f_1}q_2^{f_2}\cdots q_s^{f_s}\ \ (p_i,\ q_j\text{는 소수})$$

그러면 $n=cd=p_1^{e_1}p_2^{e_2}\cdots p_r^{e_r}q_1^{f_1}q_2^{f_2}\cdots q_s^{f_s}$이 되어 n도 소인수분해 된다.

따라서 수학적귀납법에 의하여 $n\geq 2$인 모든 자연수 n는 소인수분해 된다.

[문제 18.6] (i) $n=8,\ 9,\ 10$일 때는 3원짜리 동전과 5원짜리 동전으로 다음과 같이 지불할 수 있다.

$$8=3+5$$
$$9=3+3+3$$
$$10=5+5$$

(ii) 이제 8보다 크고 n보다 작은 금액은 모두 3원짜리 동전과 5원짜리 동전으로 지불할 수 있다고 하자.

(iii) $n > 10$이면 $n = 3 + (n-3)$이고, 가정에 의하여 $n-3$원을 3원짜리 동전과 5원짜리 동전으로 지불할 수 있으므로 n원도 지불할 수 있다.

따라서 수학적귀납법에 의하여 $n \geq 8$인 자연수 n에 대하여 3원짜리 동전과 5원짜리 동전으로 모든 n원을 지불할 수 있다.

실제로 $n = 3k$ 꼴이면 3원짜리 동전 k개로 지불할 수 있고, $n = 3k+1$ 꼴이면 3원짜리 동전 $k-3$개와 5원짜리 동전 2개로 지불할 수 있으며, $n = 3k+2$ 꼴이면 3원짜리 동전 $k-1$개와 5원짜리 동전 1개로 지불할 수 있다.

[문제 18.7] (i) ① $n = 9$일 때는 종이를 4조각으로 찢고 그 중에 한 조각을 다시 6조각으로 찢는다.

② $n = 10$일 때는 종이를 4조각으로 찢고 그 중에 두 조각을 각각 4조각으로 찢는다.

③ $n = 11$일 때는 종이를 6조각으로 찢고 그 중에 한 조각을 다시 6조각으로 찢는다.

④ $n = 12$일 때는 종이를 6조각으로 찢고 그 중에 두 조각을 각각 4조각으로 찢는다.

(ii) 이제 $n > 12$라 하고 $9 \leq k < n$이면 종이를 k조각으로 찢을 수 있다고 하자.

(iii) $n > 12$이면 $n = 3 + (n-3)$이고 위 가정에 의하여 종이를 $n-3$조각으로 찢을 수 있다. 따라서 종이를 4조각으로 찢고 그 중에 한 조각을 다시 $n-3$으로 찢으면 n조각이 된다.

따라서 수학적귀납법에 의하여 $n \geq 9$인 모든 자연수 n에 대하여 종이를 n조각으로 찢을 수 있다.

[문제 18.8] 정사각형의 각 변을 각각 2등분, 3등분하여 아래 그림처럼 만들면 정사각형은 4개와 6개의 정사각형으로 분해된다.

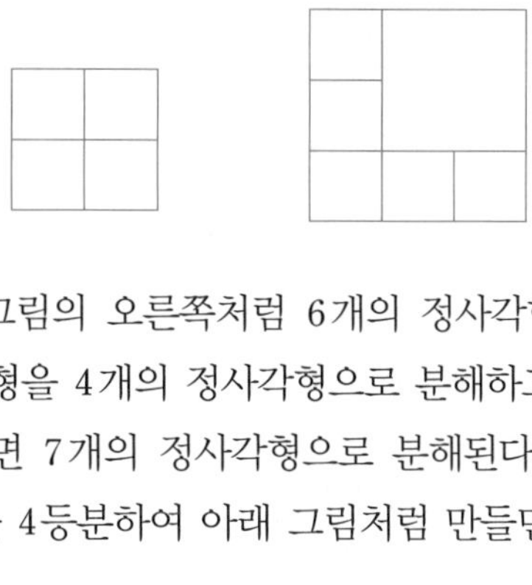

(i) ① $n = 6$일 때는 위의 그림의 오른쪽처럼 6개의 정사각형으로 분해된다.

② $n = 7$일 때는 정사각형을 4개의 정사각형으로 분해하고 그 중에 한 정사각형을 4개의 정사각형으로 분해하면 7개의 정사각형으로 분해된다.

③ $n = 8$일 때는 각 변을 4등분하여 아래 그림처럼 만들면 정사각형은 8개의 정사각형으로 분해된다.

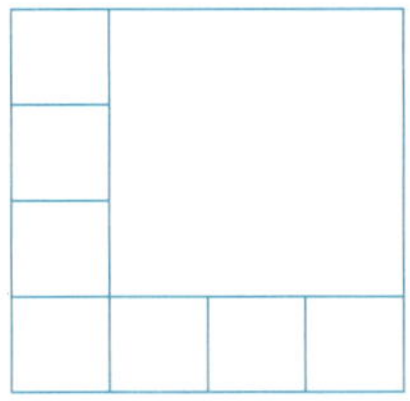

(ii) 이제 $n > 8$라 하고 $6 \le k < n$이면 한 정사각형을 k개의 정사각형으로 분해할 수 있다고 하자.

(iii) $n = 3 + (n-3)$이고 위 가정에 의하여 한 정사각형을 $n-3$개의 정사각형으로 분해할 수 있다. 주어진 정사각형을 4개의 정사각형으로 분해하고 그 중에 하나를 다시 $n-3$개의 정사각형으로 분해하면 n개의 정사각형으로 분해된다.

따라서 수학적귀납법에 의하여 $n \ge 6$인 모든 자연수 n에 대하여 정사각형을 n개의 정사각형으로 분해할 수 있다.

[문제 18.9] 정삼각형의 각 변을 각각 2등분, 3등분하여 아래 그림처럼 만들면 정삼각형은 4개와 6개의 정삼각형으로 분해된다.

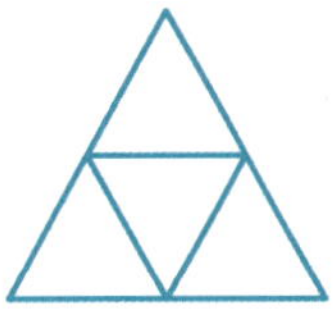

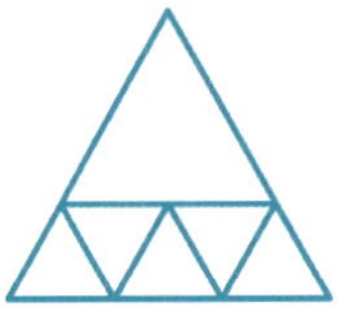

(i) ① $n = 6$일 때는 위의 그림의 오른쪽처럼 6개의 정삼각형으로 분해된다.

② $n = 7$일 때는 정삼각형을 4개의 정삼각형으로 분해하고 그 중에 한 정삼각형을 4개의 정삼각형으로 분해하면 7개의 정삼각형으로 분해된다.

③ $n = 8$일 때는 정삼각형의 각 변을 4등분하여 아래 그림처럼 만들면 정삼각형을 8개의 정삼각형으로 분해된다.

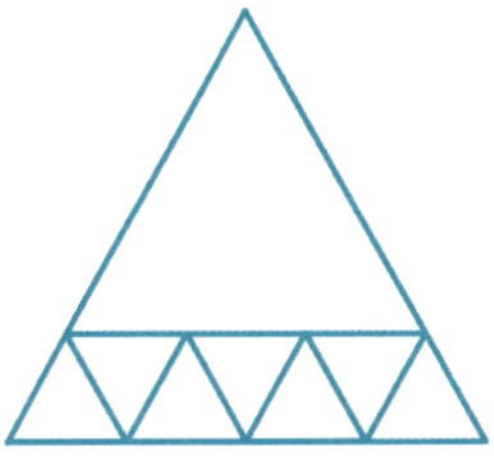

(ii) 이제 $n > 8$라 하고 $6 \le k < n$이면 한 정삼각형을 k 정삼각형으로 분해할 수 있다고 하자.

(iii) $n = 3 + (n-3)$이고 위 가정에 의하여 정삼각형을 $n-3$개의 정삼각형으로 분해할 수 있다. 주어진 정삼각형을 4개의 정삼각형으로 분해하고 그 중에 하나를 $n-3$개의 정삼각형으로 분해하면 n개의 정삼각형으로 분해된다.

따라서 수학적귀납법에 의하여 $n \ge 6$인 모든 자연수 n에 대하여 정삼각형을 n개의 정삼각형으로 분해할 수 있다.

[문제 18.10] 『n이 자연수일 때 n개의 정사각형들을 적당히 오려서 붙이면 하나의 정사각형을 만들 수 있다.』를 수학적귀납법으로 증명한다.

(i) ① $n = 1$일 때는 분명히 성립한다.

② $n = 2$일 때 아래 그림처럼 두 정사각형들을 오려서 붙여 하나의 정사각형으로 만들 수 있다.

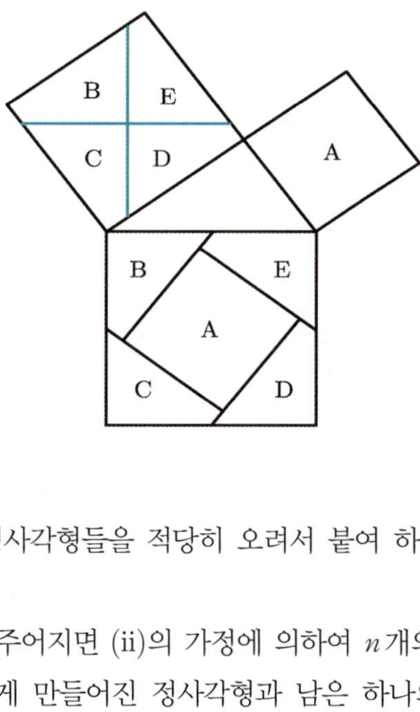

(ii) $n > 2$라 하고 n개의 정사각형들을 적당히 오려서 붙여 하나의 정사각형을 만들 수 있다고 하자.

(iii) $n+1$개의 정사각형이 주어지면 (ii)의 가정에 의하여 n개의 정사각형을 하나의 정사각형으로 만들 수 있다. 이렇게 만들어진 정사각형과 남은 하나의 정사각형으로 (i)의 ②의 방법을 이용하여 하나의 정사각형으로 만들면 $n+1$개의 정사각형이 하나의 정사각형으로 만들어진다.

따라서 수학적귀납법에 의하여 모든 자연수 n에 대하여 n개의 정사각형들을 적당히 오려서 붙이면 하나의 정사각형을 만들 수 있다.

[문제 18.11] (i) ① $n=1$일 때 수미의 아버님과 어머님을 각각 A와 a라 하고 초대 받은 한 쌍의 부부를 B와 b라고 하자. 배우자를 제외한 사람과 악수를 하였고 a를 제외한 사람들이 모두 다른 답을 했으므로 A, B, b는 0, 1, 2 중에 한 숫자만큼 악수했고 그 숫자도 모두 달라야 한다.

2번 악수한 사람을 X라고 하자. 그러면 X는 자기 배우자를 제외한 모든 사람과 악수했으므로 X의 배우자 x는 0번 악수하게 된다. 1번 악수한 사람을 Y라고 하자. 그러면 Y는 자기 배우자 y와는 악수하지 않았으므로 y는 1번 악수하게 된다.

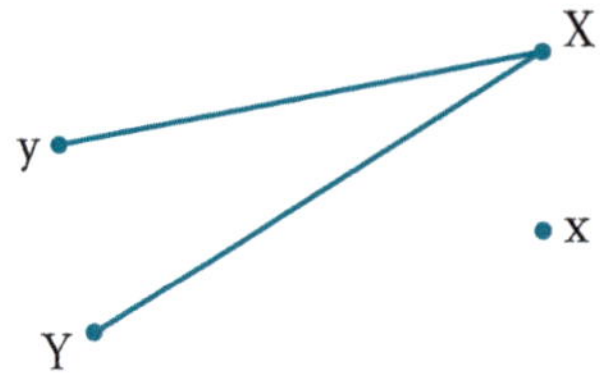

여기서 Y가 B, b 중 한 사람이라면 Y는 그의 배우자 y와 같은 수만큼 악수하게 되어 모순이다. 따라서 Y는 A, y는 a이다. 그러므로 수미의 아버님과 어머님은 각각 1번씩 악수했다.

② $n=2$일 때 [기본예제 10.2]

(ii) n쌍의 부부를 초대했을 때 수미 어머님이 n번 악수했다고 하자.

(iii) 이제 $(n+1)$쌍이 초대되었다면 수미 어머님을 제외한 $(2n+3)$명이 각각

$$0,\ 1,\ 2,\ 3, \cdots, (2n+1), (2n+2)$$

중에 한 수만큼 악수를 하게 된다. 수미 아버님이 $(2n+2)$번 악수했다면 수미 어머님을 제외한 모든 사람과 악수했고 이럴 경우 악수를 0번 악수한 사람이 없어 모순이므로 수미 아버님은 $(2n+2)$번 악수하지 않았다. 따라서 $(2n+2)$번 악수한 사람 A_1은 초대 받은 사람 중에 한 사람이고 그 배우자 B_1이 0번 악수한 사람이 된다.

이제 이 모임에서 A_1과 B_1을 제외하고 이들의 악수도 제외하면 A_1, B_1, 수미 어머님을 제외한 나머지 $(2n+1)$명의 사람들은 각각

$$0,\ 1,\ 2,\ 3, \cdots, 2n$$

중에 한 수만큼 악수를 하게 된다. 이럴 경우는 n쌍의 부부를 초대했을 때와 같고 위 가정 (ii)에 의하여 수미 어머님은 n번 악수했다. 다시 A_1과 B_1을 포함하면 수미 어머님은 $(n+1)$번 악수했다.

그러므로 수학적귀납법에 의하여 n쌍의 부부를 초대하면 수미 어머님은 n번 악수하게 된다.

연습문제 19

[문제 19.1] n를 1과 2만의 합으로 나타내는 방법의 수를 a_n이라고 하자. 분명히 $a_1 = 1$이고 $2 = 1 + 1$이므로 $a_2 = 2$이다. 일반적으로 더해지는 처음 수에 따라 다음과 같이 두 가지 경우로 나누어진다.

① 처음 수가 1인 경우: 나머지 $(n-1)$을 1과 2만의 합으로 나타내야 하고 이런 방법의 수는 a_{n-1}이다.

② 처음 수가 2인 경우: 나머지 $(n-2)$를 1과 2만의 합으로 나타내야 하고 이런 방법의 수는 a_{n-2}이다.

따라서 $a_n = a_{n-2} + a_{n-1}$ $(n \geq 3)$, $a_1 = 1$, $a_2 = 2$이다. 이 식을 이용하여 a_{10}을 구하면 다음과 같다.

a_1	a_2	a_3	a_4	a_5	a_6	a_7	a_8	a_9	a_{10}
1	2	3	5	8	13	21	34	55	89

[문제 19.2] $2n$명을 두 명씩 n쌍으로 짝짓는 방법의 수를 a_n이라 하자. 분명히 $a_1 = 1$이다. 어떤 한 사람 A의 짝은 나머지 $(2n-1)$명에 한 명이므로 A와 한 쌍을 만드는 방법의 수는 $2n-1$이다. 나머지 $2n-2$ 사람으로 $n-1$ 쌍을 만드는 방법의 수는 a_{n-1}이므로

$$a_n = (2n-1)a_{n-1} \ (n \geq 2), \ \ a_1 = 1$$

이다. 위의 식을 이용하여 a_6을 구하면 다음과 같다.

a_1	a_2	a_3	a_4	a_5	a_6
1	3	15	105	945	10395

실제로 이 점화식을 풀면 $a_n = 1 \cdot 3 \cdot 5 \cdots (2n-1)$이다.

[문제 19.3] n 계단을 한 걸음에 한 계단이나 두 계단씩 오르는 방법의 수를 a_n이라고 하자. 분명히 $a_1 = 1$이고 $a_2 = 2$이다. 처음에 몇 계단을 오르느냐에 따라 다음과 같이 두 가지 경우로 나누어진다.

① 처음에 한 계단을 오를 경우: 나머지 $(n-1)$계단을 주어진 방법으로 올라야 하고 이런 방법의 수는 a_{n-1}이다.

② 처음에 두 계단을 오를 경우: 나머지 $(n-2)$계단을 주어진 방법으로 올라야 하고 이런 방법의 수는 a_{n-2}이다.

따라서 $a_n = a_{n-2} + a_{n-1}$ $(n \geq 3)$, $a_1 = 1$, $a_2 = 2$이다. 이 식을 이용하여 a_{10}을 구하면 다음과 같다.

a_1	a_2	a_3	a_4	a_5	a_6	a_7	a_8	a_9	a_{10}
1	2	3	5	8	13	21	34	55	89

[문제 19.4] 주어진 방법으로 n번 반사하는 방법의 수를 a_n이라고 하자. 그림에서 보듯이 $a_1 = 2$이고 $a_2 = 3$이다.

빛의 첫 반사가 이루지는 곳에 따라 다음과 같이 두 가지 경우로 나누어진다.

① 첫 반사가 B의 아래쪽에서 이루어지는 경우: 그 다음에는 처음과 똑같은 상황에서 $(n-1)$번 반사해야 하고 이런 방법의 수는 a_{n-1}이다.

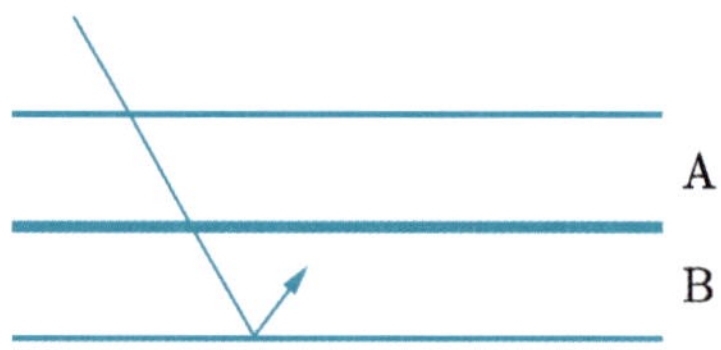

② 첫 반사가 A의 아래쪽에서 이루어지는 경우: 다음 반사는 A의 위쪽에서 이뤄지고 그 다음에는 처음과 똑같은 상황에서 $(n-2)$번 반사해야 하고 이런 방법의 수는 a_{n-2}이다.

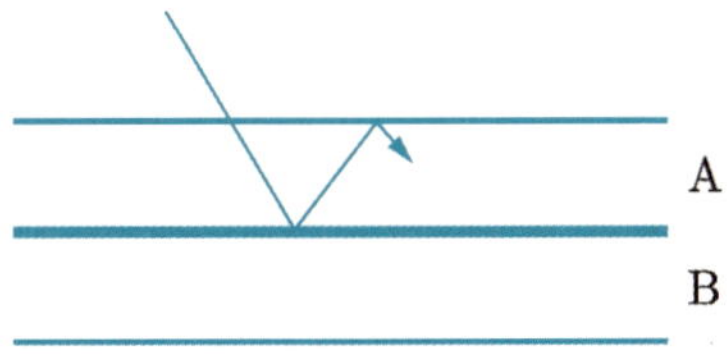

따라서 $a_n = a_{n-2} + a_{n-1}\ (n \geq 3)$, $a_1 = 2$, $a_2 = 3$이다. 이 식을 이용하여 a_8을 구하면 다음과 같다.

a_1	a_2	a_3	a_4	a_5	a_6	a_7	a_8
2	3	5	8	13	21	34	55

[문제 19.5] n이 자연수일 때 $2 \times n$ 모양의 벽면을 1×1 또는 2×1 또는 1×2 모양의 타일로 붙일 수 있는 방법의 수를 a_n이라고 하자. 아래 그림에서 보듯이 $a_1 = 2$, $a_2 = 7$이다.

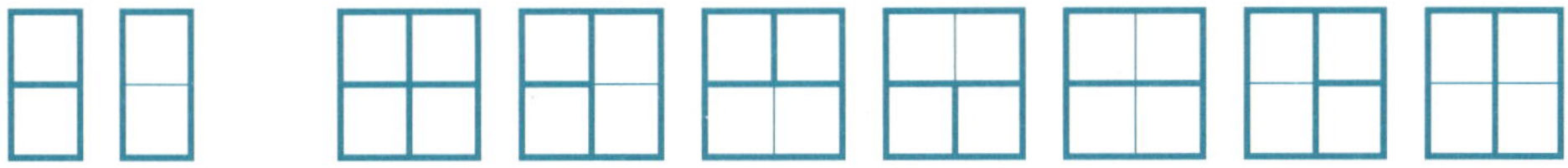

일반적으로 처음에 붙이는 도미노에 따라 다음과 같이 세 경우로 나누어진다.

① 처음 도미노가 1×1인 경우: 바로 아래는 1×1 모양으로 붙여야 하고 나머지 $2 \times (n-1)$ 판을 주어진 방법으로 붙이는 방법의 수는 a_{n-1}이다.

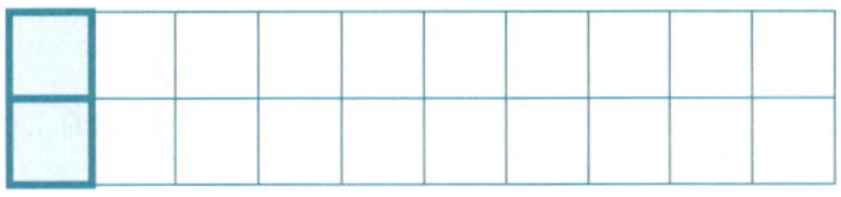

② 처음 도미노가 2×1인 경우: 아래 그림과 같이 나머지 $2 \times (n-1)$ 판을 도미노로 붙여야 하고 이런 방법의 수는 a_{n-1}이다.

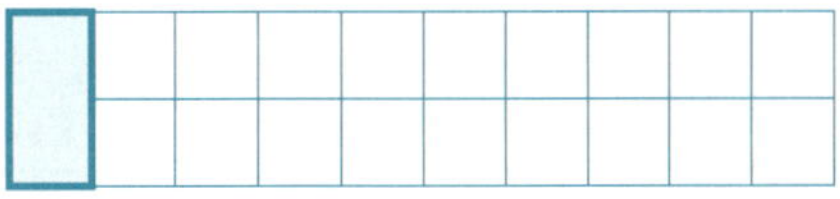

③ 처음 도미노가 1×2인 경우: 아래 그림처럼 처음 도미노 바로 밑은 두 개의 1×1또는 한 개의 1×2 도미노로 붙여야 하고 나머지 $2 \times (n-2)$ 판을 도미노로 붙이는 방법의 수 a_{n-2}이므로 이 경우의 수는 $2a_{n-2}$이다.

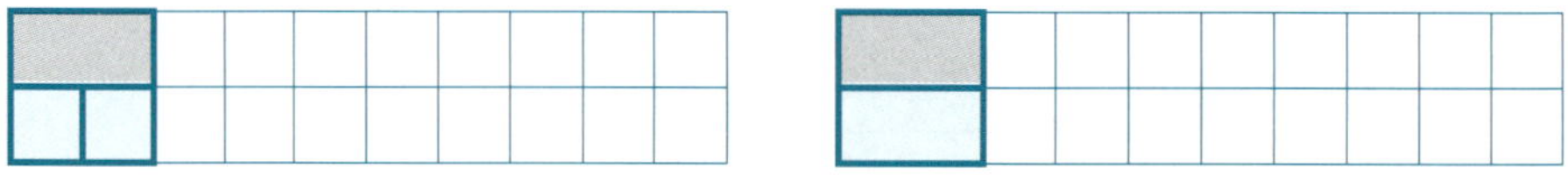

따라서 $a_n = 2(a_{n-2} + a_{n-1})$ $(n \geq 3)$, $a_1 = 2$, $a_2 = 7$이다. 이 식을 이용하여 a_8을 구하면 다음과 같다.

a_1	a_2	a_3	a_4	a_5	a_6	a_7	a_8
2	7	18	50	136	372	1016	2776

[문제 19.6] 1과 2로 이루어진 n자리 수 중 1이 연속으로 3번 이상은 나오지 않는 수의 개수를 a_n이라고 하자. 그러면 1이 연속으로 3번 이상 나오지 않는 한 자리 수는 1, 2이고 두 자리 수는 11, 12, 21, 22이며 세 자리 수는

112, 121, 211, 122, 212, 221, 222

이므로 $a_1 = 2, a_2 = 4, a_3 = 7$이다. 일반적으로 다음과 같이 세 경우로 나누어 생각할 수 있다.

① 처음의 한 자리가 2인 경우 : 처음의 숫자를 제외한 나머지는 1이 연속으로 3번 이상 나오지 않는 $(n-1)$자리 수이며 그런 수의 개수는 a_{n-1}이다.

② 처음 두 자리가 12인 경우 : 처음 두 자리를 제외한 나머지는 1이 연속으로 3번 이상 나오지 않는 $(n-2)$자리 수이며 그런 수의 개수는 a_{n-2}이다.

③ 처음 세 자리가 112인 경우 : 처음 세 자리를 제외한 나머지는 1이 연속으로 3번 이상 나오지 않는 $(n-3)$자리 수이며 그런 수의 개수는 a_{n-3}이다.

따라서 $a_n = a_{n-1} + a_{n-2} + a_{n-3}$ $(n \geq 4)$, $a_1 = 2$, $a_2 = 4$, $a_3 = 7$이다. 이 식을 이용하여 a_7을 구하면 다음과 같다.

a_1	a_2	a_3	a_4	a_5	a_6	a_7
2	4	7	13	24	44	81

연습문제 20

[문제 20.1] 사람을 비둘기로, 달을 비둘기집으로 생각하면 13마리의 비둘기가 12개의 비둘기집에 들어있으므로 비둘기집의 원리에 의하여 어느 비둘기집에는 두 마리 이상의 비둘기가 있다. 즉, 적어도 두 명은 같은 달에 태어났다.

[문제 20.2] 솔잎의 수가 모두 다르다면 숲에는 많아야 600000 그루의 소나무가 있다. 그러나 숲에는 백만 그루 이상의 소나무가 있으므로 어떤 두 소나무는 같은 수의 솔잎을 갖는다.

[문제 20.3] 정삼각형을 아래 그림처럼 한 변의 길이가 $\frac{1}{3}$인 9개의 작은 정삼각형으로 나누면 비둘기집의 원리에 의하여 10개의 점 중에서 적어도 두 점은 같은 작은 정삼각형 안에 있고 이 두 점 사이의 거리는 $\frac{1}{3}$ 이하이다.

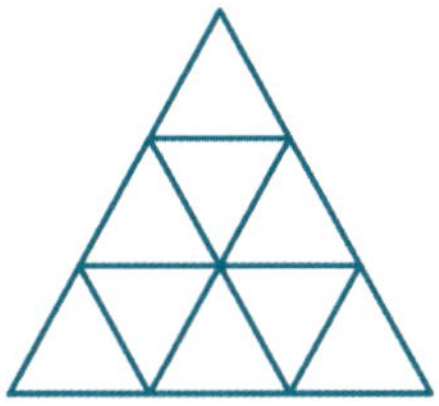

[문제 20.4] 처음에 앉았던 자리에서 원탁을 한 자리씩 돌리자. 처음에 아무도 제자리에 앉은 사람이 없으므로 7번 돌리는 동안에 모든 사람은 꼭 한 번만 자기 자리 앞에 자기의 명찰이 돌아온다. 즉, 7번 돌리는 동안 손님이 제자리에 앉은 경우는 8번이므로 비둘기집의 원리에 의해 어느 시점에서는 두 사람이 제자리에 앉게 되는 경우가 있다.

[문제 20.5] 한 변의 길이가 1인 정사각형을 다음 그림처럼 한 변의 길이가 $\frac{1}{3}$인 9개의 작은 정사각형으로 나누어 보자.

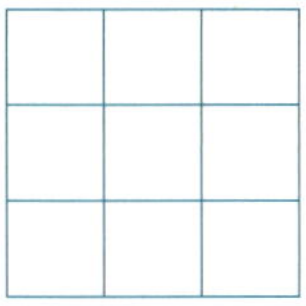

이제 9개의 작은 정사각형에 19개의 점이 있어야 하므로 어떤 정사각형에는 3개 이상의 점이 있다. 그런 세 점이 이루는 삼각형의 넓이는

$$\frac{1}{2}\times\frac{1}{3}\times\frac{1}{3}=\frac{1}{18}$$

이하이다.

[문제 20.6] 모임에 참가한 사람을 A_1, A_2, $\cdots$, A_{20}이라 하고 A_1, A_2, $\cdots$, A_{20}이 악수한 횟수를 각각 a_1, a_2, $\cdots$, a_{20}이라 하자. 다음과 같이 두 가지 경우로 나누어 생각할 수 있다.
① 만약 a_1, a_2, $\cdots$, a_{20} 중 어느 수도 0이 아닐 때:
a_1, a_2, $\cdots$, a_{20}은 모두 1부터 19까지의 수이고 그 개수는 20이므로 비둘기집의 원리에 의하여 a_1, a_2, $\cdots$, a_{20} 중에서 적어도 같은 두 수가 있다.
② a_1, a_2, $\cdots$, a_{20} 중에 0이 있을 때:
예를 들어 a_1이 0이라 하면 A_1은 A_2, A_3, $\cdots$, A_{20} 중 그 어느 누구와도 악수하지 않았다. 따라서 다른 A_j도 A_1과 악수하지 않았으므로 a_j는 19가 될 수 없다.
그러므로 a_1, a_2, $\cdots$, a_{20}은 모두 0부터 18까지의 수이고 그 개수는 20이므로 다시 비둘기집의 원리에 의하여 a_1, a_2, $\cdots$, a_{20} 중에서 적어도 같은 두 수가 있다.
①과 ②의 어떤 경우든 a_1, a_2, $\cdots$, a_{20} 중에는 적어도 같은 두 수가 있다.

[문제 20.7] (1) 집합 $A=\{a_1, a_2, \cdots, a_7\}$라 하자. a_1, a_2, $\cdots$, a_7을 10으로 나눌 때 나머지를 각각 b_1, b_2, $\cdots$, b_7이라 하자. 즉,

$$a_i=10q_i+b_i \ \ (q_i, b_i : \text{정수}, \ 0 \le b_i \le 9)$$

이제 다음과 같이 두 경우로 나누어 보자.
① 어떤 두 b_i와 b_j가 같을 때, 즉 $b_i=b_j$ $(i>j)$인 경우:

$$\begin{aligned} a_i &= 10q_i+b_i \\ a_j &= 10q_j+b_j=10q_j+b_i \end{aligned}$$

이므로

$$a_i-a_j=(10q_i+b_i)-(10q_j+b_i)=10(q_i-q_j)$$

이므로 두 수 a_i와 a_j의 차는 10의 배수이다.

② b_1, b_2, $\cdots$, b_7가 모두 다를 경우:

b_1, b_2, $\cdots$, b_7는 다음 6개의 집합

$$\{0\},\ \{1,9\},\ \{2,8\},\ \{3,7\},\ \{4,6\},\ \{5\}$$

중 하나에 속해야 한다. 7개의 수가 6개의 집합에 속하므로 비둘기집의 원리에 의해 어떤 두 수 b_i, b_j는 같은 집합에 속한다. $b_i \neq b_j$이므로 b_i, b_j는

$$\{1,9\},\ \{2,8\},\ \{3,7\},\ \{4,6\}$$

중 하나의 집합에 속한다. 곧 $b_i + b_j = 10$이다. 따라서

$$\begin{aligned} a_i + a_j &= (10q_i + b_i) + (10q_j + b_j) \\ &= 10(q_i + q_j) + (b_i + b_j) \\ &= 10(q_i + q_j + 1) \end{aligned}$$

이고, 두 수 a_i와 a_j의 합은 10의 배수이다.

(2) 집합 $\{0, 1, 2, 3, 4, 5\}$와 $\{0, 5, 6, 7, 8, 9\}$는 두 수의 합이나 차가 10의 배수가 되지 않는 정수의 집합이다.

[문제 20.8] a_1, a_2, a_3, a_4, a_5, a_6의 순서를 이용하여 처음부터 i번째 수까지의 합을 b_i라고 하자. 즉

$$\begin{aligned} b_1 &= a_1 \\ b_2 &= a_1 + a_2 \\ b_3 &= a_1 + a_2 + a_3 \\ b_4 &= a_1 + a_2 + a_3 + a_4 \\ b_5 &= a_1 + a_2 + a_3 + a_4 + a_5 \\ b_6 &= a_1 + a_2 + a_3 + a_4 + a_5 + a_6 \end{aligned}$$

이제 b_1, b_2, b_3, b_4, b_5, b_6을 6으로 나눌 때 그 나머지를 각각 r_1, r_2, r_3, r_4, r_5, r_6이라 하자. 그러면 $0 \leq r_1$, r_2, r_3, r_4, r_5, $r_6 \leq 5$이다.

① r_1, r_2, r_3, r_4, r_5, r_6 중 한 수가 0인 경우:
r_j가 0이면 $b_j = a_1 + a_2 + \cdots + a_j$는 6의 배수이다.
② r_1, r_2, r_3, r_4, r_5, r_6 중에 어느 수도 0이 아닌 경우:
r_1, r_2, r_3, r_4, r_5, r_6은 모두 1에서 5까지 수이고 그 개수는 6이므로 비둘기집의 원리에 의해 r_1, r_2, r_3, r_4, r_5, r_6 중에는 적어도 같은 두 수가 있다. 예를 들어 $r_p = r_q$ $(p > q)$이면

$$b_p = 6t_p + r_p$$
$$b_q = 6t_q + r_q = 6t_q + r_p$$

이고

$$b_p - b_q = (6t_p + r_p) - (6t_q + r_q) = 6(t_p - t_q)$$

는 6의 배수이다. 한편 $b_p - b_q = a_{q+1} + a_{q+2} + \cdots + a_p$이므로 $a_{q+1} + a_{q+2} + \cdots + a_p$는 6의 배수이다.
따라서 ①과 ②의 어떤 경우든 연속된 항의 합이 6의 배수가 되는 경우가 있다.

연습문제 21

[문제 21.1] ④
① 2005년 대비 2015년 기대여명이 전 연령에서 증가하였다.
② 2015년 80세 남자의 기대여명은 8.1년, 여자는 10.7년으로 10년 전인 2005년 보다 남자는 1.1년, 여자는 2.0년 증가했다.
③ 2005년 출생한 남자와 여자의 비율이 1.2 : 1이라면

$$\text{전체 기대여명} = \frac{1.2 \times 75.1 + 1 \times 81.9}{1.2 + 1} = 78.2(\text{년})$$

④ 기대여명에 따르면 2015년 40세인 남자는 40+37.2=77.2세까지 생존할 수 있다.
⑤ 2015년 출생한 여자와 남자의 기대수명 차이는 86.5−79.7=6.8년, 2005년 출생한 여자와 남자의 기대수명 차이는 81.9−75.1=6.8년이므로 2015년 출생한 여자의 기대수명이 남자보다 6.8년 길며 남녀 간 차이는 10년 전과 동일하다.

[문제 21.2] ④

(i) 공공부문 지출, 법정민간부문 지출, 사회복지지출 모두 매년 증가하였으므로 위의 그래프 ①, ②, ③은 옳지 않다.

(ii) GDP 대비 공공부문 비율은 『공공부문 지출/GDP』의 값이므로 다음과 같다.

구분	2006년	2007년	2008년	2009년	2010년	2011년
GDP	908,744	975,013	1,026,452	1,065,037	1,173,275	1,235,161
공공부문	67,849	74,899	85,941	102,105	107,202	112,894
공공부문 비율	0.075	0.077	0.084	0.096	0.091	0.091

그러나 그래프 ⑤는 2008년도의 값이 2007년보다 더 작으므로 옳지 않다.

[문제 21.3] ③

㉠ 2006년 대구의 토지면적은 전국 토지면적의 4%인 $48,517 \times 0.04 = 1,940.68$이다.

㉡ 2006년과 비교하여 2012년에 토지면적 비율이 변하지 않은 지역은 총 3곳인데 그 중 두 곳은 부산과 대전이다. 나머지 한 곳은 대구나 광주인데 광주는 0.1% 증가하였으므로 대구가 토지면적 비율이 변하지 않은 지역이며 그 비율은 4.0%이다.

㉢ 2012년 광주의 토지면적 비율은 2006년 토지면적 비율 2.2%보다 0.1% 증가한 2.3%이다.

[문제 21.4] ⑤

ㄱ. $A+B=40$, $B+D=12$이므로 D가 클수록 B는 작아지고 A는 커져서 신약을 투여 받은 사람 중 호전된 사람의 비율이 커진다.

ㄴ. $C+D=20$이므로 C의 최댓값은 20이다. $A+C=48$이므로

C	A	A와 C의 차이
0	48	48
1	47	46
2	46	44
⋮	⋮	⋮
19	29	10
20	28	8

이다. A와 C의 차이가 작을수록 A가 작아져 신약을 투여 받은 사람 중 호전된 사람의 비율이 작아진다.

ㄷ. A : B가 4 : 1이면 A = 32, B = 8이다. 따라서 C = 16, D = 4이고 신약을 투여 받은 사람 중 호전된 사람의 비율 $\frac{32}{40}$은 위약을 투여 받은 사람 중 호전된 사람의 비율 $\frac{16}{20}$과 같다.

[문제 21.5] ③

단계 1에서 A 정당에 1석이 배정된다. 그 후 각 정당별로 『$\frac{\text{정당 득표수}}{\text{배분된 누적 의석수}+1}$』을 계산하면 다음 표와 같다.

정당	1석 배분 후	2석 배분 후	3석 배분 후	4석 배분 후	5석 배분 후
A	5000	5000	3333.3	2500	2500
B	6000	3000	3000	3000	2000
C	2000	2000	2000	2000	2000
D	1300	1300	1300	1300	1300

따라서 각 정당에 배분되는 의석은 아래와 같다.

구분 \ 정당	A	B	C	D
첫 번째 의석까지 배분 후	1	0	0	0
두 번째 의석까지 배분 후	1	1	0	0
세 번째 의석까지 배분 후	2	1	0	0
네 번째 의석까지 배분 후	3	1	0	0
다섯 번째 의석까지 배분 후	3	2	0	0
여섯 번째 의석까지 배분 후	4	2	0	0

[문제 21.6] ②

각 도시를 점으로 나타내고 X시에서 Y시로 화물이동이 가능하면 점 X에서 점 Y로 가는 화살표를 그리고 그 위에 필요한 이동시간을 표시하면 다음과 같다.

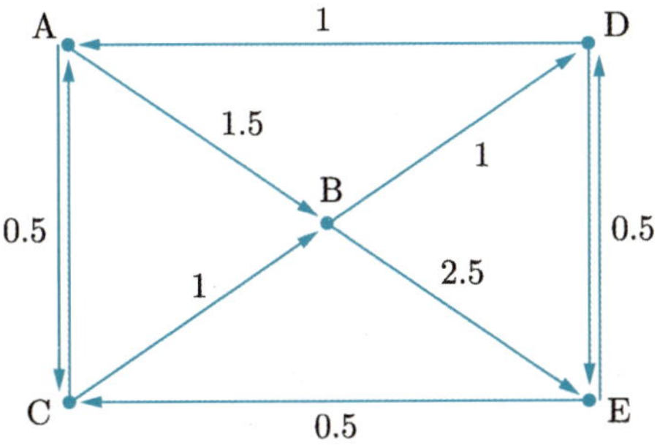

ㄱ. A시의 화물을 E시로 운송한 후 C시로 가서 화물을 실어 B시로 운송하는 데 걸리는 가장 짧은 이동시간

$$A \to B \to D \to E \to C \to B : 1.5 + 1 + 0.5 + 0.5 + 1 = 4.5(\text{시간})$$

ㄴ. A시에서 출발하여 모든 도시를 한 번씩 거쳐 다시 A시로 돌아오는 데 걸리는 가장 짧은 이동시간

$$A \to C \to B \to D \to E \to C \to A : 0.5 + 1 + 1 + 0.5 + 0.5 + 0.5 = 4(\text{시간})$$

[문제 21.7] ⑤

1000명의 부모가 있다고 가정하고 위의 표를 다시 작성하여 보자.

(단위: 명)

부모의 직업 \ 자녀의 직업	A	B	C	합
A	45	48	7	100
B	20	280	100	400
C	5	250	245	500
합	70	578	352	1000

ㄱ. 자녀의 직업이 C일 확률은 $\frac{352}{1000}$ 이다.

ㄴ. 자녀의 직업이 B인 경우에 부모의 직업이 C일 확률은 $\frac{250}{578}$ 이다.

ㄷ. 부모와 자녀의 직업이 모두 A일 확률은 $\frac{45}{1000} = 0.1 \times \frac{45}{100}$ 이다.

ㄹ. 자녀의 직업이 A일 확률 $\frac{70}{1000}$ 은 부모의 직업이 A일 확률 $\frac{100}{1000}$ 보다 낮다.

[문제 21.8] ②

① 망원경의 구경 면적이 100배 넓어지면 망원경의 구경 직경은 10배 길어지며, 위의 표에서 알 수 있듯이 그 이전보다 밝기가 1/100배의 별을 관측할 수 있다.

② 5m는 5mm의 1,000배이므로 맨눈보다 구경 직경 5m인 망원경으로 관측하면, 밝기가 1/1,000×1/1,000=1/1,000,000배의 별까지 관측할 수 있다.

③ 위 표에서 6등급의 별은 5등급 차이가 나는 11등급의 별보다 100배 밝다. 따라서 1등급의 별은 5등급 차이가 나는 6등급의 별보다 100배 밝다.

④ 맨눈을 구경 직경이 5mm인 망원경의 구경으로 취급하였다.

⑤ 50m는 5cm의 1,000배이므로 구경 직경 5cm인 망원경으로 관측할 때에 비해 구경 직경 50m인 망원경으로 관측하면, 밝기가 1/1,000×1/1,000=1/1,000,000배의 별을 관측할 수 있다.

[문제 21.9] ④

ㄱ. 각 당의 광고 전과 후의 지지자 수의 변화를 살펴보면 A당은 12명, B당은 42명, C당은 −54명 늘었다. 따라서 신문과 TV 광고를 합해서 볼 때 가장 큰 손해를 본 정당은 C당이다.

ㄴ. TV 광고를 통해서 A당은 14명, B당은 33명, C당은 −47명 늘었다. TV 광고를 통해서 가장 큰 이득을 본 정당은 B당이다.

ㄷ. A당은 TV 광고를 통해서는 $(16+52)-54=14$명의 이득을 보았지만 신문 광고를 통해서는 $20-(6+12)=2$명의 손해를 보았다.

ㄹ. 각 당의 신문광고 전과 후의 지지자 수의 변화를 살펴보면 A당은 −2명, B당은 9명, C당은 −7명 늘었다. 그러므로 신문광고를 통해 가장 큰 이득을 본 정당은 B당이다.

[문제 21.10] ③

제시문의 내용을 토대로 성인 100명에 대한 바이러스 V의 감염 여부와 시약 G의 반응 결과를 나타내면 다음과 같다.

(단위: 명)

G 반응 여부 / V의 감염 여부	양성 반응	음성 반응	합
감염자	14	26	40
비감염자	6	54	60
합	20	80	100

(i) 시약 G에 음성반응을 보인 성인 중 바이러스 V의 감염자 비율= $\frac{26}{80} = 0.325$

(ii) 기대손실액= $\frac{26}{100} \times 200 + \frac{6}{100} \times 100 = 58$(만원)

참고문헌

1. 두근두근 수학공감, 권오남, 해나무, 2013
2. 레크레이션 수학, 김대식, 경문사, 2001
3. 논리와 사고, 김동건, 경문사, 2014
4. 수학이 필요한 순간, 김민형, 인플루엔셜, 2018
5. 문명, 수학의 필하모니, 김홍종, 효형출판, 2009
6. 숫자 없이 모든 문제가 풀리는 수학책, 도마베치 히데토, 북클라우드, 2016
7. 수학과 사고, 박종안·김준기·민원근, 강원대학교출판부, 1996
8. 이산수학, 박종안·서승현·이재진·이준열, 경문사, 2018
9. 수학과 사회, 박종안·이재진·이준열, 경문사, 2010
10. 수학, 생각의 기술, 박종하, 김영사, 2015
11. 마술 같은 수학, 브라이언 볼트, 경문사, 2002
12. 폴리아가 들려주는 문제해결 전략 이야기, 신준식, 자음과 모음, 2009
13. 수학적 사고법, 요시자와 미쓰오, 사과나무, 2015
14. 프로그래머, 수학으로 생각하라, 유키 히로시, 프리렉, 2018
15. 수학의 힘, 장우석, 한권의책, 2016
16. 틀리지 않는 법, 조던 엘렌버그, 열린책들, 2014
17. 수학적 사고 길들이기, 존 메이슨 외 2인, 초록물고기, 2012
18. 수학으로 이루어진 세상, 키스 데블린, 에코리브르, 2003
19. Arthur Engel, Problem-Solving Strategies, Springer, 1998
20. COMAP, For All Practical Purposes: *Introduction to Contemporary Mathematics*, 5th edition, Freeman, New York, 1996
21. Dmitri Fomin, Sergey Genkin and Ilia Itenberg, *Mathematical Circles*, AMS, 1996
22. George Polya, How to Solve It, Princeton University Press, 2014
23. James Hunter, Challenging Mathematical Teasers, Dover, 1980
24. Martin Gardner, Mathematical Puzzles of Sam Loyd, Dover, New York, 1959
25. Martin Gardner, More Mathematical Puzzles of Sam Loyd, Dover, New York, 1959
26. Peter Tannenbaum and Robert Arnold, *Excursions in Modern Mathematics*, Prentice Hall, Upper Saddle River, 1997
27. Shwu-Yeng Lin and You-Feng Lin, Set theory: An Intuitive Approach, Houghton Mifflin Company, 1974
28. Steven Krantz, Techniques of Problem Solving, AMS, 1997

즐거운
수학적 사고

지은이 이재진
펴낸이 조경희
펴낸곳 경문사
펴낸날 2025년 1월 13일 1판 3쇄
등 록 1979년 11월 9일 제1979-000023호
주 소 121-818, 서울특별시 마포구 와우산로 174
전 화 (02)332-2004 팩스 (02)336-5193
이메일 kyungmoon@kyungmoon.com

값 22,000원

ISBN 979-11-6073-307-5

★ 경문사의 다양한 도서와 콘텐츠를 만나보세요!

홈페이지	www.kyungmoon.com	페이스북	facebook.com/kyungmoonsa
포스트	post.naver.com/kyungmoonbooks	블로그	blog.naver.com/kyungmoonbooks
북이오	buk.io/@pa9309	인스타그램	instagram.com/kyungmoonsa

도서 중 **정오표** 및 **학습자료**가 있는 경우 홈페이지 내 해당 도서 상세 페이지의 **자료** 탭에 업로드됩니다.